KB198042

슬기로운
PM 생활

프로젝트 관리 총서 1

슬기로운

김병호 지음

Project Manager

PM 생활

프로젝트를 성공으로 이끄는 50가지 지혜

소동

서문

이 책은 필자가 삼성SDS에서 30년 동안 '프로젝트 관리'와 관련된 업무를 하면서 경험한 교훈을 정리하는 목적으로 집필했습니다. 또한 정년퇴임을 앞둔 나에게 작은 선물을 주고 싶기도 했습니다.

지식과 지혜는 상호 보완적입니다. 지식이 있어야 지혜를 빨리 깨닫고, 지혜가 있으면 지식에 대한 이해가 깊어집니다. 지식은 학습에 그치기 쉽지만 지혜를 깨달으면 실천으로 이어집니다. 시중에 출간된 프로젝트 관리에 대한 도서는 대부분 지식에 대한 내용입니다. 필자는 이 책에서 프로젝트 관리의 지혜와 관련된 내용을 정리하고자 노력했습니다.

이 책은 총 오십 가지 질문에 대한 답으로 구성돼 있습니다. 각 질문의 내용은 독립적이기 때문에 관심이 가는 내용만 읽어도 좋습니다. 질문에 대한 답은 여러 가지가 있을 수 있습니다. 필자의 제한된 경험이나 부족한 통찰 때문에 답변이 미흡할 수 있지만, 독자들 모두가 프로젝트 관리에 대한 경험이 있을 것이기에 자신만의 경험을 바탕으로 각자의 지혜를 정리하는 계기가 되면 좋겠습니다. 자신만의 정답을 고민해 보고 실전에 적용하면서 발전시키면 프로젝트 관리 역량을 향상시킬 수 있습니다.

제가 책에서 답하고자 했던 질문은 프로젝트 관리자들이 현실에서 곤혹스러운 상황들입니다. 예를 들어 다음과 같습니다.

- 지옥 같은 프로젝트에 투입됐을 때
- 프로젝트 예산 절감과 납기 단축의 압박을 받을 때
- 계획수립에서 범위, 일정, 예산, 품질의 제약 조건이 서로 상충될 때
- 달성해야 하는 일정과 달성 가능한 일정의 간극이 클 때
- 생산성과 실행력이 높은 프로젝트 팀을 만들고 싶을 때
- 요구사항 변경에 대해 이해관계자와 협의가 잘 되지 않을 때
- 이해관계자를 설득하지 못해 프로젝트가 곤경에 처할 때
- 프로젝트 위험에 대해 경영층과 의사소통이 힘들 때
- 프로젝트가 정상궤도를 이탈해 새로운 판을 짜야 할 때
- 프로젝트 종료를 위한 검수나 인수인계가 힘들 때

프로젝트 관리는 힘들지만 매력적인 업무입니다. 독자들이 앞으로 수행할 프로젝트에 행운이 깃들기를 기원합니다.

이 책을 마무리할 때 새로운 가정을 만든 동현이와 민정이에게 축복이 가득하길 바랍니다.

목차

2장 낭비를 줄이는 프로젝트 관리

3장 제약 조건을 고려한 프로젝트 계획 수립

4장 추정의 불확실성 관리

5장 실행력을 높이는 팀 관리

6장 요구 사항 관리의 핵심

7장 이해관계자의 협력을 이끌어내는 소통의 기술

8장 프로젝트 위험관리 실전

"자신만의 정답을 고민해 보고 실전에 적용하면서 발전시키면
프로젝트 관리 역량을 향상시킬 수 있습니다."

1장

좋은 프로젝트, 나쁜 프로젝트

1 당신의 프로젝트는 진짜인가요, 가짜인가요?

2 흙수저 프로젝트는 피하고 금수저 프로젝트에 참여하는 방법은?

3 지옥 같은 프로젝트에서 살아남는 방법은?

프로젝트 관리자에게 프로젝트는 두 가지의 불확실성이 있다. 첫 번째는 어떤 프로젝트를 맡을 것인지, 두 번째는 그 프로젝트가 어떻게 진행될 것인지다. 두 가지 중 프로젝트 관리자에게 더 중요한 것은 첫 번째 불확실성이다. 프로젝트 관리자에게 좋은 프로젝트란 어떤 프로젝트일까? 좋은 프로젝트와 나쁜 프로젝트의 판단은 개인의 성향에 따라 달라지겠지만 보편적으로 사용자가 즐겁게 사용할 결과물을 만드는 프로젝트, 감당 가능한 프로젝트가 좋은 프로젝트일 것이다. 다른 사람들에게 도움이 되는 프로젝트는 프로젝트 관리자가 노력할 동기를 부여하고, 감당 가능한 프로젝트는 성공의 가능성을 높여주기 때문이다.

1장에서는 좋은 프로젝트와 나쁜 프로젝트를 어떤 기준으로 판단하는지, 나쁜 프로젝트는 어떻게 대응하는 것이 바람직한지에 대해 살펴보겠다.

당신의 프로젝트는 진짜인가요, 가짜인가요?

프로젝트 관리자는 사용자가 좋아할 결과물을 만들고 싶다. 그러나 여러 가지 이유 때문에 실질적인 가치를 창출하지 못하는 가짜 프로젝트를 수행한다. 가짜 프로젝트를 수행하는 이유는 무엇일까? 어쩔 수 없이 수행한다면 부작용을 줄일 수 방법이 있을까?

2022년 국내에 출간된 《가짜 노동》은 가치 없는 업무를 수행하는 이유를 사회구조적 관점에서 설명하고 있다. 《가짜 노동》은 '왜 의미 없는 프로젝트를 수행하는지?'에 대한 예리한 통찰을 제공한다. 책의 주제는 기술의 발전은 혁신의 성과로 이어지지 않고 '가짜 프로젝트'를 만드는 것으로 이어지기 쉽다는 것이다.

가짜 프로젝트는 명목상으로는 중요해 보이지만 실질적으로는 가치를 창출하지 못하는 프로젝트를 의미한다. 가짜 프로젝트를 수행하면 가치를 창출하는 진짜 프로젝트에 투입될 조직의 자원과 시간을 소모한다. 가짜 프로젝트의 더 큰 문제는 가짜 프로젝트를 운영하는 단계에서 더 많은 낭비가 지속적으로 발생한다는 것이다. 예를 들어 의미 없는 시스템을 운영하기 위해 의미 없는 데이터를 입력하고, 시스템에서 제공하는 결과를 분석하는 시간은 모두 가치를 창출하지 못하는 낭비다. 대부분의 가짜 프로젝트는 합리적인 명분을 가졌기 때문에 판별하기 쉽지 않다. 뿐만 아니라 누군가 가짜 프로젝트라는 것을 알아채도 복잡한 이해관계 때문에 가짜 프로젝트라고 공개적으로 말하기 힘들다.

대부분의 조직에는 문제의 본질을 이해하고 주장하는 사람보다 잘못된 업무를 포장하는 사람들이 더 많다. 대표적인 예로 정권이 바뀌자 몇 년 전에 본인이 시행했던 정책과 반대되는 정책을 그럴듯한 이유로 설명해 실행을 관철하는 관료들이 있다. 기업에서도 이러한 일이 많다. CEO나 경영층이 바뀌어 이전과 다른 상황이 됐을 때 살아남고 승진하기 위해서는 본인의 소신을 지키기보다 바뀐 상황에 적응하는 능력을 발휘해야 한다. 환경에 적응해 진화하는 생물들이 자연에서 살아남는 것처럼 기업이나 정부기관에서도 본질을 파악하고 주장하는 사람보다 바뀐 상급자가 원하는 내용의 보고를 잘하는 사람이 살아남을 확률이 높다. 그것이 가능한 이유는 잘못된 프로젝트의 책임을 지지 않고 외부 환경의 변화 또는 후임의 잘못으로 돌리는 것을 용인하기 때문이다.

예를 들어 예산을 초과하고 일정이 지연되는 부실 프로젝트를 줄이고자 하는 문제 인식을 잘못됐다고 할 수 없다. 그러나 부실 프로젝트가 증가하는 근본원인을 '프로젝트 관리자가 위험을 늦게 보고하기 때문'으로 판단한다면 문제를 잘못 진단한 것이다. 경영층이 프로젝트 관리자의 위험보고를 받고 필요한 인력을 지원해 피해를 최소화할 수도 있다. 그러나 경영층에 보고하는 순간 프로젝트 관리자는 능력이 없는 것으로 인식되거나 문제 해결은 지원받지 못하고 대책을 수립하고 보고서만 작성해야 하는 부작용이 있다면 위험을 보고하기가 부담스럽다. 이런 상황에서 프로젝트 관리자의 보고 지연은 근본적인 문제가 아니다.

1 | 가짜 프로젝트를 수행하는 이유

조직에서 가짜 프로젝트를 수행하는 이유는 개인의 이해관계와 사회 문화적인 요인으로 구분할 수 있다.

1 개인의 이해관계

개인의 이해관계 때문에 가짜 프로젝트를 수행하는 이유는 '프로젝트를 제안하는 주체'와 '잘못된 프로젝트의 인지 여부'의 관점에서 구분할 수 있다. 프로젝트를 제안하는 주체는 본인 또는 경영층으로 구분한다. 동료 또는 후배가 프로젝트를 제안할 수 있지만 이 경우는 프로젝트 관리자가 자발적으로 동의한 것으로 가정한다. 잘못된 프로젝트의 인지 여부 관점에서는 잘못된 프로젝트인지 알고도 시작하는 경우와 잘못된 프로젝트인지 모르고 시작하는 경우가 있다. 이 두 가지 관점을 혼합하면 그림1과 같이 잘못된 프로젝트를 수행하

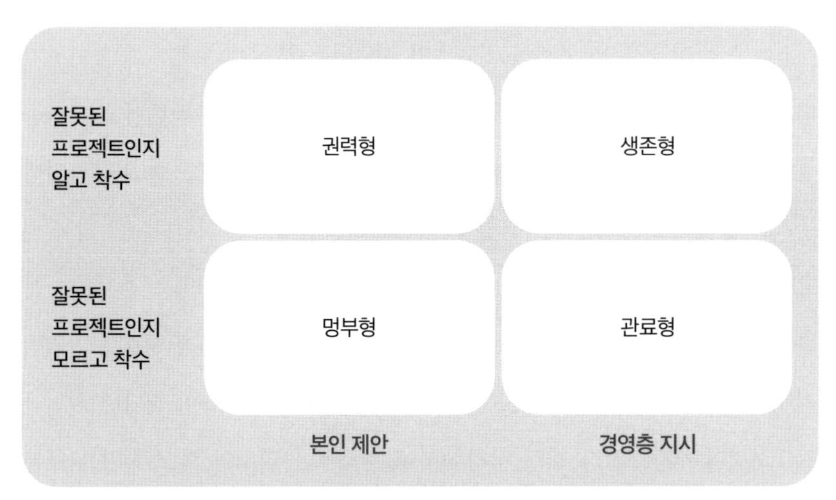

그림 1 개인의 이해관계 때문에 수행하는 가짜 프로젝트의 네 가지 유형

는 유형을 네 가지로 구분할 수 있다.

① 생존형 프로젝트

잘못된 프로젝트인지 알지만 생존을 위해 시작하는 프로젝트다. 경영층이 제기한 문제가 옳다는 확신이 없거나 또는 잘못된 문제라고 생각하지만 그 지시를 따라서 프로젝트를 수행하는 경우에 해당한다. 문제가 옳아도 근본원인이 맞다는 확신 없이 진행하는 프로젝트도 이 유형이다. 예를 들어 SI 기업에서 계약기간이나 예산을 초과하는 프로젝트가 증가해 CEO가 회의석상에서 "프로젝트 위험을 예방할 수 있는 근본적인 대책을 수립하세요."라고 특정 임원에게 지시했다고 가정하자. 지시를 받은 임원은 팀원들과 함께 '프로젝트 관리 시스템의 데이터를 활용해 위험을 조기에 탐지하는 방안'을 수립했다. 해당 임원은 데이터로 식별하는 위험은 신뢰성도 낮고, 위험 인지 시점도 늦을 것이라고 생각하지만 다른 대안이 없어 'EWS Early Warning System 구축을 통한 위험 예방'이라는 그럴싸한 프로젝트 이름을 붙여 CEO에게 보고한다. 이와 같이 근본원인에 대한 확신 없이 프로젝트를 제안하는 이유는 경영층이 지시한 이슈를 해결하기 위한 근본원인을 파악하기 어렵지만, 그럴듯한 성과를 보여주지 못하면 옷을 벗어야 할 수도 있기 때문이다.

② 관료형 프로젝트

실력은 없지만 경영층에게 인정받고 싶은 욕심으로 시작하는 프로젝트다. 기획이나 관리조직에서 성장한 임원 중에서 이러한 유형을 자주 발견할 수 있는데, 현장을 변화의 대상으로 인식하고 본인의 생각이 옳다는 착각으로 프로젝트를 제안한다. 금융기관의 CEO가 원가절감을 위해 생성형 AI를 기반으로 고객 상담시스템을 개발하라는 지시를 했을 때 정보전략 부서장이 금융 상품 소개와 같은 단순 질문이 아닌 투자 상담과 같이 복잡한 기능까지 포함한 시스템을 만들어 고객의 신뢰를 잃은 프로젝트가 예다.

③ 권력형 프로젝트

잘못된 줄 알면서도 본인의 승진을 위해 제안하는 프로젝트다. 해결하고자 하는 문제가 옳다는 확신 없이 개인적인 욕심으로 프로젝트를 제안하는 경우다. 이러한 유형의 사람들은 본인이 조직 내에서 영향력을 유지하거나 승진하기 위해 잘못된 프로젝트를 만들기 때문에 보고능력과 정치력이 뛰어나다. 또한 새로운 화두를 제기하고 리딩하기 때문에 실력 있는 사람으로 인정받는다. 2020년대 초반 디지털 전환의 개념이 유행했을 때 많은 기업에서 관료형 또는 권력형 프로젝트를 수행했을 것이다. 예를 들어 유통기업에서 매장 내 고객의 행동을 분석해 맞춤형 프로모션과 추천 서비스를 제공하는 프로젝트는 디지털 기반의 혁신을 설명하기에 매우 적합해 보인다. 그러나 그 프로젝트를 제안했던 임원이 그 프로젝트의 성공을 진심으로 확신했을까? 그렇지 않다면 그 프로젝트는 해당 임원의 조직 내 위상강화를 위한 도구에 불과했을 것이다.

④ 멍부형 프로젝트

멍청하지만 부지런한 리더가 만들어내는 프로젝트다. 멍부형 프로젝트는 관료형 프로젝트와 비슷하지만 프로젝트를 수행하는 동기는 순수하다. 멍부형의 리더는 가만히 있기만 해도 좋은데 잘못되거나 별로 중요하지 않은 프로젝트를 제안해 주변 사람들을 힘들게 한다. 대시보드를 구축하는 업무 중에 멍부형 프로젝트가 많다. 수많은 지표를 힘들게 발굴해 보기에 좋은 데이터를 예쁜 그래프로 보여주지만, 처음에만 보기 좋을 뿐 시간이 조금 지나면 아무도 보지 않고 방치하는 시스템이 되는 경우가 많다.

2 사회 문화적인 요인

● 특정 조직이 살아남기 위해

기술이 발전하면 직접인력의 생산성이 높아지기 때문에 직접인력의 규모는 줄어든다. 로봇이 청소를 대신하고 제품을 조립하는 것이 대표적인 예다. 그 결과 제품을 생산하고 서비스를 제공하는 직접인력이 줄어든 만큼 직접인력을 지원하는 간접업무는 복잡해지고 간접인력의 직무도 증가했다.

기술이 발전하지 않아도 조직이 성장할수록 가치를 창출하는 직접인력의 비율보다 직접인력을 관리하고 지원하는 간접인력의 비율이 높아진다. 예를 들어 스타트업도 초기에는 간접인력이 부족하지만 조직이 성장하면서 간접인력이 증가한다. 그러나 조직의 규모가 커질수록 간접인력의 비율은 적정 수준을 넘는 경우가 많다. 영국의 역사학자이자 경영연구가인 파킨슨Northcote Parkinson은 영국의 대형 군함이 70% 감소했던 기간에 해군을 지원하는 행정팀은 78% 증가했다는 연구결과를 발표했다.

규모가 커진 간접부서는 부서를 유지하고 나아가 부서의 중요성을 과시하거나 인력을 늘리기 위해 듣기에 그럴듯한 가짜 프로젝트를 만든다. 그렇게 만들어지는 프로젝트는 직접인력의 불편을 해소하거나 외부 고객 또는 내부 직원을 기쁘게 하는 진짜 가치를 창출하지 않고 일부 경영층만 기쁘게 만드는 가짜 가치를 만들기 쉽다.

● **바빠 보이기 위해**

40년 전만 해도 회사에는 인터넷, 메일, 스마트폰이 없었다. 지금 이러한 기술 없이 회사 업무를 수행하는 것을 상상하기 힘들다. 그렇다면 현재 우리는 선배 세대보다 더 많은 생산성을 올리고 있을까? 아니면 더 편하고 여유 있게 일하고 있을까? 필자가 30년 이상의 조직 생활을 통해서 얻은 답은 부정적이다. 대표적인 이유가 모든 부서와 개인은 바쁘게 보이길 원하기 때문이다. 바빠 보이는 것은 직장 내 부서와 개인의 미덕(?)이라고 볼 수 있다. "요즘도 바빠?"라는 안부인사를 건네고 "바빠 죽겠어."라는 하소연 섞인 답변을 자주 듣는 것도 바로 이 때문이다.

개인 또는 부서의 업무는 바쁠 때도 있고 한가할 때도 있지만 일이 없는 것처럼 보이면 안 되기 때문에 외부에서 알아챌 정도로 여유가 생기면 여유가 없는 것처럼 보이기 위해 가짜 프로젝트를 만든다. 문제는 그러한 가짜 프로젝트의 결과가 진짜 바쁜 부서의 사람들을 더 바쁘게 만든다는 것이다.

● **유행하는 기술의 모방을 위해**

특정 기술이 유행하면 많은 기업에서 이를 따라한다. 유행하는 기술을 따라하지 않으면 경쟁에서 뒤쳐지는 느낌이 들기 때문이다. **유행하는 기술을 적용하지 않는 것은 적용하는 것보다 어렵다.** 그러나 본질은 잊고 무조건 따라하는 기술은 가짜 프로젝트를 만들기 쉽다. 챗봇이 유행했던 초기 사례가 대표적이다. 잘 개발한 챗봇을 필요한 상황에 적용하면 고객에게도 기업에게도 도움이 된다. 그러나 엉뚱한 답변만 하는 챗봇은 고객뿐 아니라 기업에게도 해를 끼친다. 고객이 챗봇에 문의한 시간이 낭비라고 생각할수록, 기업의 이미지가 나빠진다. 어설프게 경쟁사를 따라하면 경쟁사 대비 단점만 비교된다. 준비가 되지 않았다면 유행을 따라하지 않는 용기가 필요하다.

'디지털 전환'이라는 용어도 COVID-19 팬데믹으로 인해 2020년 이후 확산됐던 개념이다. 디지털 전환이 틀렸다는 이야기를 하는 것은 아니다. **새로운 개념을 가치로 창출하는 목적보다 과시 또는 모방을 위한 수단으로 잘못 활용해서는 안 된다는 것이다.** '디지털 고객 경험 강화' 'NFT 활용 디지털 신사업 추진' '디지털 소비자 인텔리전스 강화'와 같이 이름만으로는 무엇을 하는지 알기도 힘든 프로젝트를 여러 회사에서 수행했다. 그중 얼마나 많은 프로젝트가 고객이나 직원의 시간, 돈, 불편을 줄여주는 진짜 가치를 창출했을까?

● 완벽해질 수 있다는 환상 때문에

대부분의 업무는 일정 수준의 완성도를 넘어서면 엄청난 노력을 해야 완성도를 높일 수 있다. 상품의 결함, 운영시스템의 장애, 계약 분쟁, 보안 이슈, 개인정보 이슈 등과 관련된 부서들은 앞서 나열한 것을 제로 수준으로 만들고자 노력한다. 그러나 대부분 그러한 노력은 일정 수준을 넘어서면 가성비가 낮아져 의도했던 목표를 달성하지 못한다. 그 결과 의도는 순수했지만 결과적으로는 가성비가 나쁜 가짜 프로젝트를 만든다.

조직 내 모든 부서가 완벽을 추구하면 가짜 프로젝트가 많아지고 가짜 프로젝트끼리 만드는 시너지 때문에 상황은 더욱 악화된다. 개인의 건강을 위해 호흡기능, 소화기능, 순환기능, 관절 등을 동시에 극대화하는 노력을 하면 어떻게 될까? 호흡기능이 좋지 않은 사람에게 혈압을 낮춘다는 이유로 강도 높은 유산소 운동을 권하지는 않는다. 조직의 업무도 유기적으로 상호작용하는 인체와 비슷하다. 부문 최적화보다 전체 최적화가 중요하다. 전체 최적화를 추구하면 가짜 프로젝트를 많이 줄일 수 있다.

2 | 가짜 프로젝트의 부작용을 줄이는 방안

가짜 프로젝트를 수행하는 이유가 뿌리치기 힘든 개인의 욕심 또는 기업의 구조적인 문제이기 때문에 가짜 프로젝트를 예방하는 것은 쉽지 않다. 가짜 프로젝트의 문제점을 조금이라도 줄일 수 있는 방안은 다음과 같다.

1 프로젝트 착수 전에 프로젝트의 가치를 검토한다.

프로젝트 착수 전에 이번 프로젝트를 수행하는 진짜 이유를 객관적으로 검토해야 한다. 그 결과 가짜 프로젝트의 징후가 보인다면 다시 생각해야 한다. 가짜 프로젝트를 피할 수 없다면 그 프로젝트의 결과물을 운영하고 사용하는 사람들의 불편을 줄여야 한다. 가짜 프로젝트라고 판단했다면 적어도 너무 열심히는 하지 않아야 한다. 가짜 프로젝트의 특징을 요약하면 다음과 같다.

● 진짜 프로젝트는 고객이나 직원들의 불편을 줄여준다.

가짜 프로젝트는 경영층을 기쁘게 하는 대가로 직원들의 불편을 요구하는 경우가 많다. 본인이 수행할 프로젝트를 지지하는 본인 부서 외 동료들을 찾기 어렵다면 가짜 프로젝트일 가능성이 높다.

● 진짜 프로젝트는 제목도 내용도 단순하고 명확하다.

예를 들어 '연말정산 서류 자동화'는 누구에게 어떤 혜택을 제공하는지 프로젝트 명만 봐도 쉽게 이해할 수 있다. 앞서 예를 들었던 '디지털 소비자 인텔리전스 강화'와는 느낌이 다르다.

항목	가짜 프로젝트	진짜 프로젝트
혜택받는 사람	경영층, 일부 간접인력	직접인력
유행 추구	유행하는 기술에 민감	유행하는 기술보다 본질에 집중
완벽 추구	완벽을 추구함	불완전을 이해함
사용 용어	전문 용어를 사용해 이해하기 어려움	쉬운 용어를 사용해 이해하기 쉬움
문제 해결	없는 문제를 만듦	있는 문제를 해결
불편한 조직	프로젝트 적용으로 불편한 조직 있음	프로젝트 적용으로 불편한 조직 없음

표 1 가짜 프로젝트와 진짜 프로젝트의 비교

- 진짜 프로젝트는 남을 위한 이타적인 프로젝트다.

진짜 프로젝트는 타인을 기쁘게 한다. 그러나 가짜 프로젝트는 본인을 위한 이기적인 프로젝트다.

가짜 프로젝트와 진짜 프로젝트의 특성을 정리하면 표1과 같다.

2 프로젝트 완료 후 성과를 모니터링해 결과에 대한 책임을 강화한다.

대부분의 프로젝트는 시작하고 완료할 때 많은 관심을 받는다. 그러나 프로젝트 완료 후 시간이 지나면 뜨거웠던 관심은 식고, 프로젝트 착수보고 때 이야기했던 분홍빛의 성과들을 달성했는지에 대해 무관심해진다. 최악의 경우는 의미 없는 일을 왜 하는지도 모르고 관성적으로 한다.

프로젝트 완료 후 프로젝트 성과를 정기적으로 모니터링해 그 프로젝트가 진짜였는지 가짜였는지 평가하고, 가짜 프로젝트를 제안한 사람이 어느 정도 책임지게 해야 한다. 프로젝트 성과를 판단해 진짜와 가짜를 구분하는 것은 어렵지 않다. 그 프로젝트의 결과를 조직에서 운영하기 위해 투입되는 시간과 노력 대비 누구의 시간과 노력이 줄어드는가를 다음과 같은 관점에서 확인하면 된다.

- 품질, 컴플라이언스, 법무를 위해 각종 데이터를 등록했지만 그것을 활용하는 사람이 없거나 가치가 거의 없다면 전형적인 가짜 프로젝트다.
- 프로젝트가 목표로 했던 생산성 향상, 품질 향상을 측정할 수 없다면 가짜 프로젝트일 가능성이 높다.
- 프로젝트를 완료한지 1년 이상 경과했다면 그 프로젝트를 활용하는 사용자나 이해관계자들은 진짜 프로젝트와 가짜 프로젝트를 정확하게 구분한다. "○○ 프로젝트의 결과물이 당신의 업무 수행에 얼마나 도움이 됩니까?"라는 질문 하나면 된다.

물론 그 프로젝트를 제안했던 사람들이 회사를 떠나 책임을 묻기 어려울 수도 있다. 그래도 "○○ 프로젝트는 목표를 달성하지 못했습니다. 운영을 잘못한 것이 아니라 처음부터 잘못된 목표를 잡았기 때문입니다."라고 조직원들에게 가짜 프로젝트의 존재를 알려야 한다. 그러면 가짜 프로젝트를 제안할 때 조금 더 신중해지지 않을까?

3 운영 중인 시스템을 정기적으로 정제한다.

상품에 반영되지 않은 요구 사항들을 백로그라고 한다. 백로그를 정기적으로 정제하지 않으면 백로그의 개수가 무한정 증가한다. 가짜 프로젝트의 결과물인 시스템도 마찬가지다. 운영시스템을 모니터링해 효과가 미흡하고, 폐기비용이 크지 않다면 시스템 운영을 중단하는 방안을 검토해야 한다. 급하게 개발한 시스템의 유지보수가 힘든 것을 기술부채라고 하는 것에 비유하면, 가짜 프로젝트의 결과물은 고금리를 지불하는 악성부채다.

특정 시스템이 다른 시스템과 복잡하게 연계돼 그 시스템을 폐기할 때 영향을 받는 시스템이 많다면 폐기비용이 높아진다. 이러한 가짜 프로젝트는 과거로 돌아가지 못하게 대못을 박은 것이다. 이런 프로젝트의 결과물은 폐기하기 힘들기 때문에 운영에 투입되는 시간과 노력을 줄이는 방안을 찾아야 한다. 가짜 프로젝트의 착수를 막지 못했다면 가짜 프로젝트를 운영할 때 발생하는 낭비를 줄여야 한다.

4 잠깐 쉬어 가는 것도 방법이다.

개인이나 부서에 한시적으로 여유가 생길 수 있다. 그때 개인 또는 부서에 여유를 허용하는 조직문화를 만들어야 한다. 그것이 불가능한 조직문화도 있지만 시도는 해야 한다. 아무것도 안 하는 것이 아니라 가짜 프로젝트를 만드는 것보다 휴가를 가거나 개인이나 부서의 역량 향상의 시간을 보내는 것이 바람직하다. 조직과 개인에 도움이 될 주제를 선정해 정기적인 세미나를 하거나 자격증 취득을 위해 시간을 할애하는 것이 예다.

지금까지 가짜 프로젝트를 수행하는 이유와 예방하는 방법에 대해 살펴봤다. 가짜 프로젝트에 대한 통계 데이터를 제시하지 못했지만 가짜 프로젝트는 분명히 존재한다. 조직에 따라 가짜 프로젝트의 비율만 다를 뿐이다.

가짜 프로젝트를 수행하면 조직의 자원과 시간을 낭비할 뿐 아니라 진짜 중요한 프로젝트를 수행할 기회도 줄어든다. 또한 가짜 프로젝트를 수행하는 팀원들의 자존감도 낮아진다. 우리는 모두 다른 사람들에게 실질적인 도움이 되는 일을 하면 기분이 좋아진다. 다음의 질문을 기억하자.

"내가 수행하는 프로젝트는 누구의 불편, 시간, 노력을 얼만큼 줄여주는가?"

흙수저 프로젝트는 피하고 금수저 프로젝트에 참여하는 방법은?

흙수저에서 태어난 사람이 성장하기 위해 금수저에서 태어난 사람보다 더 많은 노력이 필요한 것처럼, 흙수저 프로젝트의 팀원들도 프로젝트를 수행하는 과정에서 금수저 프로젝트의 팀원보다 더 많은 고생을 겪는다. 흙수저 프로젝트와 금수저 프로젝트를 결정하는 요인은 무엇일까? 프로젝트 관리자는 흙수저 프로젝트와 금수저 프로젝트에 어떻게 대응해야 할까?

프로젝트에도 금수저와 흙수저가 있다. 금수저 프로젝트는 자원이 풍족하고, 중요한 업무를 수행하기 때문에 풍족한 집에서 태어나 큰 어려움 없이 성장하는 개인과 비슷하다. 금수저 프로젝트는 조직에서 우선순위가 높은 업무를 수행하기 때문에 간혹 업무 강도와 스트레스가 크기도 하지만, 프로젝트를 잘 끝내면 개인이 성장하는 발판이 된다.

흙수저 프로젝트는 자원이 부족할 뿐 아니라 조직에서 관심도가 낮은 업무를 수행하기 때문에 가난한 집에서 태어나 힘들게 살아가는 개인과 비슷하다. 흙수저 프로젝트는 부족한 자원 때문에 태생적으로 업무 강도가 높은데 야망이 있거나 멍부형의 경영층을 만나면 더 고된 프로젝트가 된다. 흙수저 프로젝트는 힘들게 프로젝트를 끝내도 조직에서 알아주지 않는다. 성장의 욕심이 많은 프로젝트 관리자나 팀원 들에게는 흙수저 프로젝트에 투입된 그 자체가 스트레스가 된다.

1 | 금수저 프로젝트와 흙수저 프로젝트를 결정하는 요인

1 프로젝트 계획의 협상

동일한 업무를 동일한 팀원이 수행해도 12개월 동안 수행하면 금수저 프로젝트이고, 6개월 동안 수행하면 흙수저 프로젝트가 될 수 있다. 프로젝트 팀원이 기간 추정을 낙관적으로 하거나, 추정의 논리를 경영층이나 고객에게 잘 설명하지 못해 기간이 단축되면 흙수저 프로젝트가 된다. 반대로 프로젝트 관리자가 버퍼를 포함해 제안한 기간이나 예산이 그대로 통과되면 금수저 프로젝트가 되기도 한다. 따라서 조직의 경영상황이 좋지 않으면 흙수저 프로젝트가 증가한다.

SI 프로젝트는 계약을 잘못하면 투입인력과 예산이 부족한 흙수저 프로젝트가 된다. 현실에서 일정의 여유가 있는 SI 프로젝트는 드물다. 부족하지 않은 프로젝트 경비, 부족하지 않은 MM, 우수 인력만 있다면 금수저 프로젝트의 필요조건을 갖춘 것이고 수행업무가 조직에서 전략적으로 중요하다면 충분조건을 갖추게 된다.

스타트업에서는 성장엔진을 찾지 못하고 펀딩받은 예산이 바닥나면 마지막이 될 지 모르는 흙수저 프로젝트를 할 수 있다. 물론 건강한 스타트업은 수익을 확보하기 전까지는 금수저 프로젝트를 꿈꾸지 않아야 한다. 스타트업에서는 시간이 돈이기 때문에 프로젝트 계획도 도전적으로 수립해야 한다.

2 프로젝트의 중요도

경영층은 전략적으로 중요한 프로젝트에 우수한 인력을 많이 투입한다. 호흡이 맞고 역량이 뛰어난 동료가 회사가 제공하는 가장 큰 복지라는 말은 프로젝트도 예외가 아니다. 중요한 프로젝트는 여러 경영층들이 관심을 가지기 때문에 팀원들의 자부심도 높아진다(물론 반대로 생각하는 팀원들도 있다). 성취욕구나 권력욕구가 높은 팀원에게는 이러한 프로젝트가 큰 기회가 될 수 있다.

중요도가 낮은 프로젝트라고 해서 흙수저 프로젝트는 아니다. 금수저 프로젝트의 반대는 금수저 프로젝트가 아닌 것이지 흙수저 프로젝트는 아니다. 자원도 부족한데 중요하지 않은 일에 도전적인 목표를 부여하고 목표 달성을 압박하는 관리자를 만나는 순간 약간 힘든 프로젝트가 흙수저 프로젝트로 변한다.

3 포트폴리오의 복잡성

조직의 예산과 자원을 어떤 프로젝트에 얼만큼 할당할 것인가를 결정하는 것이 포트폴리오 관리다. 조직이 복잡할수록 프로젝트도 다양하고 복잡하다. 단종하는 상품 수는 적은데 신규 상품을 많이 출시하면 상품 포트폴리오의 복잡도가 높아진다. 포트폴리오가 복잡하면 개별 프로젝트에 할당되는 예산이나 자원이 부족해지고 그 결과 흙수저 프로젝트가 탄생할 가능성이 높아진다.

4 원가절감 또는 효율성을 강조하는 조직문화

원가절감 또는 효율성을 강조하는 조직의 관리자는 모든 일을 더 빨리, 더 적은 예산으로 해야 한다는 신념을 가지고 있다. 그러한 조직문화와 순진하고 낙관적인 프로젝트 관리자가 만나면 나쁜 시너지를 만들어 흙수저 프로젝트를 탄생시킨다.

2 | 금수저 프로젝트와 흙수저 프로젝트에 대응하는 방법

1 개인이 원하는 프로젝트와 피하고 싶은 프로젝트를 명확히 한다.

모든 사람들이 금수저 프로젝트를 좋아하는 것은 아니다. 금수저 프로젝트를 부담스러워하는 사람도 있다. 성취나 성장에 관심 없고 가족이나 개인의 취미생활을 중요하게 생각하는 사람들도 많다. 그런 사람들에게는 스트레스 없이 수행할 수 있는 평범하고 유명하지 않은 프로젝트가 더 좋다. 성취욕구나 성장욕구가 강한 사람들은 평범한 프로젝트보다 고생은 하더라도 남들이 알아주는 프로젝트를 선호한다.

2 금수저 프로젝트를 원하면 투입 가능성을 높이기 위해 노력해야 한다.

개인이 금수저 집안에서 태어나는 것은 개인이 통제할 수 없다. 그러나 금수저 프로젝트에 투입될 가능성은 개인의 노력으로 투입 가능성을 높일 수 있다. 대표적인 것이 금수저 프로젝트가 필요로 하는 역량을 갖추는 것이다. 그러나 개인의 역량은 단기간에 향상시키기 힘들기 때문에 현실적인 방안이 아니다.

금수저 프로젝트에 투입될 가능성을 높이는 현실적인 방안은 영향력 있는 사람들에게 본인의 희망을 알리는 것이다. 그 시점은 빠를수록 좋다. 본인이 원하는 금수저 프로젝트가 논의되는 초기에 본인의 희망사항과 각오를 의사결정권자에게 어필해야 한다. 이러한 활동을 부정적으로 생각할 필요가 없다. 본인이 원하는 프로젝트가 있을 때 투입되고 싶다고 말하는 것은 오히려 장려할 일이다. 본인이 직접 말하기 힘든 상황에서는 친한 선배를 활용하는 것도 좋다.

행운은 운의 영역이지만 스스로 노력하기에 따라 행운을 잡을 가능성은 높아진다. 행운의 여신의 앞머리가 무성한 이유는 사람들이 행운을 봤을 때 쉽게 붙잡을 수 있도록 하기 위함이고, 뒤통수가 대머리인 이유는 행운이 지나갔을 때 붙잡지 못하기 위함이라는 이야기를 새겨볼 필요가 있다.

3 고생만 하게 될 흙수저 프로젝트는 피해야 한다.

흙수저 프로젝트에 능력 있는 고객 또는 경영층의 욕심이 더해지면 지옥과 같은 프로젝트를 경험하게 될 가능성이 높다. 이러한 프로젝트는 어떠한 핑계를 대서라도 피해야 한다. 경영층의 협박 또는 설득을 이겨내는 것은 쉽지 않지만 프로젝트에 투입됐을 때 치를 대가를 생각하고 최대한 거부해야 한다. 인간적인 호소, 개인적인 사유, 건강 등 설득 가능한 모든 카드를 동원해야 한다.

4 본인이 투입된 프로젝트의 가치를 높인다.

흙수저 프로젝트를 금수저 프로젝트로 바꿀 수는 없지만, 은수저 프로젝트를 금수저 프로젝트처럼 조직 내에 포지셔닝할 수는 있다. 이는 프로젝트 관리자나 스폰서의 주요 역할이다. 프로젝트 결과물의 가치와 팀원들의 헌신을 적극적으로 홍보하지 않으면 조직 내 다른 사람들이 알기 어렵기 때문에 적극적으로 홍보해야 한다.

다음은 조직 내에서 프로젝트를 홍보할 때 고려할 사항이다.

- 해당 프로젝트의 결과물이 조직의 전략적 목표 달성에 얼마나 기여하는가?
- 프로젝트 목표가 얼마나 달성하기 힘든가?
- 프로젝트 수행과정에서 발생했던 이슈는 무엇이고 그것을 어떻게 극복했는가?

반대로 금수저 프로젝트가 흙수저 프로젝트로 바뀔 수 있다. 금수저 프로젝트는 조직에서 기대가 큰 만큼 성공하지 못했을 때 받는 실망도 큰 법이다. 조직의 성공을 위해 우수 인력을 아낌없이 투입했는데 성과를 창출하지 못하고 프로젝트가 계속 지연된다면 팀원의 사기는 떨어지고 조직의 지원과 관심은 줄어들어 흙수저 프로젝트가 된다.

지옥 같은 프로젝트에서 살아남는 방법은?

끝이 보이지 않는 대형 SI 프로젝트, 상품 출시 일정을 맞추기 위해 판교의 밤을 밝히는 프로젝트, 성공의 가능성이 낮지만 회사의 사활을 건 프로젝트, 저예산의 이벤트나 영화 제작 프로젝트, 혹독한 환경에서의 건설 프로젝트 등 모든 업종에서 지옥 같은 프로젝트는 발생한다. 지옥 같은 프로젝트에서 팀원들과 프로젝트 관리자 본인을 지켜내는 방법이 있을까?

2005년 필자는 에드워드 요던Edward Yourdon의 책 《Death march project》의 번역본을 출간했다. 이때, 'Death march project'를 어떻게 번역할지 고민하던 끝에 책 제목은 《죽음의 행진 프로젝트》로 직역하고 본문에서는 '문제 프로젝트'라는 용어를 사용하기로 했다. 그러나 지금 생각해 보니 '문제 프로젝트'라는 용어보다 '지옥 같은 프로젝트' 또는 '끔찍한 프로젝트'가 보다 정확한 의미를 전달하는 것 같다. 이 책에서는 '지옥 같은'이라는 단어를 사용하겠다.

에드워드 요던은 정상적인 프로젝트보다 기간이 절반 이상 짧거나 절반 이상으로 예산이 부족한 프로젝트를 지옥 같은 프로젝트로 정의했다. 이렇게 정량적으로 정의할 수도 있지만 프로젝트 수행 도중 프로젝트 관리자가 극심한 스트레스로 신체 또는 정신 건강의 문제가 생기고 교체된다면 지옥 같은 프로젝트라고 생각해도 된다. 착수부터 지옥 같은 프로젝트도 있지만, 정상적인 프로젝트가 지옥 같은 프로젝트로 변하는 경우가 더 많다.

1 | 지옥 같은 프로젝트가 발생하는 이유

1 비현실적인 납기

경쟁우위 확보를 위해 앞당겨진 상품 출시 일정, 명확한 이유 없는 경영층의 일정 단축 지시, 프로젝트 팀의 의욕적인 추정 등 비현실적인 납기의 이유는 다양하다.

2 인적자원 또는 물적 자원의 부족

인적자원 또는 물적자원의 양이 부족하거나 역량 또는 성능이 미흡해도 프로젝트는 힘들어진다. 부족한 자원은 일정 지연을 초래하는 원인이 된다. 자원이 부족하면 프로젝트를 하지 않거나 범위를 축소해야 한다.

3 불안정한 요구 사항

불안정한 요구 사항은 요구 사항의 변경을 초래한다. 요구 사항은 변하는데 일정 또는 자원이 변하지 않으면 프로젝트는 힘들어진다. 요구 사항 변경은 이해관계자와 프로젝트 팀 모두의 잘못이다.

4 기술적인 구현의 어려움

혁신적인 상품을 개발하거나 경험이 없는 기술을 적용하는 프로젝트도 힘들어질 수 있다. 그나마 신기술을 배우고자 하는 팀원에게는 동기부여가 될 수 있다.

5 고객 또는 이해관계자의 압박

외부 고객 또는 내부 이해관계자가 개인적인 욕심으로 달성하기 힘든 요청을 해도 프로젝트는 힘들어진다. 이런 프로젝트는 지연돼도 비즈니스 관점에서 영향이 거의 없고 CEO가 아닌 특정 경영층만 관심있다.

6 이해관계자들의 정치

프로젝트 추진 방향이나 프로젝트 결과에 따라 여러 사람들의 이해관계가 복잡하게 얽혀도 프로젝트가 힘들어진다. 프로젝트 성공에 대한 판단 기준이 다르고 누군가의 성공이 누군가의 좌절로 이어진다면 바다로 가야 하는 프로젝트가 산으로 갈 수 있다. 이런 프로젝트에서는 CEO의 의견이 프로젝트 실행부서에 전달되는 과정에서 이해관계자의 관심에 따라 선택적으로 왜곡될 수 있다. 예를 들어 CEO가 우선순위를 a, b, c로 이야기했는데 b, a, c로 유관부서나 프로젝트 팀에 전달된다.

7 영업의 무리한 수주

SI 프로젝트는 영업에서 무리한 수주를 할 수도 있다. 프로젝트 영업과 실행이 분리된 조직에서는 수주를 우선시할 수밖에 없다. 또한 계약 전에 프로젝트 위험을 검증하는 기능이 미흡하다면 무리한 수주의 가능성은 높아진다.

2 | 지옥 같은 프로젝트를 수행하는 이유

1 개인의 성공을 위해

일반적인 프로젝트는 잘 끝내도 티가 나지 않는다. 반면 경영층이 힘들다고 인정하는 프로젝트를 잘 끝내면 급여 인상, 승진과 같은 보상이 따를 수 있다. 이러한 목적으로 지옥 같은 프로젝트를 맡는다면 프로젝트를 수행하기 전에 보상에 대한 명확한 약속을 받아둬야 한다.

2 경영층의 압박 때문에

본인은 하기 싫지만 경영층의 압박에 못 이겨 지옥 같은 프로젝트를 맡을 수도 있다. 이렇게 비자발적으로 지옥 같은 프로젝트를 맡은 프로젝트 관리자는 희생양이 되기 쉽다.

3 근거 없는 자신감 때문에

근거 없는 자신감으로 프로젝트의 복잡도, 난이도, 규모를 과소평가하면 힘든 프로젝트를 자발적으로 맡게 된다.

4 개인의 성취욕구 때문에

남들이 어려워하는 프로젝트를 성공적으로 끝내고 싶은 개인적인 성취욕구 때문에 프로젝트를 맡을 수도 있다. 프로젝트 관리자의 이력에 남을만한 프로젝트를 하고 싶은 욕심 때문에 남들이 기피하는 프로젝트에 지원할 수도 있다.

3 | 지옥 같은 프로젝트의 두 가지 유형

1 변경할 수 없는 중요한 납기가 있는 미션 임파서블 프로젝트

일정이 정해진 박람회에 신상품을 출시하는 프로젝트, 경쟁 상품보다 앞당겨 출시하는 것이 목표인 프로젝트, 정부의 컴플라이언스 정책 때문에 납기가 정해진 프로젝트는 일정 지연이 불가능하다. 성공하거나 실패하거나 두 가지 경우밖에 없다. 추석, 구정과 같은 연휴 뒤에만 오픈이 가능한 금융의 차세대 프로젝트와 같이 일정 변경이 불가능하지 않지만 일정 지연에 제약이 많은 프로젝트도 여기에 해당된다.

납기가 중요한 프로젝트들은 대부분 규모가 크고 복잡하기 때문에 프로젝트 규모나 복잡도를 과소 추정하기 쉬울뿐 아니라 프로젝트 관리가 힘들기 때문에 목표 달성이 매우 힘들다. 약간 과장해서 이러한 프로젝트를 '미션 임파서블 프로젝트'로 정의하겠다. 현실에서는 프로젝트의 난이도가 영화처럼 불가능에 가까운 수준은 아니기 때문에 톰 크루즈와 같은 프로젝트 관리자가 아니라도 노력하면 프로젝트 납기는 지킬 수 있다.

미션 임파서블 프로젝트는 영화와 달리 일을 방해하는 강력한 빌런이 없다. 모든 이해관계자가 납기 준수의 중요성을 인지하고 있기 때문에 정치적인 이해관계가 개입될 가능성이 낮다. 또한 프로젝트 완성도가 일정 수준을 넘어서면 납기 준수를 위해 일정 수준의 범위나 품질을 희생하는 의사결정을 할 수도 있다. 미션 임파서블 프로젝트를 수행하는 과정은 힘들어도 프로젝트를 끝낸 후 프로젝트 관리자나 팀원은 보람을 느낄 수 있고 그 프로젝트를 통해 배우는 것도 많다. 또한 그 유명한 'XXX 프로젝트'의 프로젝트 관리자였다는 것은 본인의 경력에도 큰 도움이 된다. 그렇기 때문에 미션 임파서블 프로젝트의 성취감에 중독돼 그러한 프로젝트만 찾는 프로젝트 관리자도 가끔씩 볼 수 있다.

2 납기가 지연돼도 비즈니스에 영향력이 작은 가짜 프로젝트

원론적으로는 모든 프로젝트의 납기 준수가 중요하지만, 비즈니스 관점에서 프로젝트 결과물이 납기일에 꼭 필요하지 않은 경우가 많다. 일상의 업무도 그렇다. 실무자의 "언제까지 해야 하나요?"라는 질문에 "빠를수록 좋습니다ASAP"라고 대답하는 사람이 많은데 정작 명확한 이유는 없는 경우가 많다.

많은 조직이 쉬지 않고 일을 해야 하고, 그것도 빨리 해야 한다는 것에 중독돼 있다. 비즈니스 관점에서 납기가 중요하지 않는 프로젝트의 탄생 뒤에는 가짜 프로젝트를 수행하는 이유에서 설명한 개인 또는 특정 부서의 이기적인 욕심이 있는 경우가 많다. 개인이 승진하기 위해, 특정 부서가 조직 내에서 권력을 획득하기 위해 하지 않아도 되는 프로젝트는 앞서 설명한 가짜 프로젝트다.

미션 임파서블 프로젝트의 납기와 프로젝트 가치에 대한 정당성은 명확하다. 다만 일이 힘들뿐이다. 그러나 가짜 프로젝트는 유용한 가치가 없고, 특정 이해관계자의 욕망을 충족시키는 것이 중요하기 때문에 프로젝트 팀원들의 사명감도 없다. 뿐만 아니라 가짜 프로젝트는 최신의 트렌드를 반영한 신기술을 적용하는 경우가 많기 때문에 업무 난이도가 높아 프로젝트 스폰서의 기대 수준을 맞추기 힘든 경우가 많다. **이런 프로젝트에서 멘탈이 무너지면 지옥을 경험하게 된다.**

4 | 미션 임파서블 프로젝트에서 살아남는 방법

미션 임파서블 프로젝트에서 살아남기 위해서는 프로젝트 납기를 지켜야 한다. 프로젝트 납기를 준수하지 못할 것이 확실해지면 이해관계자는 돌아서고 팀원의 사기는 바닥으로 떨어진다. 한마디로 파국의 상황이 된다. 미션 임파서블 프로젝트의 납기를 준수하는 비법은 존재하지 않지만 납기 준수 가능성을 높이는 방법은 다음과 같다.

1 프로젝트 완료일의 근거를 확인한다.

대형 프로젝트의 완료일은 최대한 여유 있게 설정해야 한다. 특별한 이유 없이 일정 기간 안에 완료해야 한다고 하거나, CEO가 빨리 끝내라고 지시했다는 이유로 프로젝트 완료일을 확정해서는 안 된다. 프로젝트 관리자는 합리적인 프로젝트 기간을 확보하기 위해 프로젝트 계획을 확정하기 전 다음과 같이 이야기할 수 있어야 한다.

> "12월에 완료해야 하는 이유가 무엇입니까? 제가 분석한 결과 이 정도 규모의 프로젝트를 끝내기 위해서는 6개월이 더 필요합니다. 대신 개발원가는 같은 수준으로 유지할 수 있습니다. 아시다시피 XXX, YYY 프로젝트도 도전적인 프로젝트 일정 목표를 수립했지만 프로젝트 일정이 크게 지연됐습니다."

2 역량이 뛰어나고 호흡이 맞는 인력을 확보한다.

미션 임파서블 프로젝트의 일정은 대부분 협상 불가능하다. 또한 프로젝트 착수 시점에서 프로젝트 범위를 줄이자고 하기도 힘들다. 조정 가능한 것은 자원뿐이다. 따라서 프로젝트 관리자는 우수한 인력을 확보하기 위해 최대한 노력해야 한다. 그러나 조직에서는 여러 프로젝트들을 수행해야 하기 때문에 가용한 인력에 제약이 많다. 미션 임파서블 프로젝트의 관리자는 그런 상황을 고려할 필요가 없다. 필요하다면 미션 임파서블 프로젝트를 위해 다른 프로젝트를 한두 개 정도 포기하자고 제안할 용기가 있어야 한다. 프로젝트 관리자가 요청하는 인력을 투입하지 않으면 프로젝트 납기를 준수하기 힘들다고 강력하게 말해야 한다. 물론 우수한 인력의 기준은 프로젝트 관리자가 판단해야 한다. 본인과 프로젝트를 수행한 경험이 있는 인력 중에서 호흡이 잘 맞았던 인력을 많이 확보하는 것이 바람직하다.

3 프로젝트 관리자의 열정은 필수다.

미션 임파서블 프로젝트는 대부분 규모가 크고 복잡하기 때문에 프로젝트 관리자가 챙길 것이 많다. 열정이 없는 프로젝트 관리자는 미션 임파서블 프로젝트의 많은 일들을 감당하기 힘들다. 프로젝트 관리자가 열정을 가지고 헌신할수록 팀원들이 덜 고생할 뿐만 아니라 팀원들에게 긍정의 에너지를 전파할 수 있다.

미션 임파서블 프로젝트의 임무를 완수했을 때 큰 혜택을 보는 대표적인 사람이 프로젝트 관리자이기 때문에 팀원보다 프로젝트 관리자가 프로젝트에 헌신해야 한다. 아침 식사를 위해 계란을 낳는 닭이 아니라 제 살을 베어 베이컨을 만드는 돼지가 될 각오를 해야 한다. 그런 마음가짐 없이 미션 임파서블 프로젝트의 관리자의 역할을 맡으면 본인뿐만 아니라 프로젝트 팀원도 힘들게 만든다.

4 핵심 이해관계자와 같은 배를 탄다.

프로젝트 관리자는 프로젝트에 영향을 중요한 영향을 미치는 핵심 이해관계자와 같은 배를 타야 한다. 같은 배를 탄다는 것은 프로젝트 성패의 책임을 함께 진다는 것을 의미한다. 보상 또는 불이익을 함께 받아야 프로젝트 결과에 따른 이해관계가 같아진다. 그러기 위해서는 프로젝트 관리자는 핵심 이해관계자와 프로젝트를 같은 생각으로 이해하고 같은 방식으로 추진해야 한다. 프로젝트의 목표와 추진 방식에 대해 이해관계자와 생각이 다르다면 절충점을 찾아야 한다.

만일 이해관계자를 설득시키지 못하면 프로젝트 관리자가 양보하는 것이 슬기로운 해결 방안이다.

5 요구 사항의 우선순위를 관리한다.

미션 임파서블 프로젝트에서는 최악의 경우를 대비해 요구 사항의 우선순위를 지속적으로 관리해야 한다. 기능과 성능 관점에서 완벽해야 하는 요구 사항도 있지만, 시스템 오픈 시점에서 제외 가능한 요구 사항도 있다. 미션 임파서블 프로젝트의 납기를 준수하기 위해서는 요구 사항의 우선순위에 따라 자원을 배분해야 한다. 우선순위가 낮은 요구 사항을 완벽하게 개발하는 방식으로 자원을 운영하면 중요한 요구 사항의 완성도가 낮아질 가능성이 높다.

요구 사항의 우선순위를 관리하는 것은 쉽지 않다. **명목상으로 우선순위는 모두 중요하고, 상황에 따라 변하는 요구 사항의 우선순위를 놓치기 쉽기 때문이다.** 무엇보다 이해관계자가 ○○ 요구 사항이 중요하지 않다고 말하는 것은 힘들다. 프로젝트 초반부터 프로젝트 범위에 포함된 요구 사항들의 우선순위를 관리하는 것은 실효성이 낮다. 초반에는 핵심 이해관계자의 요구 사항을 확인하는 것이 중요하다. 프로젝트 중반 이후 시간과 자원의 제약이 커질 때 중요도가 상대적으로 낮은 요구 사항을 구분하는 것이 바람직하다.

6 중요한 요구 사항 구현에 이슈가 없어야 한다.

1등급 또는 2등급의 요구 사항 구현에 이슈가 있다면 3등급, 4등급의 요구사항 구현 우선순위를 조정하는 협상이 힘들어진다. 선택할 것이 있어야 포기할 것이 생긴다. 미션 임파서블 프로젝트 요구 사항의 우선순위를 분류하는 예는 다음과 같다.

- **1등급**: 기능과 성능 측면에서 이슈가 있으면 납기를 지킬 수 없는 요구 사항
- **2등급**: 기능과 성능 측면에서 약간의 이슈가 있어도 납기를 지킬 수 있는 요구 사항
- **3등급**: 특정 조직(또는 고객)을 대상으로 파일럿 적용을 목표로 오픈할 수 있는 요구 사항
- **4등급**: 상황에 따라 프로젝트 오픈 범위에서 제외할 수 있는 요구 사항

7 본인의 프로젝트를 미션 임파서블 프로젝트라고 소문낸다.

프로젝트 관리자는 본인의 프로젝트를 조직 내에서 미션 임파서블 프로젝트로 소문내야 한다. 말하지 않아도 다른 사람들이 본인의 프로젝트를 미션 임파서블 프로젝트라고 알아주길 기대해서는 안 된다. 미션 임파서블 프로젝트라고 소문나서 피해를 볼 것은 거의 없다. 한 가지 우려가 있다면 실질적인 도움을 주지 않고 관리만 하려는 조직들이다. 이런 징후가 보인다면 프로젝트 관리자는 경영층에게 사실을 이야기해야 한다. SI 프로젝트라면 고객이 경영층에게 이야기하게 하는 것도 방안이 될 수 있다. 이때 프로젝트 목표가 도전

적이라고 소문을 내야지 프로젝트 실행을 못해 이슈 프로젝트가 됐다고 소문나지 않도록 유의해야 한다.

미션 임파서블 프로젝트로 소문이 나면 프로젝트 관리자의 발언권이 강해지기 때문에 프로젝트 관리자의 건의사항이 받아들여질 가능성이 높아진다. 예를 들어 프로젝트 팀원들의 사기 진작을 위해 높은 상위 등급의 고과 배분율을 높여달라고 요청할 수도 있고, 비효율적인 관리 프로세스의 예외 적용을 요청할 수도 있다. 프로젝트 팀원에게도 지금 수행하는 프로젝트가 미션 임파서블 프로젝트임을 상기시켜줘야 한다. 프로젝트 관리자, 이해관계자, 프로젝트 팀원은 프로젝트 상황을 동일하게 이해해야 한다. 미션 임파서블 프로젝트의 납기를 지키기 위해서는 프로젝트에 헌신해야 하지만, 성공한다면 프로젝트 팀원 모두에게 도움이 되는 경험과 커리어를 얻는다는 것을 팀원들이 공감해야 한다.

8 고위 경영층과 프로젝트 관리자 사이의 보고 계층을 최소화한다.

프로젝트와 관련된 의사결정을 할 수 있는 경영층과 프로젝트 관리자 사이의 계층이 많아질수록 소위 말하는 '뉴스세탁'이 발생한다. 뉴스세탁이란 여러 단계를 거치면서 경영층의 의견이 변경되는 것을 의미한다. 보고 계층이 많아지면 의사결정 시간이 길어지고 프로젝트 관리자가 경영층을 직접 설득할 기회도 없어진다. 따라서 미션 임파서블 프로젝트는 프로젝트 관리자가 고위 경영층에게 직접 보고하거나 중간 보고 계층을 최소화하는 것이 바람직하다.

9 마일스톤 관리를 통해 긍정적인 긴장감을 유지한다.

속이 텅 빈 대나무가 태풍이 불어도 부러지지 않고, 20미터 이상 자랄 수 있는 비결은 적당한 간격으로 매듭을 만들기 때문이다. 결과가 좋은 마일스톤은 대나무의 매듭과 같은 역할을 한다. 프로젝트도 진행 도중 외부의 충격을 견디고 이해관계자들의 신뢰를 유지하려면 적당한 주기로 프로젝트 결과물을 이해관계자에게 보여줘야 한다. 프로젝트 수행 도중 그러한 결과물을 보여주는 이벤트가 마일스톤이다. 애자일 방법론의 스프린트, 폭포수 방법론의 단계별 검토, 통합 테스트, 일부 기능을 일부 조직에 적용하는 파일럿 오픈 등이 대표적인 마일스톤이다.

프로젝트 마일스톤의 일정을 준수하고 품질 목표를 달성하기 위해서는 마일스톤 직전에 높은 수준의 긴장감을 유지해야 한다. 마일스톤 일정을 성공적으로 달성하면 프로젝트 팀원에게 감사를 표시하고 약간의 여유를 가진 뒤, 다음 마일스톤 달성을 위해 조직의 긴장감을 높이는 것이 좋다.

5 | 가짜 프로젝트에서 살아남는 방법

가짜 프로젝트는 상황이 악화되면 대책이 없는 경우가 많기 때문에 가짜 프로젝트는 참여하지 않는 것이 바람직하다. 그러나 불가피하게 지옥 같은 가짜 프로젝트에 투입됐다면 멘탈을 챙겨야 한다. 드라마 〈나의 아저씨〉에서 구조기술자였던 박동훈 부장(故 이선균)은 다음의 명대사를 이야기했다.

> "모든 건물은 외력과 내력의 싸움이야. 바람, 하중, 진동. 있을 수 있는 모든 외력을 계산하고 따져서 그거보다 세게 내력을 설계하는 거야. 인생도 어떻게 보면 내력과 외력의 싸움이고 무슨 일이 있어도 내력이 있으면 버티는 거야."

지옥 같은 가짜 프로젝트에서 '이해관계자의 압박'이 외력이라면 그것을 견딜 수 있는 '프로젝트 관리자의 멘탈'은 내력이다. 가짜 프로젝트에서 프로젝트 관리자의 멘탈을 유지하는 데 도움이 되는 방법이나 사고방식은 다음과 같다.

1 모든 프로젝트는 끝난다.

끝나지 않는 프로젝트는 없다. 프로젝트 수행 도중 중단하거나, 프로젝트 범위를 대폭 줄여서 끝내기도 한다. 호흡기를 달고 무의미한 연명치료를 하는 뇌사 상태의 프로젝트도 있지만, 대부분 일정 시간이 지나면 호흡기를 뗀다. **힘든 순간은 영원하지 않고 한시적이다.** 자존감을 낮추는 프로젝트에서의 하루하루가 끔찍하지만, '이 또한 지나가리라'라는 경구를 생각하면 된다. SI 프로젝트의 이해관계자는 프로젝트가 끝나면 헤어지고 상품 개발 프로젝트의 이해관계자와도 헤어질 가능성이 있다. 끔찍한 이해관계자와 헤어질 기약이 없는 운영 업무를 생각하면 위안이 될 수도 있다.

2 가짜 프로젝트라는 확신을 가진다.

가짜 프로젝트라고 확신하는 것도 건강한 멘탈 유지에 도움이 된다. 한 사람의 나쁜 이해관계자 때문에 많은 사용자들이 힘든 상황을 본인이 조금이라도 완화시킨다고 생각할 수도 있다. 가짜 프로젝트는 실제 사용자들에게 가치를 제공하지 않고 불편을 초래하기 때문에 그러한 프로젝트를 최소한의 기능으로 최대한 늦게 오픈한다면 많은 사람들에게 도움이 된다. 가짜 프로젝트에 대한 확신은 프로젝트 지연에 대한 부담감에서 벗어나게 할 뿐 아니라 조직을 위해 희생한다는 자긍심(?)도 생기게 한다.

3 의사결정의 관점을 납기 지연 최소화가 아닌 예산 초과 최소화로 변경한다.

가짜 프로젝트가 지연될 때 해당 스폰서는 큰 이슈라고 목소리를 높이겠지만 조직 내에서 그 주장에 동의하는 사람은 드물다. 이런 상황에서는 프로젝트 이슈 해결에 대한 화두를 일정에서 예산으로 변경해 스폰서의 영향력을 낮추는 것도 방법이다. 특히 수렁에 빠진 가짜 SI 프로젝트에서는 아무리 인력을 추가해도 일정 단축에는 가성비가 낮은 경우가 많다. 시간이 지나 스폰서가 지쳐서 포기할 때 프로젝트 완료의 실마리가 보인다. **가짜 프로젝트는 긴 호흡으로 관리해야 한다.**

4 프로젝트 수행 도중 교체될 각오를 한다.

가짜 프로젝트에서 가장 힘든 것은 스폰서의 압박이다. 스폰서의 출세욕구가 강하고 정치력이 클수록 압박의 강도는 커진다. 그런 스폰서의 압박에 끌려 다니면 영혼이 털린다. 그렇다고 대놓고 스폰서와 논쟁하는 것도 바람직하지 않다. 스폰서를 이길 수 없기 때문에 무능한 모습을 보이는 것도 방안이다. SI 프로젝트에서는 경영층의 합의 하에 그러한 대응을 할 수 있다. 물론 그런 결정을 내리기 위해 고려할 사항이 많다. 고객사에서 해당 프로젝트의 중요도(스폰서의 영향력에 비례한다), 고객사 내 다른 이해관계자의 입장, 해당 프로젝트와 관련된 후속 사업 등을 고려해 의사결정해야 한다.

무능해 보이는 프로젝트 관리자에 대해 스폰서가 취할 수 있는 카드는 교체다. 프로젝트 관리자 교체는 가짜 프로젝트를 끝내기 위한 통과의례일 수 있기 때문에 교체되는 프로젝트 관리자가 속상해할 필요가 없다. 교체될 각오가 없이 가짜 프로젝트를 견디려면 본인만 힘들어지기 때문이다. 가짜 프로젝트에서는 야구 투수와 같이 선발 프로젝트 관리자와 마무리 프로젝트 관리자로 대응하는 것이 현명하다. 프로젝트 관리자가 두 번 정도 교체되면 프로젝트의 끝이 가까워졌다는 신호로 볼 수 있다.

5 팀원들을 보호한다.

가짜 프로젝트에서 프로젝트 관리자의 가장 중요한 미션은 프로젝트 팀원들을 보호하는 것이다. 모든 의사결정은 이해관계자가 아닌 팀원의 관점에서 내려야 한다. 미션 임파서블 프로젝트에서는 이해관계자의 관점에서 의사결정해야 하지만 가짜 프로젝트에서 그렇게 해서는 안 된다. 대부분의 사람은 자기가 수행하는 프로젝트가 누군가에게 도움이 되길 원한다. 따라서 프로젝트 팀원들은 가짜 프로젝트에 투입되는 것 자체가 큰 희생이다. 예외가 있다면 가짜 프로젝트 수행을 통해 습득하는 새로운 기술에 관심이 많은 팀원이다.

가짜 프로젝트는 완료 이후 오랫동안 유지할 수 있는 동력이 없기 때문에 시간이 지나면 가짜 프로젝트로 판정날 것임을 프로젝트 팀원들도 잘 알고 있다. 본인의 커리어에 도움이 되지 않을 프로젝트에서 시간을 보내는 것도 속상한데 프로젝트에 헌신을 요구하면 안 된다. 태업으로 보일만큼 느슨해서도 안 되지만, 일정 준수를 위해 잔업을 강요해서도 안 된다.

6 아군을 만들면 큰 도움이 된다.

조직 내에서 가짜 프로젝트를 반대하는 이해관계자가 있으면 프로젝트 관리자에게 큰 도움이 된다. 그 이해관계자는 가짜 프로젝트 착수를 못하게 할 만큼의 권력 또는 의지는 없지만, 프로젝트 수행 도중 힘들 때 뒷담화를 하거나 사소한 의사결정 시 프로젝트 팀을 지원하게 하는 것만 해도 프로젝트 관리자에게는 큰 도움이 된다. 이러한 관계를 표나게 유지하면 불필요한 정치게임으로 이해관계자가 곤란할 수 있기 때문에 은밀하게 유지해야 한다.

2장

낭비를 줄이는 프로젝트 관리

4 효율적으로 할 일과 효과적으로 할 일을 구분하는 방법은?

5 기능 추가의 유혹을 피하는 방법은?

6 프로젝트의 덩치를 키우는 것은 현명한 선택일까?

7 비효율적인 프로세스로 인한 낭비를 최소화하려면?

8 당신의 프로젝트는 올바른 문제를 해결하고 있나요?

9 세상에 틀린 방법론은 없다. 방법론을 결정할 때 고려할 사항은?

10 개발조직이 높은 가동률을 추구할 때 발생하는 문제는?

11 복합적인 프로젝트와 복잡한 프로젝트의 차이는?

12 빠른 개발 속도에 숨겨진 함정은?

프로젝트 낭비는 '가치를 창출하지 않는 활동에 투입된 시간과 비용'이다. 프로젝트 낭비는 조직의 시간과 예산을 헛되게 사용하게 할 뿐 아니라 팀원들의 자존감 또는 사기 저하를 초래한다. 프로젝트 관리자는 주어진 프로젝트를 잘 끝내면 되지 가치창출 여부는 프로젝트를 만든 상품관리자나 스폰서의 책임이라고 생각할 수 있다. 그러나 한때 본인의 책임이었던 프로젝트가 보다 많은 가치를 창출한다면 본인뿐만 아니라 함께 고생해 프로젝트를 완료했던 팀원들에게도 자부심 또는 보람을 제공할 수 있다.

프로젝트 낭비의 유형은 낭비의 발생 시점에 따라 '기획의 낭비'와 '개발의 낭비'로 구분할 수 있고, 이를 낭비의 발생 여부와 조합하면 그림2와 같이 네 가지 유형으로 정리할 수 있다. 낭비가 커지는 순서로 네 가지 유형을 간단히 설명하면 다음과 같다.

- '**최상의 프로젝트**'는 기획과 개발을 모두 잘했기 때문에 낭비가 발생하지 않는다.
- '**비효율적인 프로젝트**'는 기획은 제대로 했지만 개발 과정에서 비효율이 발생한다. 비효율적인 프로젝트는 방향은 맞지만 속도가 느리다.
- '**비효과적인 프로젝트**'는 잘못된 기획을 했지만 개발은 효율적으로 했다. 개발 계획을 준수했기 때문에 최악은 아니다.
- '**최악의 프로젝트**'는 기획과 개발 모두 엉망인 프로젝트다. 잘못된 기획을 했고 개발도 잘못해 낭비가 가장 크다. 프로젝트 개발 단계와 운영 단계에서 모두 큰 낭비가 발생한다.

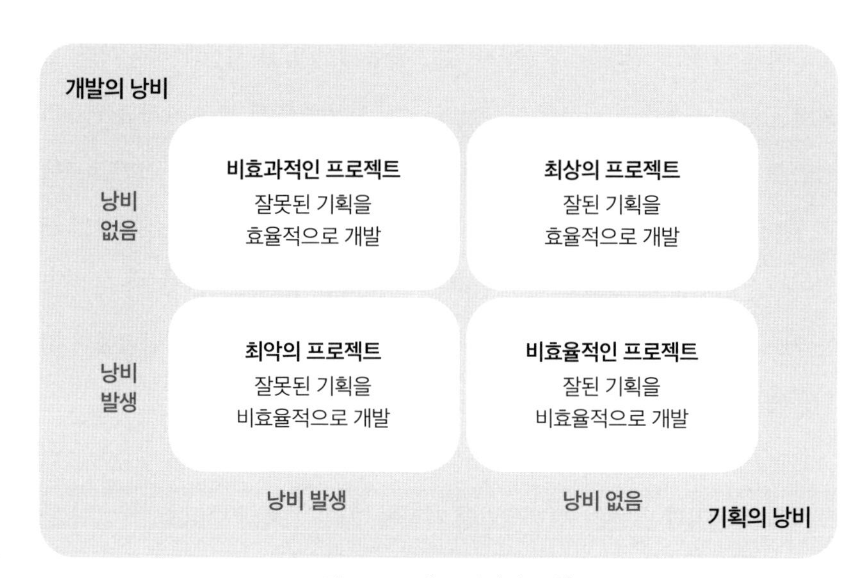

그림 2 프로젝트 낭비의 유형

프로젝트 낭비의 대부분은 프로젝트를 끝내고 운영하는 단계에서 발생한다. 프로젝트 운영 단계의 낭비는 '사용자가 원하지 않는 결과물을 유지하는 비용'이다. 고객이 외면하는 상품을 만들고 마케팅 하거나, 가짜 프로젝트가 만들어낸 프로세스를 적용하는 것이 운영 단계의 낭비다. 운영 단계에서의 낭비는 주로 잘못된 기획과 관련돼 있다. 앞서 설명한 대로 기획 단계의 낭비는 비효과적이고, 개발 단계의 낭비는 비효율적이다. 따라서 **비효율적인 프로젝트보다 비효과적인 프로젝트의 낭비가 더 크다.**

2장에서는 프로젝트 낭비를 최소화하기 위해 생각해볼 주제들을 살펴보겠다.

효율적으로 할 일과
효과적으로 할 일을 구분하는 방법은?

효율성과 효과성은 프로젝트뿐만 아니라 운영 업무에서도 중요한 개념이다. 효율적으로 할 일과 효율적으로 할 일을 구분하는 방법과 각각의 업무는 어떻게 수행해야 할까?

효율성은 작은 자원(예산, 시간)으로 동일한 성과를 달성하거나 같은 자원으로 최대한의 성과를 달성하는 개념으로 일을 올바르게 하는 것이다. 반면, 효과성은 목적을 달성하는 개념으로 올바른 일을 하는 것이다. 효율적으로 해야 할 일을 효과적으로 하거나, 효과적으로 해야 할 일을 효율적으로 하면 낭비가 발생한다. 감기에 걸렸는데 혈액검사를 하는 것은 효율적이지 못하고, 넘어져 머리에 피가 났는데 육안검사만 하는 것은 효과적이지 못하다. 프로젝트도 마찬가지다. 완전하지 않아도 적정 예산과 시간 내에 끝내야 하는 기능이 있고, 예산이나 시간이 걸려도 완벽하게 끝내야 하는 기능이 있다.

효율성은 비용 절감과 빨리 끝내는 것에 집중하고, 효과성은 정답을 찾는 것에 집중한다. 예를 들어 제안서를 작성할 때 효율적이지만 비효과적인 팀은 두꺼운 제안서를 빨리 만들지만 고객이 요구하는 핵심 가치를 담지 못한다. 반대로 효과적이지만 비효율적인 팀은 시간이 걸려도 고객이 원하는 핵심 가치를 제안서에 담아낸다.

효과성은 방향이고 효율성은 속도다. '효율성과 효과성'에 대해 유의할 사항은 다음과 같다.

1 운영 업무는 효율성이 중요하고 프로젝트는 효과성이 중요하다.

운영 업무는 오랜 시간 반복적으로 수행하면서 그 업무의 필요성이 검증됐기 때문에 왜 하느냐 보다 어떻게 하느냐가 중요하다. 물론 필요성이 낮은 업무를 지속적으로 수행하는 조직도 있다.

프로젝트는 신규로 수행하는 일이기 때문에 왜 하는지에 대한 검증 즉 효과성이 중요하다. '왜'를 이해관계자와 충분히 협의한 프로젝트 팀은 가치를 창출할 가능성이 높다.

2 같은 업무도 시점에 따라 효율성과 효과성의 중요도가 달라진다.

불확실한 정보가 많은 계획 수립 초기 단계에서 프로젝트 개발 규모 추정은 효율적으로 해야 하고, 불확실한 정보가 많이 줄어든 프로젝트 계획 마무리 시점에서의 추정은 효과적으로 해야 한다.

3 100% 정확하지 않아도 되는 업무는 효율적으로 접근한다.

업무의 중요도가 높지 않고 완벽한 마무리가 어렵다면 일정 수준에서 업무를 끝내야 한다. 예를 들어 고객으로부터 접수된 VOC를 중복되지 않으면서 누락 없이 분류하기란 매우 힘들다. 보통 전체 VOC의 80%를 커버하는 분류는 큰 노력 없이도 가능하지만, 모든 VOC를 중복 없이 분류하려면 불가능에 가깝거나 많은 노력을 해야 한다. 특정 업무를 분류하는 목적은 유형별로 빈도 수를 분석하는 것이 목적일 때가 많은데 그럴 때는 효율적으로 접근하는 것이 바람직하다.

4 효율적으로 보고해야 할 때와 효과적으로 보고해야 할 때를 구분한다.

프로젝트를 수행하면서 작성하는 모든 보고서를 완벽하게 작성하려고 해서는 안 된다. 의사결정에 중요하게 사용되지 않을 보고서를 작성하기 위해 시간을 투입해서는 안 된다. 경영층 또는 이해관계자가 혹시나 물어볼지 모르는 모든 질문을 상상하고 그에 대비하는 것을 완벽한 준비라고 생각할 수 있지만 그건 자신감 결여 또는 완벽을 가장한 과잉 준비다. 특히 경영층의 의도를 확인하기 위한 최초 보고는 더욱 그렇다. 간략한 보고서를 활용해 빨리 경영층의 의도를 확인하는 것이 중요하다.

5 효율적인 의사소통보다 효과적인 의사소통이 중요하다.

내가 전달한 내용을 상대방이 정확하게 이해하는 것이 효과적인 의사소통이다. 정확하게 전달했다는 것은 나의 착각이고, 상대방이 정확하게 이해하는 것이 중요하다. 상대방이 내용을 이해하는 데 많은 노력을 하지 않아도 되는 것은 효율적인 의사소통이다. 효율적인 의사소통을 위한 스킬은 많은 책에서 소개하고 있지만 의사소통 하는 상대의 역량, 의사소통을 하는 상황에 영향을 많이 받기 때문에 그것을 실천하기 쉽지 않다.

비효율적인 의사소통의 대표적인 예는 대면 회의를 하면서 했던 이야기를 반복해서 하는 것이다. 그러나 **중요한 사안을 효율적으로 의사소통 하는 것은 매우 힘들다고 생각해야 한다.** 중요한 요구 사항을 메일이나 문서로 전달하고 이해시키는 것이 가능할까? 말로 설명해도 여러가지 이유로 상대방이 정확하게 이해하기 힘든데 메일이나 문서만으로 상대방이 이해하기를 기대해서는 안 된다. 중요한 사안은 비효율적이라도 효과적인 전달이 중요하다. 중요한 사안은 교회에서 주기도문을 반복해서 암송하듯이 회의에서 여러 번 강조해야 참석자들이 정확하게 이해한다.

내가 전달한 내용을 이해관계자들이 이해하지 못했다는 증거가 없다고 이해관계자들이 이해했다고 생각하면 안 된다. 의사소통의 상대방이 내용을 이해하지 못했다는 증거는 시간이 지나 상대방이 작업한 결과에서 나온다. 그러나 그때는 많은 낭비가 발생한 시점이기 때문에 그전에 상대방이 내용을 정확하게 이해했는지를 확인해야 한다. 상대방이 정확하게 이해했는지를 확인하는 방법은 대화를 하는 방법밖에 없다.

6 시행착오를 통해 정답을 찾아야 할 업무에 유의한다.

한 번의 의사결정으로 정답을 찾기 어려운 업무도 많다. 예를 들어 새로운 프로세스를 적용할 때 한 번에 최적의 프로세스를 정의하기 힘들다. 해보지 않고서는 어떤 일이 발생할지 예상하기 힘들기 때문이다. 그럴 때는 파일럿을 한 뒤 내용을 보완한 후 다시 파일럿을 하면서 정답을 찾아가는 것이 효과적이다. 효율적인 시행착오는 작은 파일럿으로 빨리 정답을 찾는 것이다.

7 비효과적인 업무는 조직 전체의 관점에서 파악해야 한다.

효과적인 업무는 조직의 목표나 전략에 부합한다. 따라서 업무의 효과성은 특정 부서의 관점이 아니라 조직 전체의 시각에서 판단해야 한다. 특정 부서의 입장에서는 중요한 업무가 다른 부서의 시각에서 볼 때는 우선순위가 낮거나 중복된 업무일 수도 있다. 조직의 관점에서 업무의 효과성을 파악하는 것은 포트폴리오를 관리할 스폰서의 역할이다.

기능 추가의 유혹을 피하는 방법은?

활용도가 낮거나 불필요한 기능을 개발하기 위해 팀원의 노력과 시간을 투입하고 싶은 프로젝트 관리자는 없다. 불필요한 기능을 개발하는 이유와 불필요한 기능 뒤에 숨겨진 부작용은 무엇일까? 불필요한 기능 개발을 조금이라도 줄일 수 있는 방법이 있을까?

활용도 낮은 기능을 운영 단계에서 오랫동안 적용할수록 낭비의 규모는 커진다. 활용도가 낮은 기능을 개발하는 책임은 프로젝트 관리자 보다는 프로젝트를 기획한 상품관리자나 스폰서에게 있다. 그러나 프로젝트 진행 도중에 추가되는 기능의 활용도가 낮은 것은 프로젝트 관리자에게도 책임이 있다. 문제는 프로젝트 진행시점에서는 어떤 기능이 활용도가 낮을지 알기 힘들뿐만 아니라, 안다고 해도 논리적으로 설득하기 힘들다는 것이다.

1 | 불필요한 기능을 개발하는 이유

1 다양한 기능을 고품질로 착각한다.

프로젝트 결과물의 품질은 각각의 기능들이 사용 편리하고 오류 없이 정확하게 작동할 때 높아지는 것이며, 다양한 기능을 제공한다고 높아지는 것이 아니다. 오히려 이 기능, 저 기능을 추가하다 보면 UX가 복잡해지고 그 결과 사용자에게 불편을 초래한다.

2 기능을 추가하기는 쉬워도 제외하기는 힘들다.

사람들이 기능을 제안할 때에는 나름 타당한 이유가 있다. 특정 상황에서 사용자가 불편하니 XX 기능을 추가하자고 했을 때 그것을 틀렸다고 말하기 어렵다. 기능의 필요성은 한 가지 사례만 들면 입증할 수 있지만, 기능의 불필요성은 한두 가지 사례로는 입증하기 힘들다. 뿐만 아니라 그 기능을 제안한 사람의 논리를 반박해야 하기 때문에 반대하기도 조심스럽다. 특히 고위 경영층이 "이런 기능이 필요하지 않을까요?"라고 지나가는 식으로 한마디하면 그 기능은 필수 요구 사항이 된다.

3 특정 개인의 욕심이나 착각이 불필요한 기능을 만든다.

프로젝트 요구 사항에 큰 영향을 미치는 리더가 방향을 잘못 잡으면 프로젝트가 산으로 갈 수 있다. 카리스마 있는 리더가 개인적인 욕심까지 낸다면 주변 사람들이 설득하기 힘들다. 개발 팀이 새로운 기술을 적용하고자 할 때도 활용도 낮은 기능을 개발하기 쉽다.

4 잘못된 벤치마킹으로 기능이 많아진다.

경쟁사의 상품이나 운영시스템의 기능을 무조건 모방하면 불필요하거나 활용도가 낮은 기능을 개발할 수 있다. 경쟁사가 하기 때문에 따라 하는 '미투Me-too' 전략은 쉽게 받아들여진다. 반면, 경쟁사에는 적합하지만 우리에게는 부

적합하다는 주장은 논리적으로 설득하기 어려운 경우가 많다. 결과적으로 예산이 되는 범위 내에서 활용도가 낮은 기능을 추가하게 된다. 상품 개발 프로젝트에서 여러 경쟁 상품의 기능을 합집합으로 개발하면 고객 입장에서 활용도가 낮고 사용하기 복잡한 괴물 같은 상품이 탄생한다.

2 | 불필요한 기능 개발의 낭비

1 불필요한 기능은 사용자, 운영자, 고객 지원 모두를 힘들게 한다.

불필요한 기능은 사용자 입장에서는 복잡하고 알기 어려운 UX를 초래하고, 운영자 입장에서는 복잡한 기능으로 인해 유지보수가 복잡하고 개선을 할 때 시간이 많이 걸린다. 고객 지원 센터의 상담원 입장에서는 숙지할 내용이 많아 고객 지원이 힘들다.

2 인력, 시간, 자원을 낭비한다.

불필요한 기능을 설계, 개발, 테스트하기 위해 인력과 시간을 낭비하면 중요한 기능을 개발할 인력과 시간이 줄어든다. 그 결과 프로젝트의 품질 저하 또는 일정 지연을 초래할 수 있다. 뿐만 아니라 개발에 사용되는 서버나 소프트웨어 라이선스 등의 자원을 불필요하게 사용할 수 있다.

3 프로젝트를 수행하는 팀원의 자존감이 낮아진다.

대부분의 프로젝트 팀원들은 본인들이 수행하는 프로젝트가 누구에게 어떤 가치를 제공하는지 잘 알고 있다. 경영층이 프로젝트의 가치를 미사여구로 포장해도 팀원들은 속지 않는다. 팀원들은 가치 있는 프로젝트를 할 때 신이 나고 자존감이 높아진다. 반대로 불필요한 기능을 개발하는 프로젝트 팀원들은 자존감이 낮아진다.

3 | 불필요한 기능 개발을 최소화하는 방안

1 프로젝트 기능의 우선순위를 결정하는 기준을 적용한다.

이 방법은 경영층의 지시로 인한 기능 추가를 막는데 효과적이다. 예를 들어 '비즈니스 가치' '개발 비용' '기능 적용의 시급성'에 가중치를 부여하고 여러 사람이 평가해 개발 기능의 우선순위를 결정하는 것이다. 특정인의 주관적 의견을 다수의 객관적 의견으로 대응하면 경영층과 불편한 관계를 만들지 않고도 경영층을 설득할 수 있다.

2 프로젝트 업무를 나눠 순차적으로 적용한다.

조직의 운영시스템을 개발하는 프로젝트라면 개발 또는 적용을 분할해 낭비를 줄일 수 있다. 예를 들어 전체 프로젝트 업무가 10개이고 적용 부서가 10개라면 1개 업무를 1개 부서에 적용해 보는 방법, 10개 업무를 1개 부서에 적용해 보는 방법, 10개 업무를 10개 부서에 동시에 적용하는 방법이 있을 수 있다. 프로젝트 개발 비용이 크고 불확실성이 높다면 1개 업무를 1개 부서에 적용해보고 문제점을 보완해 점진적으로 확산하는 것이 안전하다.

개발 비용이 크지 않다면 10개 업무를 1개에서 2개 부서에 적용해 문제점을 보완하면 운영의 낭비를 줄일 수 있다. 1개 업무를 1개 부서에 적용하는 것은 개발과 운영의 낭비를 줄이는 것이고, 10개 업무를 1개 부서에 적용하는 것은 운영의 낭비를 줄이는 것이다. 물론 이런 접근 방법이 불가능해서 모든 업무를 모든 부서에 동시 적용해야 하는 프로젝트도 있지만 그러한 경우는 많지 않다.

3 상품 개발 프로젝트는 기획 단계에서 고객 가치를 검증한다.

상품 개발 프로젝트는 최소존속제품MVP, Minimum Viable Product을 만들어 일부 고객을 대상으로 상품의 가치를 확인 후 불필요한 기능을 제거하고 누락된 기능을 추가하면 기획의 낭비를 줄일 수 있다. 최초로 출시하는 상품의 요구 사항은 합집합이 아닌 교집합(많은 사람들이 좋아하는 기능)으로 결정하는 것이 좋다. 최소한의 기능을 가진 상품을 출시한 후 실사용자의 VOC를 분석하면서 기능을 추가, 삭제, 변경하는 것이 안전하다. 물론 경쟁이 심하거나 전략적인 상품은 보다 많은 기능, 보다 좋은 품질을 갖춰 출시해야 할 수도 있다. 최소한의 기능을 갖춘 상품 개발은 스타트업 또는 대기업에서 탐색적으로 상품을 개발할 때 적합하다.

4 변경관리 프로세스를 적용한다.

프로젝트 착수 시점에 활용도 낮은 기능을 정의할 수 있지만, 프로젝트 진행 도중에 추가할 수도 있다. 프로젝트 진행 도중에 영향력 있는 이해관계자가 활용도가 낮을 것으로 판단되는 요구 사항 추가를 요청하면 프로젝트 팀에서 이를 거부하기 힘들다. 오류를 수정하는 요구 사항은 변경관리 프로세스를 적용하지 않아도 되지만, 개인에 따라 판단이 달라질 수 있거나 복잡도를 많이 증가시키는 요구 사항은 변경관리 프로세스를 적용해 여러 사람이 요구 사항의 적정성을 검토한 뒤 결정해야 한다. 변경관리 프로세스는 프로젝트 팀을 보호하는 우산이고 보호막이다.

프로젝트의 덩치를 키우는 것은 현명한 선택일까?

프로젝트 규모가 커질수록 프로젝트 관리는 어렵지만 큰 프로젝트를 하고 싶은 유혹을 떨치기 어려울 때도 있다. 큰 프로젝트를 잘 끝내면 성장의 계기가 되기도 하지만 반대가 될 수도 있다. 큰 프로젝트를 수행할 때 유의할 사항은 무엇일까?

큰 프로젝트를 맡아 잘 끝내면 프로젝트 관리자의 역량을 입증할 수 있는 기회이기 때문에 큰 프로젝트를 선호하는 프로젝트 관리자가 많다. 그러나 큰 프로젝트를 수행하면 활용도 낮은 기능을 개발할 가능성이 높아질 뿐만 아니라 관리가 복잡하고 어려워 프로젝트 목표 달성을 실패할 가능성도 증가한다.

1 | 큰 프로젝트를 수행하는 이유

큰 프로젝트는 위험이 높지만 다음과 같은 경우에 주로 수행한다.

- 새로운 시장 진입을 위한 상품 개발
- 차세대 프로젝트와 같은 기존 대형 시스템의 업그레이드
- 조직의 체질 개선을 위한 대형의 혁신활동

- 경쟁사가 대형 투자를 진행 중이어서 이에 대응
- 성과창출이 조급한 CEO의 욕심

이 사례들은 대형 프로젝트를 수행하는 조직적인 이유이지만 다음은 특정 개인이 필요 이상으로 프로젝트 덩치를 키우는 이유이다.

1 큰 프로젝트를 수행한다고 주변에 과시하고 싶다.

보통의 리더들은 본인이 관리하는 조직원이 많을수록 직위가 높거나 권력이 크다고 생각한다. 따라서 큰 프로젝트를 선호하는 스폰서나 프로젝트 관리자가 많다. 그 결과 나눠 수행하는 것이 바람직한 프로젝트들도 통합해 수행한다. 때로는 프로젝트의 덩치를 키우기 위해 프로젝트와 관련성이 낮지만 프로젝트 관리자 또는 특정 이해관계자가 선호하는 프로젝트를 포함하기도 한다. 이렇게 끼워 넣기 식의 프로젝트를 '물타기 프로젝트' 또는 '애완pet 프로젝트'라고도 한다.

2 조직 내부의 복잡한 검토 프로세스 때문에 프로젝트를 통합해 승인받는다.

모든 프로젝트는 투자를 수반하기 때문에 프로젝트 착수 전에 투자타당성을 검토한다. 조직의 투자타당성 검토 프로세스가 복잡하고 검토에 참여하는 경영층이 많다면, 준비해야 하는 문서가 많고 승인까지 시간이 오래 걸릴 뿐만 아니라 준비하는 과정도 힘들다. 따라서 프로젝트를 승인받는 입장에서는 가급적이면 검토 횟수를 줄이고자 할 것이고 그 결과 별도로 승인받을 프로젝트를 한 번에 통합해 승인을 받는다.

2 | 큰 프로젝트를 수행할 때의 낭비

큰 프로젝트를 수행할 때의 낭비는 개발 단계와 운영 단계 모두 발생하며 다른 유형의 낭비와 복합적으로 작용한다.

1 프로젝트 규모가 커질수록 의사소통이 복잡해지기 때문에 생산성이 낮아진다.

프로젝트 규모가 커지면 투입인원이 많아지고, 투입인원이 많아지면 의사소통이 복잡해지고, 의사소통이 복잡해지면 의사소통을 위한 문서가 많아질 뿐 아니라 의사소통 오류로 인한 재작업도 증가한다. 큰 프로젝트에서는 불필요한 회의도 많아지고 의사결정도 지연되기 쉽고 다른 프로젝트와 중복된 업무를 수행하는 경우도 있어 이로 인한 낭비도 발생한다. 그 결과 프로젝트 규모가 커질수록 생산성이 낮아진다. 예를 들어 각각 50MM로 수행할 수 있는 개발 기간 6개월인 2개의 프로젝트를 통합해 수행하면 100MM보다 많은 120MM를 투입할 수도 있다.

2 프로젝트 규모가 커질수록 설익은 요구 사항이 많아 요구 사항 변경이 증가한다.

프로젝트 규모를 크게 만드는 과정에서 프로젝트가 제공할 가치를 검증하지 못한 '설익은 요구 사항'이 포함될 가능성이 높다. 예를 들어 상반기, 하반기로 나눠 진행하는 것이 바람직한 프로젝트를 통합해 진행하면 하반기가 적합한 프로젝트의 요구사항은 변경될 가능성이 높고 그 결과는 재작업이다. **맛있는 과일을 먹으려면 잘 익기까지 기다려야 한다.**

3 상품 개발 프로젝트의 규모가 커질수록 시장에 대응하는 속도가 느려진다.

프로젝트 규모가 커질수록 개발 기간이 길어지기 때문에 시장에 상품을 출시하는 시점이 늦어진다. 상품 릴리즈 주기에 대한 경쟁이 심할수록 핵심 기능에 집중해 프로젝트 규모를 작게 해야 한다.

3 | 큰 프로젝트 수행의 부작용을 최소화하는 방안

1 불확실성이 높은 프로젝트는 분할해 진행한다.

불확실한 프로젝트는 가능하면 작게 나눠 진행하는 것이 좋다. 적어도 2개의 프로젝트로 나눠 진행하면 실패의 가능성이 많이 낮아진다. 왜냐하면 시행착오를 반영할 수 있는 기회가 있기 때문이다. 프로젝트가 불확실할수록 프로젝트를 날씬하게 만들어야 한다.

2 불가피하게 큰 프로젝트를 수행해야 한다면 생산성을 보수적으로 반영한다.

은행의 차세대 프로젝트, 스마트폰 개발 프로젝트처럼 큰 프로젝트를 해야 하는 상황도 많다. 이런 경우 소규모 프로젝트의 생산성을 반영해서는 안 된다. 유사 규모의 프로젝트 생산성이 있으면 바람직하지만 믿을 만한 생산성 데이터가 중소형 규모의 프로젝트만 있다면 그것을 그대로 적용해서는 안 된다. 중소형 프로젝트의 생산성보다는 낮은 생산성(예: 70%~80%)을 반영해 프로젝트 계획을 수립한다.

3 큰 규모의 프로젝트가 지연될 때 가능하면 범위보다 일정을 선택한다.

큰 규모의 프로젝트가 지연된다면 최대한 범위를 줄여서 단계별로 완료하는 것이 바람직하다. 큰 프로젝트가 지연될 때 범위에 대한 조정을 하지 않으면, 숨겨진 이슈를 해결하기 위해 물타기 식의 일정 변경을 할 수도 있다. 따라서 최초 프로젝트 완료일을 준수하면서 기능완료의 우선순위를 조정하는 것이 이상적이다. 사용자 또는 비즈니스 관점에서 의미 있는 기능들의 집합을 정의하고 우선순위를 고려해 단계적으로 프로젝트를 완료하는 것이 이해관계자와 프로젝트 팀 모두에게 도움이 된다.

비효율적인 프로세스로 인한 낭비를 최소화하려면?

가치를 창출하지 않는 프로세스는 모두 낭비이고 비효율적이다. 비효율적인 프로세스는 대부분 조직 차원에서 정의하기 때문에 프로젝트 관리자가 대응하기 힘들다. 이런 상황에서 비효율적인 프로세스의 부작용을 조금이라도 줄일 수 있는 방안은 무엇일까?

비효율적인 프로세스는 불필요한 작업을 수행하거나 활용도 낮은 문서를 작성하는 낭비를 발생시킨다. 프로세스의 낭비는 대부분 기획과 무관한 개발의 낭비다. 기획 프로세스에도 비효율이 있지만 개발 프로세스의 비효율이 더 큰 낭비를 발생시킨다. 왜냐하면 개발 프로세스와 관련된 인원이 많기 때문이다. 비효율적인 프로세스로 인한 낭비는 방향보다는 속도와 관련된 낭비이기 때문에 앞서 설명한 낭비보다는 부작용이 작다.

1 | 비효율적인 프로세스를 적용하는 이유

1 조직의 관료적인 프로세스

조직에서 프로젝트를 관리하거나 지원하는 간접인력이 많아질 때 관료적인 프로세스가 증가한다. 품질, 보안, 법무, 재무 등의 간접부서는 프로젝트의 성공보다 각 부서의 목표 달성을 중요하게 생각하기 때문에 여러가지 복잡한 프로세스를 만들 가능성이 높다. 한번 만들어진 프로세스는 큰 계기가 없다면 지속되기 때문에 관료적인 프로세스는 줄어들지 않고 확대만 된다.

관료적인 조직의 경영층은 현장과 멀어지고 현황 파악을 보고서에 의존한다. 그렇기 때문에 프로젝트 팀은 경영층에게 프로젝트가 잘 진행되고 있다는 믿음을 제공하기 위한 보고서 작성에 많은 노력을 투입해야 한다.

2 프로세스로 결과를 통제할 수 있다는 환상

프로세스가 결과에 영향을 미치는 것은 사실이다. 그러나 프로세스에 지나치게 집착하는 것은 바람직하지 않다. 특히 소프트웨어 개발은 사람들이 협업해 결과물을 만든다는 측면에서 공장에서 물건을 생산하는 것과 다르다. **프로젝트를 수행하는 상황이나 조건을 모두 통제할 수 없기 때문에 프로세스로 결과를 통제하기 힘들다.** 소프트웨어 개발은 사람들의 협업과 개인의 창의력을 필요로 하는데, 협업과 창의력을 프로세스로 통제하는 것은 한계가 있다.

프로세스에 대한 신념이 강한 조직에서 이슈 프로젝트가 발생하면 재발 방지 대책으로 실효성 낮은 프로세스를 추가한다. 추가된 프로세스는 단기적으로 경각심을 가지고 적용하지만, 시간이 지나면 본질은 잊히고 왜 하는지도 모르고 수행하는 화석과 같은 프로세스가 된다. 프로젝트 팀원들은 의미 없고 복잡한 프로세스를 관성으로 이행한다. 문제가 될 경우 프로세스를 준수하지 않아 이슈가 발생한 프로젝트라는 낙인이 찍힐 수 있기 때문이다.

3 잘못된 방법론 테일러링

대부분 조직 차원에서 비효율적인 프로세스를 정의하지만 프로젝트 팀이 비효율적인 프로세스를 정의할 수도 있다. 프로젝트 관리자가 프로젝트 상황에 적합하지 않은 프로세스에 집착할 때 이러한 현상이 발생할 가능성이 높다.

4 부서 간에 업무를 이관하는 방식으로 업무를 수행

관료조직에서는 수평적인 소통보다는 수직적인 지시가 일반화돼 있기 때문에 사이로silo 방식으로 업무를 처리하는 경우가 많다. 예를 들어 디자인 부서의 인력이 프로젝트에 투입되는 것이 아니라 프로젝트 팀에서 디자인 부서에 디자인 업무를 이관하는 것이다. 이런 부서가 많아지면 프로젝트 업무가 여러 부서를 옮겨 다닐 수 있다. 전문 부서로 업무를 이관하는 이유는 부서의 전문화를 중시하거나 자원의 효율적인 운영을 추구하는 매트릭스 조직을 적용하기 때문이다. 프로젝트 팀 입장에서는 프로젝트와 관련된 모든 사람들이 한 장소에 모여서 처음부터 끝까지 프로젝트를 함께하는 것이 바람직하다. 그러나 조직의 입장에서는 그런 식으로 프로젝트를 운영하면 자원이 부족하고 자원의 낭비가 발생하기 때문에 매트릭스 조직을 적용한다.

그러나 다른 부서에 특정 업무를 요청하기 위해서는 많은 문서를 작성해야 한다. 요청하는 업무의 내용을 자세하게 정리해야 하고, 연관된 다른 업무도 문서로 작성해 설명해야 한다. 그렇지 않으면 관련 부서에서 업무를 받지 않거나, 문서화가 부서 간 업무 협업의 전제조건으로 정착돼 있기 때문이다. 아무리 많은 문서를 상세하게 작성해도 부서 간 업무를 이관하는 방식으로 프로젝트를 수행하면 의사소통 오류가 증가한다.

타 부서로 업무를 이관하면 한 장소에서 모여서 프로젝트를 수행할 때 보다 암묵적 지식의 축적이 어렵다. 왜냐하면 문서로 표현하기 힘든 지식도 많기 때문이다. 포펜딕 부부Mary Poppendieck, Tom Poppendieck는 부서에서 부서로 문서를 통해 프로젝트 기획 및 개발의 지식을 이관할 때 암묵적 지식의 50%는 이관하지 못한다고 했다.

2 | 비효율적인 프로세스 적용의 낭비

1 불필요한 작업수행으로 개발 생산성이 낮아진다.

비효율적인 프로세스 적용으로 프로젝트 개발 생산성이 낮아지면 개발 비용이 증가하고 개발 기간도 늘어난다. 이때 비용과 일정이 프로젝트 계획을 초과한다는 의미는 아니다. 프로젝트 계획을 준수하더라도 줄일 수 있는 낭비를 프로젝트 계획에 포함했다는 의미이다. 프로세스 비효율이 조직에 만연해 많은 사람들이 비정상을 정상으로 생각하면 개발 생산성이 낮다는 생각을 못할 수도 있다.

비효율을 호수에 숨어 있는 바위에 비유한다면 호수의 물을 빼야 비효율을 알 수 있다. 호수의 물을 빼는 것은 외부 환경의 변화 또는 경영층의 강력한 의지가 있을 때 가능하다. 예를 들어 최소 6개월의 기간이 필요한 프로젝트를 4개월 만에 하려면 모든 활동을 가치창출과 연관 지어 생각할 수밖에 없다. 프로젝트 기간을 30% 줄이지 않으면 조직이 존재할 수 없다고 생각할 때 호수의 물이 빠지고 보이지 않았던 바위가 드러난다. 그리고 그 바위를 제거해도 프로젝트를 수행하는 데 큰 지장이 없다는 것을 조직원들이 학습할 때 비효율적인 프로세스를 제거할 수 있다. 그러나 이것은 이상적인 이야기로 프로젝트 관리자의 힘으로는 한계가 있다.

2 책임소재 규명을 위한 낭비가 발생한다.

여러 부서로 나뉘어 업무를 수행할 때 이슈가 발생하면 책임을 회피하기 위한 갈등이 발생한다. 조직 내에서 두 개 이상의 부서가 관련된 이슈는 과실의 비율을 정의하기 힘든 자동차의 쌍방과실 사고와 같다. 조직에는 과실의 비율을 정해주는 부서가 없기 때문에 목소리 큰 부서가 이기는 경우가 많다. 물론 목소리가 크다고 해서 언성을 높인다는 의미가 아니다. 경영층에게 자기 부서의 책임이 작거나 없다는 논리를 설명하기 위한 보고서를 작성해 적극적으로 어필한다는 의미다. 그러나 책임을 따진다고 한들 발생한 이슈가 해결되거나 작아지지 않는다. 오히려 이슈 해결에 대응할 시간이 책임소재 규명에 투입되는 낭비가 발생한다.

3 조직의 활력이 없어진다.

많은 조직원들이 프로세스가 비효율적이라는 것을 알면서도 그것을 수행할 때 조직의 활력이 낮아진다. 비효율적인 프로세스를 인체에 비유하면 나쁜 콜레스테롤과 같다. 나쁜 찌꺼기들이 혈액의 순환을 막듯이 비효율적인 프로세스는 의사소통을 힘들게 해 업무의 효율을 저하시킨다. 조직이 활력을 잃으면 작은 충격에도 큰 피해를 입을 수 있다.

3 | 비효율적인 프로세스의 낭비를 줄이는 방법

비효율적인 프로세스의 문제를 제거하기는 힘들다. 왜냐하면 비효율적인 프로세스는 대부분 프로젝트 팀에서 통제할 수 없는 조직 차원의 정책이기 때문이다. 제한적이지만 비효율적인 프로세스의 낭비를 줄일 수 있는 방안은 다음과 같다.

1 필요할 경우에는 프로세스 예외 적용을 스폰서나 고객을 통해 요청한다.

프로젝트 팀원도 대부분 비효율적인 프로세스에 익숙해져 있기 때문에 비효율적인 작업을 감안해 추정하면 프로젝트에는 큰 이슈가 발생하지 않는다. 그러나 특정 프로젝트를 진행 중이거나 착수할 때 조직에서 새로운 제도나 도구를 적용하면 문제가 달라진다. 프로젝트 팀 입장에서는 예상하지 못했던 작업이기 때문에 혼란이 있을 수도 있고, 생산성이 예상보다 낮아질 수 있다. 대형 프로젝트에서는 더욱 그렇다.

이럴 경우 프로젝트 관리자는 스폰서에게 도움을 요청해야 한다. 프로젝트 관리자가 나서는 것보다 스폰서가 관련 부서에 예외 적용을 요청하는 것이 훨씬 효과적이다. 스폰서들은 언제, 어디에서, 어떻게 이 이슈를 논의하는 것이 효과적일지 프로젝트 관리자보다 잘 알기 때문이다. SI 프로젝트를 한다면 고객사 요청을 근거로 예외 적용을 보고하는 것도 좋다.

2 프로세스나 적용도구의 결정 때문에 발생하는 갈등을 최소화한다.

프로젝트에 적용할 프로세스나 도구는 정답이 없고 사람에 따라 의견이 다르다. 생각이 다른 팀원들의 논쟁이 심해지면 부정적인 갈등이 증폭될 수도 있다. 프로세스나 도구를 결정할 때 팀원 간의 갈등이 커진다면 프로젝트 관리자는 이를 빨리 조정해야 한다. 합리적인 토의로 결정할 수 없다면 프로젝트 관리자의 권한으로 의사결정 하거나 투표를 하는 것도 좋다. 사람이 일을 하지 프로세스나 도구가 일을 하는 것은 아니다. **프로세스의 문제는 사람이 극복하지만, 사람의 문제는 프로세스가 극복하지 못한다.**

당신의 프로젝트는 올바른 문제를 해결하고 있나요?

프로젝트는 문제를 해결하기 위해 시작한다. 문제가 틀리면 당연히 잘못된 프로젝트를 하는 것이다. 당신의 프로젝트는 올바른 문제를 해결하고 있는가?

프로젝트에서 해결하고자 하는 문제에 집중하면 프로젝트 기획과 개발의 낭비를 줄일 수 있다. 모든 프로젝트는 외형적으로는 해결할 문제를 정의하지만 때로는 솔루션에 집착해 없는 문제를 만들기도 한다. 유행하는 기술을 따라 하는 프로젝트가 대표적이다. 잘못된 문제를 정의했거나, 잘못된 문제 또는 올바른 문제의 잘못된 근본원인을 납기 내에 정확하게 해결하면 일시적으로 성공한 프로젝트처럼 보이지만 프로젝트의 성공과 실패는 일정 시간이 경과한 뒤에 분명해진다. 예를 들어 조직의 프로세스 혁신을 위한 프로젝트 범위를 모두 성공적으로 이행했는데, 시간이 지나도 체감할 수 있는 효과가 없다면 틀린 문제를 정의한 것이다. 프로젝트가 성공하려면 문제와 근본원인을 정확하게 파악해야 한다.

대부분의 프로젝트 팀은 주어진 문제를 해결할 수 있다. 문제가 있다 해도 일정이 지연되거나 예산을 초과할 뿐이다. 상품이 시장에서 실패했다면 상품을 개발한 프로젝트 팀보다 상품 콘셉트를 잘못 정의한 상품관리자에게 더 큰 책임이 있다. 고객은 문제를 해결하기 위해 상품을 구매한다. 드릴을 구매하는 이유는 벽에 그림을 걸기 위한 구멍이 필요하기 때문이다. 고객의 문제를 해결하기 위한 솔루션은 여러 가지가 가능하다. 벽에 그림을 걸고 싶은 욕구는 예전이나 지금이나 같지만 구멍을 뚫는 수단은 송곳에서 전동드릴로 변했다. 문제가 달라지면 당연히 솔루션은 달라진다. 예를 들어 엘리베이터를 이용하는 고객에게 불만이 생겼다고 하자. 고객이 엘리베이터 속도가 느리다고 불만을 제기하는 것을 문제로 인식하면 엘리베이터 속도를 빠르게 하는 것이 솔루션이고, 밀폐된 공간에서 지겨워하는 것을 문제로 인식한다면 뉴스와 같이 볼거리를 제공하는 것이 솔루션이다.

솔루션에 집착하면 없는 문제를 만들 수 있다. 문제를 해결하기 위한 솔루션을 찾는 것이 아니라 솔루션을 적용할 문제를 찾는 것이다. 유행했던 경영이론 또는 신기술 들이 오랫동안 지속하는 것을 보지 못했다. 왜냐하면 그런 유행들은 대부분 고객의 구체적인 불편을 해결하기보다 추상적인 생산성 향상에 집중했기 때문이다. 목적보다 수단에 집중하는 프로젝트를 수행하면 낭비를 발생시킬 수밖에 없다.

컨설턴트들은 솔루션을 적용하지 않는 것을 문제로 인식시키는 재주가 있는 사람들이다. 홈쇼핑이나 인터넷에서는 약을 팔기 위해 실제로 존재하지 않거나 별로 심각하지 않은 질병을 마치 치명적인 질병처럼 부각시키기도 한다. 이런 사람들은 생존을 위해 수요(문제)를 창출하기 때문에 이 같은 노력을 비난할 수 없다. 상품을 구매하는 기업이나 소비자가 진짜 문제를 제대로 확인하고 유행하는 이론들이 이를 해결할 수 있는지를 판단해야 한다. 프로젝트의 진짜 문제를 확인할 때 적용할 수 있는 아이디어는 다음과 같다.

1 많은 사람들이 공감하는 불편 사항을 확인한다.

프로젝트 관리자와 프로젝트 팀원은 프로젝트 착수 전 또는 착수 초기에 시스템을 사용할 사용자들의 불편 사항에 공감하고 그 문제를 해결하는 방안을 프로젝트 범위에 포함시켜야 한다. 추상적인 불편이 아니라 명확하고 구체적인 불편을 많은 사람들이 이야기할수록 좋은 문제를 포착한 프로젝트다. 제대로 포착한 문제는 많은 사람들의 시간, 노력을 명확하게 절감해 줄 수 있어 길고 어려운 말로 프로젝트를 설명할 필요가 없다. 필자가 경험한 진짜 프로젝트 중 하나는 '연말정산 서류 자동화'다. 이전에는 연말정산을 하기 위해 관련된 서류들을 모두 취합해 회사에 제출해야 했기 때문에 그 과정이 정말 귀찮고 번거로웠다. 그러나 지금은 국세청에서 파일을 다운로드해 회사 시스템에 업로드하면 간단히 연말정산이 끝난다.

상품 개발 프로젝트는 프로젝트 팀원들이 직접 고객의 불편이나 요구 사항을 청취하기 힘들기 때문에 상품관리자에게 고객의 문제를 확인해야 한다.

2 'why'와 'how'를 상호보완적으로 질문한다.

프로젝트의 문제는 why에 해당하고, 솔루션은 how에 해당한다. 그 둘은 상호 보완적이다. "왜 그것이 문제인가요?" "그 문제를 어떻게 해결할까요?" "왜 그렇게 해결해야 하나요?"와 같이 why와 how를 반복하거나 순차적으로 질문하는 과정에서 문제와 해결 방안을 검증하고 수정해야 한다. 예를 들어 'WBS 기반의 공정관리'는 관점에 따라 문제일 수도 있고, 솔루션일 수도 있다. 문제 또는 솔루션을 검증하는 인터뷰를 수행할 때 다음의 예와 같이 보통 why가 충분히 답변되면 how로 전환하고, how에 대한 답변이 모호하면 why로 질문을 바꾸는 것이 좋다.

Q: 프로젝트 진척률을 파악하는 이유는 무엇인가요?

A: 프로젝트 위험을 조기에 식별해 이슈를 파악하기 위함입니다.

Q: 위험을 식별하기 위해 왜 진척률을 파악하나요?

A: 진척률이 정량적인 데이터이기 때문에 프로젝트 관리자의 주관을 배제하고 실시간 데이터를 분석할 수 있기 때문입니다.

Q: 프로젝트 위험을 식별하는 다른 방안은 무엇인가요?

A: 프로젝트 관리자와 인터뷰하거나 프로젝트 관리자가 프로젝트 현황을 등록하는 것입니다.

Q: 어떤 방법이 위험 식별에 더 효과적인가요?

A: 프로젝트 관리자에게 현황을 파악하는 것입니다.

Q: 그러면 왜 그 방법을 사용하지 않나요?

A: 프로젝트 관리자가 정확한 상황을 공유하는 것을 부담스러워하기 때문입니다.

Q: 왜 부담스러워하나요?

A: 위험을 보고하면 지원은 하지 않고 숙제가 많이 생기기 때문입니다.

질의응답을 통해 프로젝트 위험 식별을 하기 어려운 근본적인 문제는 위험을 보고하면 지원이 아닌 숙제가 생기는 조직문화 때문임을 알 수 있다. 공정 진척 기반의 위험 식별도 시도할 수 있지만, 효과가 높지 않을 것이기 때문에 가성비를 고려해 프로젝트 범위를 정의해야 한다.

세상에 틀린 방법론은 없다.
방법론을 결정할 때 고려할 사항은?

누구에게나 사이즈가 맞고 누가 입어도 어울리는 옷은 없다. 방법론도 마찬가지다. 나에게 맞는 사이즈와 나에게 어울리는 옷이 있듯이 내 프로젝트에 적합한 방법론이 있다. 내 프로젝트와 궁합이 맞는 방법론을 어떻게 정의할까?

20여년간 애자일 방법론의 장점이 부각되고 있지만 폭포수 방법론이 여전히 적용되고 있는 이유는 그만한 장점이 있기 때문이다. 세상에 틀린 방법론은 없다. 특정 상황에 적합한 방법론과 적합하지 않은 방법론이 있을 뿐이다. 《PMBOK》 개정 7판에서는 개발 방법론을 결정할 때 고려할 요인을 제품 또는 서비스의 특성, 프로젝트 특성, 조직 특성으로 구분했다.

1 | 프로젝트 결과물(제품, 서비스, 업무 시스템)의 특성

프로젝트에서 개발하는 결과물의 특성에 따라 방법론을 달리 적용해야 한다.

1 혁신성

개발하고자 하는 결과물이 이전에 개발한 내용과 유사해 개발할 내용을 잘 이해하고 그 결과 추정의 신뢰성이 높을 때는 폭포수 방법론이 적합하다. 반대로 이전에 개발한 적 없는 혁신성이 높은 제품이나 서비스를 개발할수록 애자일 방법론이 적합하다. 혁신의 정도가 높을수록 실패할 위험을 최소화하는 것이 중요하기 때문이다.

2 불확실성

불확실성에는 요구 사항의 불확실성과 기술적인 불확실성이 있다. 요구 사항의 불확실성은 요구 사항 내용과 우선순위의 변동 가능성을 의미한다. 요구 사항의 불확실성이 높으면 프로젝트 후반부에 요구 사항 변경이 많이 발생한다. 기술의 불확실성은 개발과 관련된 이슈로 사전에 예상하지 못했던 성능 이슈, 아키텍처 또는 인터페이스 이슈가 대표적이다. 폭포수 방법론은 그림3의 위와 같이 착수 시점에서 요구 사항의 불확실성을 최대한 제거한 뒤, '분석 → 설계 → 개발 → 테스트'의 단계를 수행하면서 기술의 불확실성을 줄인다.

폭포수 방법론의 문제는 요구 사항의 불확실성을 계획대로 줄이기 힘들다는 것이다. 아무리 상세하게 요구 사항을 정의해도 프로젝트 진행 도중 또는 마무리 시점에서 발생하는 요구 사항의 변경 또는 요구 사항 추가를 막을 수 없다. 정도의 차이만 있을 뿐이다. 이해관계자가 요구 사항을 잘못 전달할 수도 있고, 프로젝트 팀이 요구 사항을 잘못 이해할 수도 있다. 무엇보다 시간이 지나면서 요구 사항이 변경되는 경우가 많다.

반면 애자일 방법론에서는 그림3의 아래와 같이 요구 사항의 불확실성을 줄이기 위해 우선순위가 높은 것부터 개발해 고객이나 이해관계자의 검증을

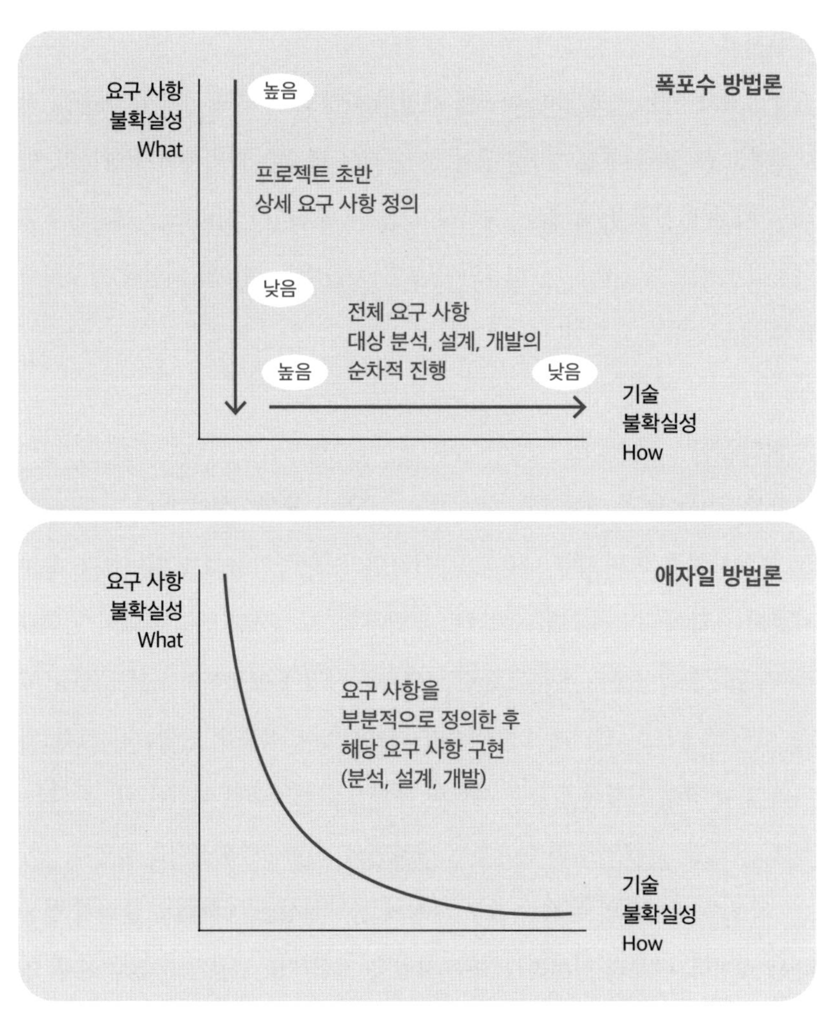

그림 3 요구 사항의 불확실성과 기술의 불확실성

출처: 《불확실성과 화해하는 프로젝트 추정과 계획》 마이크 콘Mike Cohn, 2008

받는다. 작게 나눠 개발하면 피드백까지 걸리는 시간이 짧고 실패비용도 줄어든다.

그러나 폭포수 방법론이라면 제거 가능한 불확실성을 애자일 방법론에서는 프로젝트 후반까지 끌고 갈 수도 있다. 예를 들어 프로젝트 관리시스템을 구축할 때 구매관리, 원가관리, 인력관리는 밀접한 연관이 있는데 분할해 분석하고 개발한다면 많은 재작업이 발생할 것이다. 이런 상황에서는 폭포수 방법론처럼 한꺼번에 분석하고 설계하는 것이 바람직하다.

3 결과물의 변경 용이성

프로젝트 결과물을 변경하기 쉬울수록 애자일 방법론이 적합하고, 변경이 어려울수록 폭포수 방법론이 적합하다. 프로젝트 팀에게 용이한 변경은 없기 때문에 변경 용이성은 상대적인 개념으로 이해해야 한다. 애플리케이션의 변경이 고층 아파트의 변경보다는 상대적으로 용이하기 때문에 애플리케이션을 개발할 때 애자일 방식을 사용하고, 고층 아파트를 건축할 때 폭포수 방식을 사용한다.

4 결과물의 인도 방식

프로젝트 결과물을 분할해 인도한다면 애자일 방식이 적합하고, 프로젝트 마지막에 한 번만 인도한다면 폭포수 방식이 적합하다. 결과물 인도 방식은 이해관계자가 요청하는 제약 조건일 수도 있지만, 프로젝트 팀과 이해관계자가 협의해 결정할 수도 있다. 대부분 프로젝트 결과물을 분할해 인도하는 것이 프로젝트 위험을 줄여준다.

5 안전 요구 사항 또는 규제

환경이나 인체 유해 물질에 대한 요구 사항이 있는 상품은 안전 요구 사항을 정의하고, 그것을 상품에 반영하고, 테스트하는 프로세스를 준수해야 하기 때문에 폭포수 방식이 적합한 경우가 많다. 안전과 마찬가지로 정부 또는 산업의 규제를 준수해야 한다면 폭포수 방식이 적합한 경우가 많다.

2 | 프로젝트 수행 조건

프로젝트 결과물의 특성뿐만 아니라 제약과 같은 프로젝트 수행 조건도 방법론 선정에 영향을 미친다.

1 일정제약

프로젝트 결과물 중 일부를 조기에 인도해야 한다면 애자일 방식이 적합하다. 프로젝트 범위와 일정에 대해 강한 제약이 있다면 폭포수 방법론이 적합하고, 범위와 일정에 대한 제약이 강하지 않다면 가치중심의 애자일 방식이 적합하다.

2 예산 가용성

예산 확보가 어렵거나 불확실한 상황에서 이해관계자들의 투자 승인을 받기 위해서는 프로젝트 가치를 입증해야 한다. 프로젝트의 가치는 문서를 통해 입증하기 힘들다. 시제품으로 타당성을 입증한다면 본격 개발을 위한 투자 승인을 받을 가능성이 높아진다. 애자일 방식은 이러한 상황에 더 적합하다.

3 프로젝트 규모

일반적으로 프로젝트 팀의 규모가 크면 폭포수 방식이 적합하다고 알려져 있다. 그러나 최근에는 대규모 팀에 애자일을 적용하기 위한 모델인 SAFe Scaled

Agile Framework와 LeSS Large Scale Scrum가 있을 뿐만 아니라, 적용 사례도 많아지고 있다. 그래도 피자 두 판을 나눠 먹을 수 있는 7±2명의 프로젝트 팀이 애자일 방식을 적용하기에 보다 용이하다.

프로젝트 규모가 커지면 의사소통과 업무의 복잡도가 증가해 실패 가능성도 증가한다. 방법론과 상관없이 대형 프로젝트 관리는 어렵고 실패할 가능성이 높다. 따라서 대형 프로젝트는 N개의 작은 프로젝트로 나눠 진행하는 것이 좋다. 그러나 우주선을 머리, 몸통, 꼬리로 나눠 발사할 수 없는 것과 같이 불가피하게 큰 프로젝트를 한 번에 수행해야 할 수도 있다.

대형 프로젝트에서는 프로젝트 착수 이후 바로 스프린트에 착수해 동작하는 소프트웨어를 만드는 방식의 애자일을 적용하기 힘들다. 대형 프로젝트에서는 전체 요구 사항, 아키텍처, 인터페이스 요건 들을 어느 정도 분석해야 애자일을 적용하는 것이 가능하다. 착수 이후 분석까지는 폭포수 방법론을 적용하고, 설계와 개발을 통합해 N개의 스프린트를 수행한 뒤, 마지막 통합 테스트와 인수 테스트는 폭포수 방법론을 적용해 프로젝트를 마무리하는 것이 일반적이다.

자율을 강조하는 애자일 방법론을 많은 인원을 대상으로 적용하는 것도 부담이 된다. 사람이 많아지면 다양한 의견들이 분출되고 갈등이 발생하기 쉽기 때문이다. 대형 프로젝트에서 애자일을 적용하기 위한 연구와 사례 들이 많지만 대형 프로젝트에서 애자일을 적용할 때 위험이 많고 어려운 것이 사실이다. 대형 프로젝트에서 업무의 불확실성이 높지 않다면 폭포수 방법론도 훌륭한 대안이다. 무엇보다 폭포수 방법론은 많은 사람들이 익숙하기 때문에 방법론 선택에 따른 논쟁을 피할 수 있다.

대형 프로젝트에서는 내가 속한 스크럼(팀)보다 프로젝트 관점에서 의사결정하는 것이 중요하다. 프로젝트 관점의 의사결정을 촉진하기 위해서는 개발 팀 간 협업을 강화해야 하며 그 방안은 다음과 같다.

• 전체 팀원을 가까운 장소에서 근무하게 한다.

오며 가며 다른 스크럼 팀과 만날 가능성이 높아지면 의사소통도 증가하고 협업의 가능성도 높아진다. 한 층에서 모두가 근무하면 팀 전체가 참여하는 스탠딩 미팅도 가능하다.

• 다른 개발 팀과 업무를 협의하는 정기, 비 정기회의체를 운영한다.

각 스크럼의 리더가 참여하는 전체 스크럼 미팅scrum of scrums이 정기협의체의 대표적인 예다. 협의체 명칭은 '개발 팀 리더 협의회'와 같이 일상적인 용어를 사용해도 무방하다.

• 스프린트 계획은 2단계로 나눠 운영한다.

1단계 스프린트 계획은 각 스크럼을 대표하는 리더가 참석해 프로젝트 차원에서 전체 스프린트 계획을 협의한다. 1단계 스프린트 계획에서는 스크럼 팀들이 해당 스프린트에서 구현할 요구 사항을 확정한다. 2단계 스프린트 계획은 스크럼 팀별로 운영하며 일반적인 스프린트 계획과 동일하다. 프로젝트 내 모든 스크럼 팀은 스프린트를 같이 시작해 같이 종료해야 한다. 그래야 프로젝트 내 모든 조직이 같은 리듬에 따라 업무를 수행할 수 있다.

3 | 조직

프로젝트를 수행하는 조직문화, 조직의 성숙도와 같은 조직적인 변수도 방법론 선정에 영향을 미친다.

1 조직문화

조직구조가 계층적이어서 수직적 보고를 중요시하는 관료적인 조직에서는 폭포수 방법론을 주로 사용한다. 반대로 조직구조가 수평적 의사소통과 의사결정을 중요시하는 조직에서는 애자일 방법론을 사용한다.

계획준수를 위해 통제를 중요시하는 조직문화는 폭포수 방식을 선호하고 계획준수보다 변화에 대한 유연한 대응을 중요시하는 조직문화는 애자일 방식을 선호한다. 그러나 유연한 대응이라는 말은 매력적이지만 실제 적용은 쉽지 않다.

2 조직의 성숙도

애자일Agile 방법론을 도입한다고 해서 조직이 바로 애자일하게 변하는 것은 아니다. 애자일 전환은 단순히 개발 방법론의 변경이나 조직원 교육만으로 이뤄지지 않으며, 조직 전반의 정책, 프로세스, 마인드셋, 관행 등이 모두 변화해야 한다. 이러한 전환은 많은 조직에게 큰 도전이다. 조직이 애자일하지 않은 상황에서 프로젝트 팀이 애자일 방식을 적용해도 효과를 보기가 어렵다.

애자일 방법론을 적용하기 위해서는 팀원들이 프로젝트 수행에 필요한 업무지식과 방법론에 대한 높은 이해도가 필요하다. 애자일에서는 자율적인 의사결정이 중요하지만, 팀원의 역량이 부족하면 자율적인 의사결정을 하기 어렵다. 이는 곧 자율이 방임으로 변질될 수 있다는 것을 의미한다. 팀원의 역량이 낮더라도 폭포수 방법론처럼 명확한 단계와 절차를 따르는 것이 오히려 더 안정적일 수 있다.

팀워크는 방법론의 부작용을 상쇄할 수 있지만, 방법론은 팀워크의 부작용을 상쇄할 수 없다. 좋은 팀워크가 있는 경우에는 방법론이 적합하지 않아도 크게 문제가 되지 않는다. 반면, 팀워크가 나쁘다면 아무리 좋은 방법론을 사용해도 효과를 보기가 어렵다. 애자일 방법론은 특히 팀워크의 영향을 크게 받으며, 팀워크가 좋으면 애자일의 장점을 극대화할 수 있지만, 팀워크가 나쁘면 부작용이 커진다.

방법론은 팀워크를 좋게 만들 수도 있고 나쁘게 만들 수도 있다. 팀워크를 해칠 수 있는 방법론의 적용은 피해야 한다. 예를 들어 팀워크는 좋은데 애자일 방법론 적용에 대해 부정적이면 굳이 애자일 방법론을 적용할 필요가 없다. 방법론 때문에 팀워크를 흔들어서는 안 된다.

경영층은 상세한 계획이 있어야 통제할 수 있다는 안정감을 느끼기 때문에 프로젝트 착수 시 애자일보다 폭포수 방법론을 선호하는 경우가 많다. **책임지지 않고 헌신하지 않는 자율은 방임으로 변질될 수 있다.** 방임으로 변질된 자율은 낮은 생산성과 지연되는 일정에 대한 변명만을 낳는다. 경영층이나 이해관계자는 이를 애자일 방법론 탓으로 돌릴 수 있다.

애자일 방법론을 적용한 프로젝트가 실패하면 방법론의 문제가 과대 포장되지만 폭포수 방법론을 적용한 프로젝트가 실패하면 방법론을 탓하는 경우는 드물다. 그 이유는 폭포수 방법론이 우리와 함께 한 세월이 길고 익숙하기 때문이다.

3 프로젝트 팀원 근무장소

애자일 방식은 대면소통을 중요시하기 때문에 동일한 물리적 공간에서 프로젝트 팀이 협업해야 한다. 프로젝트 팀원이 국가별 또는 지역별로 떨어져 있는 경우에는 애자일 방식을 적용하기 힘들다. 개발 방법론과 상관없이 프로젝트 팀이 분산돼 있다면 의사소통 낭비가 발생할 가능성이 높다.

지금까지 설명한 내용을 정리하면 표2와 같다.

구분		폭포수 방법론	애자일 방법론
상품	혁신성	낮은 혁신성 (익숙한 업무)	높은 혁신성
	요구 사항 명확성	명확한 요구 사항	불명확한 요구 사항
	(인도물) 변경용이성	인도물의 변경이 어려울 경우 (예: 건축물)	인도물의 변경이 비교적 용이한 경우 (예: 간단한 애플리케이션)
	안전 요구 사항	중요한 안전 요구 사항 있음	중요한 안전 요구 사항 없음
	규제	중요한 규제 있음	중요한 규제 사항 없음
프로젝트	일정제약	· 프로젝트 종료 시점에 한 번만 납품 · 범위제약과 일정제약이 강할 때	· 프로젝트 실행 과정에서 여러 번 납품 필요 · 범위제약과 일정제약이 강하지 않을 때
	예산 가용성	예산 확보가 용이	예산 확보 어려움 (MVP 기법 적용)
	프로젝트 규모	대규모 프로젝트	중소형 프로젝트
조직	조직문화	계층적 조직구조, 엄격한 보고체계 수직적 의사결정 및 지시	계층적 조직구조, 엄격한 보고체계 수평적 의사결정
	조직의 성숙도	애자일 전환을 위한 종합적인 준비가 되지 않았을 때 (조직 정책, 조직구조, 프로세스, 마인드셋)	애자일 전환을 위한 종합적인 준비가 됐을 때 (조직 정책, 조직구조, 프로세스, 마인드셋)
	근무장소	근무장소가 떨어진 경우	같은 장소 근무

표 2 개발 방법론을 결정할 때 고려할 요인

개발조직이 높은 가동률을 추구할 때 발생하는 문제는?

가동률은 자원 운영의 효율성을 측정하는 지표다. 개발조직에서 인력 운영 효율성 100%를 추구하면 어떤 문제가 발생할까?

개발 팀 가동률은 조직의 낭비에 영향을 미치지만 경영층이 고민할 주제다. 그러나 개발 팀의 가동률 정책은 프로젝트 관리자에게 영향을 미치기 때문에 관심을 가져야 한다.

인력 가동률은 '활용 인력÷가용 인력×100%'으로 계산한다. SI 사업을 하는 회사에서 '인력 가동률'은 중요한 평가지표다. 예를 들어 전체 인력이 100명인데 프로젝트에 투입된 인력이 70명이면 프로젝트 투입률은 70%다. 여기에 프로젝트 제안에 투입된 인력이 10명이면 프로젝트 가동률(프로젝트 투입률 + 제안 투입률)은 80%가 된다. 회사 입장에서 나머지 20%의 인력은 놀고 있는 인력이기 때문에 효율을 높이기 위해 프로젝트 또는 제안 작업 투입을 위해 노력해야 할까? 아니다. 프로젝트 가동률이 80%가 되면 신규 프로젝트를 수주할 때 투입할 사람이 부족하다. 왜냐하면 비 가동 20명은 다음과 같은 상태이기 때문이다.

- **제안서 제출 이후 결과를 기다리는 인력:** 8명
- **고객 사정으로 프로젝트 계약이 지연되는 인력:** 5명
- **1년 동안 수행한 프로젝트에서 지난주 철수한 인력:** 4명
- **개인 사정으로 임시 휴직/휴가 인력(육아휴직, 출산휴가, 장기근속 휴가 등):** 3명

위에서 설명한 20명 중 당장 프로젝트에 투입 가능한 인력은 4명이다. 그러나 일년 동안 업무 강도가 높은 프로젝트를 수행한 인력에게 일주일도 쉬지 않고 다른 프로젝트를 수행하라고 말하기 힘들다.

1 적정 가동률을 유지해야 하는 사례

업무에 따라 자원의 적정 활용률은 다르지만 높은 수준의 자원 활용을 추구하면 대부분 문제가 발생하고 변동상황 발생 시 대처가 어렵다. 그 예는 다음과 같다.

① 코로나 위중증 환자를 위한 병상 가동률

위중증 환자의 병상 가동률은 정부의 코로나 대응을 위한 중요한 지표인데 병상 가동률이 80%가 되면 실제로 가용한 병상이 없는 상태다. 왜냐하면 나머지 20%의 병상은 퇴원수속, 입원수속 등의 사유로 사용돼 응급환자가 즉시 입원하는 것이 가능하지 않기 때문이다.

② CPU 활용률

정부기관의 정보자원 효율성 측정기준에 따르면 공동활용 서버의 CPU 활용률이 80% 이상이면 과다, 20%~80%는 적정, 20% 이하는 여유로 판단한다. 전용 서버의 CPU 활용률이 70% 이상이면 과다로 판단한다.

③ 고속도로 차량 점유율

고속도로에 차량이 많을수록 차량의 속도는 느려진다. 고속도로 차량 점유율이 일정 수준(예: 65%)을 넘어가면 차량 속도는 기하급수적으로 느려진다.

④ 업무 집중 시간

업무 집중률은 회사 업무에 몰입한 시간이다. 필자가 그 분야의 전문가가 아니지만 개인의 경험으로는 하루에 6시간 정도 업무에 몰입하면 더 이상 지속적인 몰입은 힘들어 데이터 정리, 메일 답장하기와 같은 단순한 일을 해야 했다.

2 높은 가동률을 추구할 때 발생하는 문제

자원의 여유는 변동에 대응할 수 있는 유연성을 의미한다. 그림4의 슬라이딩 숫자 퍼즐에서 왼쪽은 9개의 칸에 1개의 여유가 있지만 오른쪽은 여유 칸이 없어 숫자를 이동할 수 없다. 자원 운영의 효율성은 수단이지 목적은 아니다. 비즈니스 목표 달성을 위해서는 자원 운영 효율성 최대화보다 자원 운영 최적

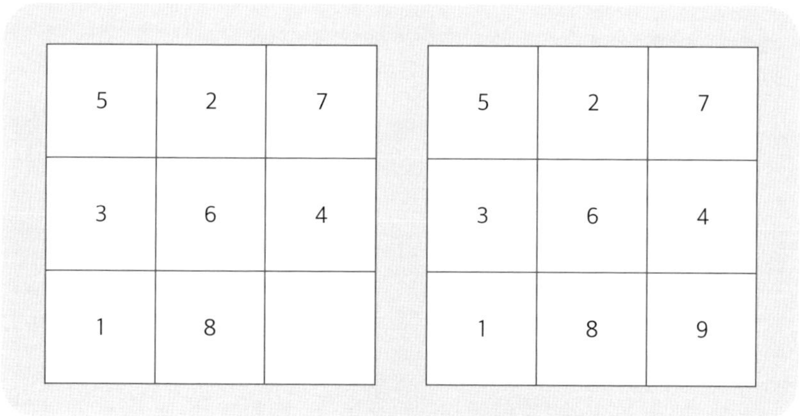

5	2	7
3	6	4
1	8	

5	2	7
3	6	4
1	8	9

그림 4 슬라이딩 숫자 퍼즐의 여유

화를 추구해야 한다.

개발조직 가동률의 예에서 경영층이 비가동률 20%를 낭비로 인식하고 이를 줄이라는 지시를 한다면 관리자는 최대한 많은 사람들을 프로젝트나 제안서에 투입하기 위해 노력할 것이다. 가동률이 낮은 조직에서 인력을 투입할 업무를 만들지 못하면 가동률이 높은 조직으로 인력을 이동해야 할 수도 있다.

위와 같은 방법으로 가용자원을 줄여 가동률을 높였는데 수주확도가 낮았던 대형 프로젝트를 수주하면 어떻게 될까? 이제 상황이 바뀌어 인력이 부족해질 것이다. 부족한 인력을 충원하기 위해서 다른 프로젝트나 제안에 투입된 인력을 빼오지 않으면 신규로 수주한 프로젝트의 착수가 지연되거나 외주인력을 증가시켜야 할 것이다. 이도 저도 안 되면 다른 부서로 이동했던 인력을 다시 복귀시켜야 한다(그림5).

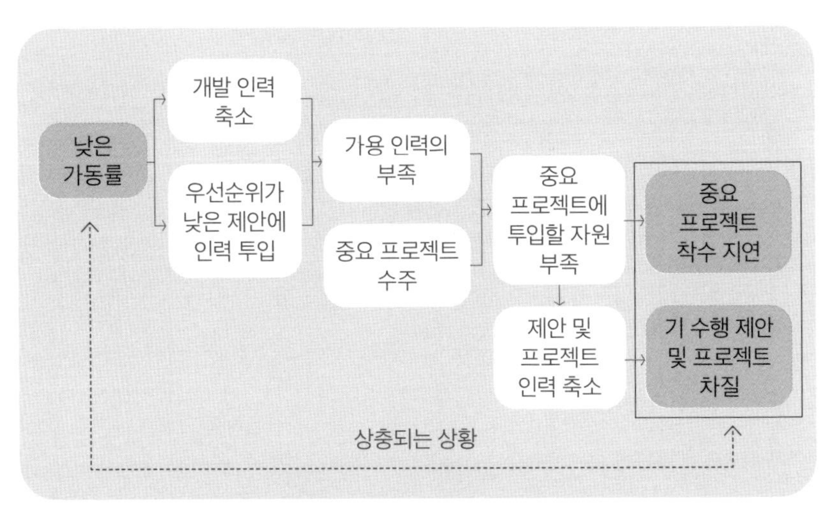

그림 5 가동률 관리의 악순환

월별로 작업 규모의 편차가 있는 조직에서 이런 문제가 발생하며 작업이 많은 시기와 적은 시기의 차이가 클수록 문제가 심각해진다. 아마존은 11월 블랙 프라이데이 하루 동안 폭주하는 주문을 처리하기 위해 확보한 서버들을 활용하기 위해 클라우드 서비스를 개발했다. **통제 가능하지 않는 외부의 수요를 조직 내부의 균등한 자원 활용으로 대응하려는 시도는 애초에 한계가 있다.**

가동률을 무리하게 높였을 때 발생하는 부작용은 다음과 같다.

① 우선순위가 낮고 중요하지 않은 일을 수행한다.

가동률을 중요시하면 관리자는 조직원들을 바쁘게 만들기 위해 업무를 만든다. 그러다 보면 우선순위가 낮은 업무를 만들기도 한다. 프로젝트 가동률을 높이기 위해서는 수주확도가 낮은 제안에 인력을 투입한다. 그 결과 중요한 제안이 발생할 때 투입할 인력이 부족하다.

② 부서 간 협업이 어려워진다.

모든 부서가 높은 가동률을 추구하면 부서 간 협업이 어려워진다. 예를 들어 아키텍처 부서나 CX 부서의 가동률이 높아지면 신규로 발생하는 프로젝트에서 아키텍트나 CX 인력을 확보하기 위한 대기 시간이 길어진다. 아키텍처 부서나 CX 부서에서는 일감이 쌓여 있으니 좋을 수 있지만, 회사의 업무 속도는 이 두 부서 때문에 느려진다.

③ 업무 속도가 느려진다.

개인의 가동률을 중요시하면 개인이 업무를 빨리 끝낼 이유가 없다. 너무 티

나지 않을 정도로 늦지 않으면 된다. 외부에서 볼 때 1년 내내 일이 끊이지 않는 것처럼 보이는 것이 개인이나 조직의 입장에서는 유리하다. 따라서 일이 끊기지 않을 만큼 일의 속도를 조절한다. 그 결과, 톰 드마르코Tom DeMarco가 《슬랙》에서 말한 바쁜 것처럼 보이는 것busyenss이 중요한 업무business가 된다.

미래에 발생하는 인력수요를 일정 기간(예: 6개월) 전에 정확하게 예측할 수 있다면 가동률 최적화는 쉬워진다. 그러나 현실에서 그런 예측이 어렵다. 수주가 확실했던 제안이 실패하고, 갑자기 특정 직무의 인력(예: ERP) 수요가 급증해 해당 인력의 확보가 어려워지고, 계약을 체결했는데 고객사 사정으로 프로젝트 착수가 지연되는 것은 현실에서 다반사다.

3 적정 가동률을 유지하는 방안

가동률은 높아도, 낮아도 문제가 발생한다. 가동률을 높이면 인력이 부족하거나 업무 대기 시간이 길어지고, 가동률이 낮아지면 수익성이 나빠진다. 적정 가동률을 결정하고 유지하기 위해 고려할 사항은 다음과 같다.

① 업무 규모를 작게 만들어 변동의 크기를 줄인다.

업무(프로젝트) 규모가 클수록 자원에 대한 변동은 커진다. SI 기업에서는 대형 프로젝트를 착수할 때 인력에 대한 수요가 많아지고 그 프로젝트가 끝나면 대기 인력이 많아진다. 안정적인 인력 운영을 추구한다면 이런 업종 또는 이런 프로젝트의 의존도를 피하는 것도 방법이다. 물론 한 번에 큰 매출을 발생시키는 대형 프로젝트의 매력을 뿌리치기는 힘들다. 내부 프로젝트는 업무를 쪼개어 몇 개의 프로젝트로 나눠 진행하면 변동이 줄어든다.

② 외부의 변동에 대응하기 위한 최적의 가동률을 관리한다.

외부의 변동에 대응하기 위해 어느 정도의 가동률이 적정한지 결정하고 이를 유지하기 위해 노력하는 것도 방안이다. 적정 가동률은 조직의 과거 경험이나 통계를 참조해 판단한다. 예를 들어 프로젝트 투입률이 75%를 넘어서면 인력 운영의 적신호로 인식하고 대비하는 것이다. 수익성을 달성하기 위해 가동률을 최대화하는 것보다, 적정 가동률을 제약 조건으로 설정하고 고부가가치를 창출하는 방안을 찾는 것이 지속 가능한 성장을 보장한다.

③ 외부 조직을 활용해 예상하지 못한 변동에 대응한다.

업무가 많을 때를 기준으로 내부 인력을 운영하면 고정비가 증가하기 때문에 수익성에 문제가 발생한다. 적정 수준의 내부 인력 규모를 정의하고 자원수요의 변동사항 발생시 외부 파트너사 인력을 활용하는 체계를 구축할 수 있다면 문제를 해결할 수 있다. 그러나 파트너사에게도 변동은 부담된다. 따라서 이러한 부작용을 최소화해야 파트너사에게 동기부여가 된다. 예를 들어 여러 파트너사를 동시에 운영하면서 인력수요를 특정 기간(예: 3개월) 전에 통보하고, 이를 지키지 못할 경우 파트너사에 일정 수준을 보상하는 제도를 운영하는 것이다.

복합적인 프로젝트와 복잡한 프로젝트의 차이는?

프로젝트에서 해결할 문제가 '복합적인' 것과 '복잡한' 것은 구분해야 한다. 문제가 달라지면 해결을 위한 접근 방식이 달라지기 때문이다. 복합적인 프로젝트와 복잡한 프로젝트의 차이는 무엇이고, 관리 방식은 어떻게 차별화해야 할까?

프로젝트 관리에서 해결할 문제의 근본원인과 해결 방법이 명확한 경우는 드물다. 예를 들어, 단순하고 반복적인 자료 취합을 자동화하는 프로젝트는 해결할 문제와 근본원인이 비교적 명확하다. 이 경우, 검증된 기술(예: 프로세스 자동화 로봇)만 있으면 문제를 해결할 수 있으며, 프로젝트가 실패할 가능성도 낮다. 그러나 대부분의 프로젝트는 문제와 근본원인이 단순하지 않고 복합적complicated 또는 복잡complex하다.

시간을 가지고 꼼꼼하게 분석해야 하는 복합적인 프로젝트도 있고, 적용해보기 전에는 문제를 정확하게 이해했는지 확인하기 힘든 복잡한 프로젝트도 많다. 또는 문제를 정의하고 분석하는 사람의 역량에 따라 복합적인 프로젝트가 복잡한 프로젝트가 되기도 한다.

1 복합적인 프로젝트는 프로젝트 문제를 상세하게 분석해야 한다.

프로젝트를 구성하는 요소들이 많고, 그 요소들 간의 상호작용이 많으면 복합적인 프로젝트다. 복합적인 프로젝트는 많은 구성요소가 있고 구성요소 간의 상호작용이 복잡하기 때문에, 이를 효과적으로 관리하기 위해서는 전문지식에 기반한 체계적인 분석이 필요하다.

예를 들어 초고층 빌딩을 건설하는 프로젝트에서 엔지니어가 고려할 요소는 하중, 내진, 바람에 견디기, 수평과 수직 잡기, 메인 프레임 등 다양하다. 그런 프로젝트는 많은 요소들을 고려한 설계를 하고 다양한 시뮬레이션을 통해 문제가 없음을 검증한 뒤에 시공에 착수해야 한다. 초고층 빌딩 건설에서 이러한 문제를 충분히 검증하지 않고 시공에 착수한다면 부실한 빌딩을 건설하게 된다. 초고층 빌딩 건설은 많은 요소를 고려해야 하는 복합적인 프로젝트이지만, 실력 있는 엔지니어들에게 시간만 준다면 복합적인 문제의 많은 부분을 해결할 수 있다.

복합적인 소프트웨어 개발의 예로는 SI 기업의 프로젝트 관리시스템 또는 은행의 차세대 시스템을 생각할 수 있다. SI 기업의 프로젝트 관리시스템은 초고층 빌딩의 건설보다는 복합도가 훨씬 낮지만 영업관리, 구매관리, 손익관리, 인력관리, 일정관리, 위험관리, 지식관리, 외주관리, 품질관리 등의 상호관계를 분석하고 설계한 뒤 개발에 착수해야 한다. 특히 구매관리-손익관리-인력관리-일정관리의 연계는 복잡하기 때문에 어떤 데이터를 언제 어떻게 주고받고, 데이터 변경 시 검증할 로직이 무엇인지를 충분히 분석하고 개발에 착수해야 한다.

복합도가 높은 프로젝트에서 '빨리'는 치명적이다. 처음부터 애자일 방식으로 스프린트를 적용하는 것도 위험하다. 시간을 가지고 복합적인 관계를 제대로 분석해야 재작업을 줄일 수 있다.

2 복잡한 프로젝트는 실험을 통해 문제와 해결 방안의 적정성을 확인해야 한다.

프로젝트 구성요소가 많고 상호작용을 예측하기 힘들면 복잡한 프로젝트가 된다. 조직문화 개선 프로젝트가 대표적이다. 구글, 아마존, 애플과 같은 혁신 기업의 프랙티스를 그대로 따라 한다고 해서 조직문화가 혁신적으로 변경되지 않는다. 이는 아동 전문가이자 정신건강의학 오은영 박사가 출현하는 TV 프로그램을 많이 본다고 해서 자녀를 잘 키우고, 자녀와 잘 지낼 수 있다는 것을 보장할 수 없는 것과 같다.

복잡한 프로젝트는 분석만으로는 정답을 찾기 힘들다. 예를 들어, 조직문화 개선 프로젝트는 구성원의 가치관, 행동 패턴, 조직의 역사 등 다양한 요소가 복잡하게 얽혀 단순히 표면적인 변화를 시도한다고 해서 성공하기 힘들다.

복잡한 프로젝트는 작은 시도를 통해 교훈을 얻고 개선하는 접근이 필요하다. 일종의 실험적 접근으로, 대규모 변화를 시도하기 전에 작은 변화를 시도해 보고, 그 결과를 통해 학습하는 것이다. 이를 '대포를 쏘기 전에 총알로 목표물을 찾는 것'에 비유할 수 있다. 사람의 마음을 움직여야 효과를 볼 수 있는 시스템 구축은 대부분 복잡한 프로젝트다. 사람들이 시스템에 어떻게 반응할지 사전에 예측하기 힘들기 때문이다. 소프트웨어 개발과 벗어난 주제이지만 자녀양육은 복잡한 프로젝트의 대표적인 예다. 프로젝트 위험관리 시스템도 관점에 따라 복잡한 프로젝트가 될 수 있다. 위험을 파악하기 위해서는 누군가 데이터를 제공해야 하는데 데이터 제공시기, 데이터 품질에 따라 위험 식별의 정확도가 좌우되기 때문이다. 프로젝트 위험관리를 위한 핵심 기능을 특정 사업부에 먼저 적용해 보고 문제점을 보완한 시스템을 본격적으로 개발해 전사로 확산하는 것이 실패의 크기를 줄이고, 정답을 찾기에 적합한 방법이다.

복잡도가 높은 프로젝트에서 '큰 규모'는 치명적이다. 적용해보기 전에는 문제를 파악하기 힘들기 때문에 크게 시작하면 크게 실패할 가능성이 높다. 실전에서 복합적인 프로젝트인지 복잡한 프로젝트인지 구분이 힘들 때에는 복잡한 프로젝트로 간주하는 것이 좋다.

빠른 개발 속도에 숨겨진 함정은?

우리는 일상생활과 회사 업무에서 '빨리'에 중독돼 있다. 가능한 빨리를 의미하는 ASAP As Soon As Possible은 일상적인 용어가 됐고, 개발 속도는 조직과 고객에게 큰 혜택을 주는 절대선으로 인식한다. 빠른 속도는 최적화하는 것이 좋을까, 최대화하는 것이 좋을까?

우리나라는 외국에 비해 일상생활에서 '빨리빨리' 문화가 확산돼 있다. 음식 배달, 새벽 배송, 인터넷 설치 등이 그 예다. 이러한 '빨리빨리' 문화는 회사 업무에서도 예외가 아니다. 오히려 더 심해 '빨리빨리'를 관리하기 위한 지표도 많다. '리드타임 단축'은 업무를 더 빨리 하는 것을 목표로 하고, '생산성 향상'은 같은 시간 동안 더 많이 만드는 것을 목표로 한다.

대개의 경우 빠른 속도는 좋다. 그러나 빠른 속도보다 중요한 것은 **'올바른 일을 빨리 하는가?'**다. 개발 생산성을 '생산량÷시간'으로 측정하지만 진정한 개발 생산성은 **'가치÷시간'**이 맞다. 같은 시간에 보고서를 많이 작성하는 것이 기획의 생산성이라고 하면 모두 말도 안 된다고 말 할 것이다. 그러나 그 말도 안 되는 주장이 소프트웨어 개발에서는 일상적이어서 같은 시간 동안 더 많이 개발하는 것을 높게 평가한다.

1 | 빠른 속도의 부작용

1 결과물의 품질이 나빠진다.

완성도 낮은 코드를 개발하고 싶은 개발자는 없다. 시간이 부족하고, 무리한 일정 준수 또는 단축을 요구하는 분위기 때문에 어쩔 수 없이 개발 완성도가 낮아도 완료했다고 보고할 뿐이다. 품질은 일정에 비해 눈에 띄지 않아 이해관계자들을 속이기 쉽기 때문이다. 품질 이슈는 지뢰에 비유할 수 있다. 지뢰가 적으면 위험을 감내할 수 있지만, 지뢰가 많아지면 지뢰를 피하기 위해 노력하는 시간이 증가할 뿐 아니라 지뢰를 밟아서 피해를 입을 가능성도 증가한다. 결과적으로 빨리 개발하기 위한 노력이 오히려 개발을 지연시킨다

'납기는 생명, 품질은 자존심'이라는 구호는 두 가지 모두를 강조하고자 만들었지만, 자존심(품질)을 위해 생명(납기)을 포기할 사람은 많지 않다.

2 번아웃 되는 팀원이 증가한다.

속도를 높이기 위해 팀원들은 종종 품질을 희생하지만, 관리자는 잔업을 요구한다. 시간으로 결과를 통제하려는 시도는 아주 짧은 기간은 효과가 있지만 장기적으로는 대부분 실패한다. 그럼에도 불구하고 주변 사람들에게 보여주기 식으로 잔업을 하는 경우가 많다. '개발 속도를 높이기 위해 우리가 이렇게 헌신하고 있다'는 것을 과시하는 것이다. 이렇게 하는 이유는 빨리 진행하지 못했을 때 면죄부를 받기 위해서다. 그러나 그 과정에서 영혼을 갈아 넣는 팀원이 한 명 두 명 늘어난다. 영혼을 갈아 넣을 가치가 있는 일인지 없는 일인지는 팀원들이 자발적으로 결정할 사항이지, 관리자가 요청해서는 안 된다.

3 '빨리'가 조직의 문화로 자리 잡는다.

보다 빠른 개발에만 집중하다 보면 주변을 살펴보지 않고 빨리 달려가는 것에 집중하는 조직문화가 형성된다. '일단 방향을 정하면 경주마처럼 주변은 쳐다보지 않고 빨리 달려가기'의 문화가 조직 내에 만연하게 된다. 그렇게 되면 빠른 속도의 부작용이 발생할 가능성이 높다.

2 | 프로젝트의 속도와 운영의 속도

프로젝트의 속도와 운영 업무의 속도는 다르게 접근해야 한다. 업무유형에 따라 속도를 바라보는 관점은 다음과 같이 달라야 한다.

1 프로젝트에서는 '많은 개발'보다 '많은 가치제공'에 집중한다.

프로젝트에서 부작용 없이 일정을 당기는 가장 확실한 방법은 적게 개발하는 것이다. 100개의 기능보다 50개의 기능만 개발하면 훨씬 짧은 기간 내에 프로젝트를 완료할 수 있다. **같은 기간에 얼마나 많은 양을 개발하는가에 집중하는 대신 같은 기간에 얼마나 많은 가치를 제공할 지에 집중해야 한다.**

고객이나 이해관계자들은 프로젝트 팀이 얼마나 열심히 일하고 얼마나 효율적으로 일하는지 관심 없다. 그들이 관심 있는 것은 '개발의 속도'보다 '가치를 제공하는 속도'다. 프로젝트 팀이 가치를 제공하는 속도를 판단하기 위해서는 세 가지 요소를 고려해야 한다.

- 비즈니스 가치 또는 고객 가치 (A)
- 빠른 릴리즈의 필요성 (B)

- 개발 기간 또는 개발 비용 (C)

가치를 제공하는 속도를 결정하는 식은 '(A+B)÷C'다. **즉 비즈니스 가치가 높고, 빠른 릴리즈가 필요한 기능을, 빨리 싸게 제공할수록 가치를 제공하는 속도가 빨라진다.**

2 잦은 릴리즈보다 적정 주기로 신규 기능을 릴리즈하는 것이 좋다.

상품 개발 속도에 집중하면 상품의 릴리즈 주기가 짧아진다. 릴리즈 주기와 기업의 이익은 어떤 관계가 있을까? 극단적으로 매주 릴리즈를 하게 되면 이익은 어떻게 될까? 릴리즈 주기가 너무 길어도 문제가 되겠지만 릴리즈 주기가 너무 짧아도 문제가 된다. 연간 릴리즈 횟수와 수익성의 관계는 그림6과 같다.

적정 릴리즈 횟수는 기업의 성숙도와 상품의 특성에 따라 달라진다. 이는 새로운 기능에 대한 고객과 기업의 수용능력으로 설명할 수 있다. 기업의 관점에서는 기존에 릴리즈한 상품에서 고객들이 어떤 경험을 하는지 정확하게

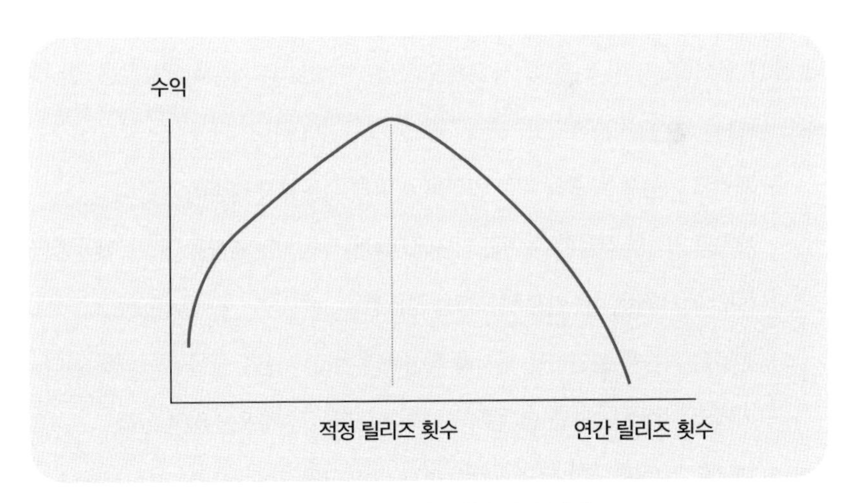

그림 6 연간 릴리즈 횟수와 수익성

이해한 뒤 다음 릴리즈에 반영할 기능을 결정해야 한다. **기존 상품에서 교훈을 얻기도 전에 속도전에 밀려 새로운 기능을 개발하면 그 기능을 고객이 좋아할 가능성이 낮다.** 잦은 릴리즈는 개발 비용과 마케팅 비용의 증가를 초래하며 이는 상품의 수익성에 부정적인 영향을 미친다.

잦은 릴리즈는 고객의 관점에서도 부담이 된다. 기능 개선을 포함하는 정기 릴리즈를 자주 하는 것이 능사가 아니다. 예를 들어 애플은 아이폰을 매년 9월에 1회 릴리즈하고 세일즈포스닷컴도 년 3회만 기능 개선 릴리즈를 제공한다. 특히 SaaS 상품은 잦은 기능 개선이 사용자들에게 부담이 될 수 있다. 하드웨어 상품은 고객이 구매를 결정하지만 SaaS 상품은 **고객이 새로운 기능을 강제로 구매 당하기 때문이다.** 《인스파이어드》의 저자 마티 케이건Marty Cagan은 잦은 릴리즈를 '사용자 학대'라고도 했다. 특히 B2B SaaS 상품은 신규 기능이 릴리즈되면 기존의 업무 프로세스가 변경되는 경우가 많기 때문에 직원들이 새로운 기능에 적응하기 위한 불편을 감수해야 한다. 물론 신규 기능이 고객에게 혜택을 제공하면 일시적인 불편은 의미가 있다. 그러나 고객은 별 불편 없이 특정 상품을 잘 사용하고 있는데 새로운 기능이 릴리즈되면 다음의 불편을 경험한다.

- 새로운 기능을 학습해 기존 업무에 어떻게 적용할지 결정해야 한다.
- 새로운 기능을 적용할 때 기존 기능에 미치는 부정적인 영향을 테스트해야 한다(보안 패치 적용, API 변경 시 부작용 검증 등).
- 변경된 기능을 설명하는 문서를 작성해야 하고, 사용자들을 교육해야 한다.
- 기업의 기존 시스템과 연계를 위한 커스터마이징 개발을 해야 한다.
- 새로운 기능에 대한 문의에 대응하기 위해 고객 지원 센터의 상담사들을 교육시켜야 한다.

3 운영 업무에서는 지속 가능한 스피드가 중요하다.

소프트웨어 상품은 최초 출시 이후는 개발과 운영을 통합하는 경우가 많은데 이를 DevOps라고 한다. DevOps 모델에서는 개발 팀과 운영 팀을 구분하지 않고 개발, 테스트, 배포, 운영을 동일한 팀에서 담당한다. DevOps는 자동화를 기반으로 '지속적인 통합'과 '지속적인 배포'를 추구한다. 그러나 조직마다 지속 가능한 속도는 다르다. 짧은 기간은 늦은 야근을 할 수 있지만 오랫동안 지속할 수는 없다. 지속 가능한 속도를 유지해야 앞서 설명한 빠른 속도의 부작용을 줄일 수 있다.

애자일의 12가지 원칙 중에 지속 가능한 속도와 관련된 원칙이 있다.

> **"애자일 방법론은 지속할 수 있는 개발을 장려한다. 후원자, 개발자, 사용자는 일정한 속도를 계속 유지할 수 있어야 한다."**

지속할 수 있는 개발은 이해관계자와 프로젝트 팀원이 합의 가능한 속도를 찾을 때 가능하다. 너무 빠른 속도는 프로젝트 팀을 힘들게 하고, 너무 느린 속도는 이해관계자들이 허용하지 않는다. 일단 그 속도를 찾아 쌍방이 합의한다면 다음은 그 속도를 유지하면 된다. **속도를 유지하기 가장 좋은 방법은 속도를 유지할 수 있는 리듬을 반복하는 것이다.** 예를 들어, 매월 마지막 주에 다음 달에 릴리즈할 기능을 정의하고, 매월 첫 주에 그 달에 출시할 기능에 대한 개발계획을 수립하고, 매주 금요일 오후에 진행 현황을 리뷰하고, 매월 마지막 주에 그 달에 완료한 기능을 리뷰하는 식이다.

3장

제약 조건을 고려한 프로젝트 계획 수립

13 프로젝트 목표와 목표를 달성하는 수단은 어떻게 상호작용할까?

14 범위, 일정, 예산 중 무엇을 양보해야 할까?

15 달성 가능한 일정과 달성해야 하는 일정의 간극을 줄이는 방법은?

16 낙관적인 프로젝트 계획의 결과는?

프로젝트 계획 수립은 일정제약과 같이 변경할 수 없는 상수와 조직구성처럼 의사결정에 따라 변경 가능한 변수들의 상호작용을 분석한 후, 변수를 조정해 상수를 충족시키는 계획을 확정하는 활동이다. 상수는 프로젝트 관리자에게 주어지는 제약 조건이 되며 변수는 상수를 지켜내기 위해 의사결정을 내리는 항목이다. 이러한 활동을 통해 프로젝트 관리자는 달성해야 하는 일정과 달성 가능한 일정의 간극을 확인하고 줄여야 한다. 3장에서는 프로젝트 계획서를 구성하는 목표 항목과 수단 항목의 상호작용, 범위와 일정, 예산의 상충관계를 관리하는 방법, 달성 가능한 일정과 달성해야 하는 일정의 간극을 줄이는 방법을 살펴보겠다.

프로젝트 목표와 목표를 달성하는 수단은 어떻게 상호작용할까?

프로젝트 계획을 수립하고 통제할 때 고려할 항목은 많고 그 항목들은 서로에게 영향을 미친다. 범위가 증가할 때 일정, 품질, 예산에 영향을 주는 것이 대표적이다. 프로젝트 관리자가 관리해야 할 목표 항목과 수단 항목의 상호관계를 정의한 '프로젝트 수행 방정식'은 어떤 내용일까?

프로젝트 계획을 수립하기 위해서는 범위, 일정, 예산, 품질, 인력 등의 복합적인 상호작용 또는 상충관계를 이해해야 한다. 예를 들어 범위를 고정하고 일정을 단축하려면 인력을 추가 투입해야 하며 그 결과 예산이 증가하고, 인력이 늘어나면 품질관리가 어려워지는 식이다.

1 | 프로젝트의 목표 항목과 수단 항목

프로젝트의 목표는 범위, 일정, 예산, 품질이 대표적이다. 팀원관리, 이해관계자 관리, 위험관리, 파트너사 관리, 프로젝트 관리자의 리더십, 프로젝트 수행 방법론은 프로젝트 목표 달성을 위한 수단이다. 예를 들어 이해관계자들의 참여 수준을 높여 프로젝트 범위 변경의 가능성을 줄이는 것이다. 프로젝트 목표 항목과 수단 항목은 상수와 변수로 구분할 수 있다. 상수는 프로젝트 팀에서 통제할 수 없는 항목이다.

목표 항목 중 대표적인 상수는 제약 조건으로 주어지는 범위와 일정이고, 수단 항목 중 조직의 정책으로 결정하는 파트너사 관리정책, 협업도구, 보상정책도 프로젝트 팀 입장에서는 상수인 경우가 많다. 반면 이해관계자 참여 수준, 투입인력, 의사소통 주기와 방법은 대부분 프로젝트 팀에서 결정할 수 있는 변수다. 그림7과 같이 품질 기준과 프로젝트 방법론은 조직에 따라 변수가 되기도 하고 상수가 되기도 한다. 그림7의 상수와 변수는 예시이며 상황에 따라 달라질 수 있다.

프로젝트 관리는 수단 항목을 활용해 목표 항목을 달성하는 활동이다. 따라서 목표 항목과 수단 항목들의 상호작용을 종합적으로 이해해야 성공 가능성이 높은 프로젝트 계획을 수립할 수 있다.

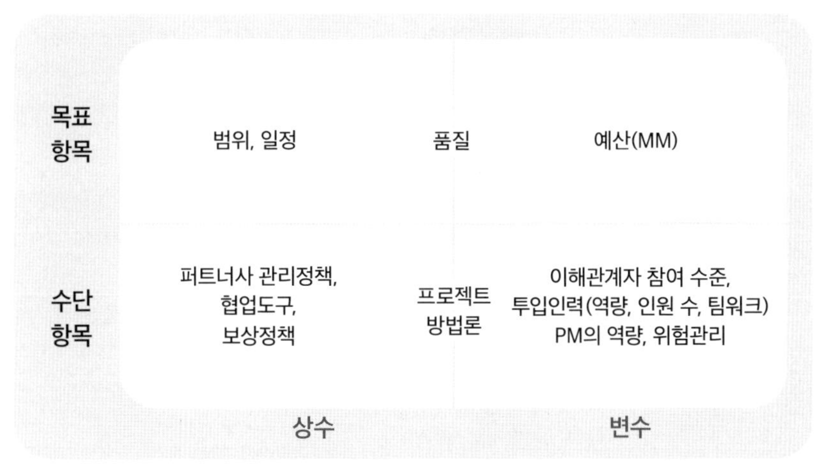

그림 7 프로젝트 목표 항목과 수단 항목 구분 예시

프로젝트 계획 수립이 N개의 변수 중 N-1개의 값을 정한 뒤 나머지 1개 변수의 값을 찾아내는 방정식을 푸는 상황이라면 축복이다. 예를 들어 "○○ 팀원들이, ○○ 방법론으로, ○○ 요구 사항을, ○○ 수준의 품질을 달성하고, ○○ 예산을 사용할 때 적정 프로젝트 기간은 얼마일까?"도 풀기 어려운 방정식이지만 주어진 조건에서 적정 프로젝트 기간만 추정하면 되기에 복잡도가 낮다. 그러나 대부분의 프로젝트 계획 수립은 제약 조건 하에서 여러가지 목표 항목을 최적화하는 활동이다. 이는 제약 조건 하에서 여러가지 목표를 최적화하는 국가의 정치, 경제, 사회적인 문제를 해결하는 것과 유사하다. 다만 문제의 복잡도가 다를 뿐이다. 예를 들어 국가의 정치 상황과 글로벌 경제 환경의 제약 조건 하에 경제 성장률 향상, 인플레이션 억제, 고용 창출, 소득 불균형 감소, 국가의 재정 건전성과 같은 여러가지 목표를 우선순위에 따라 최적화하는 경제 정책 수립도 프로젝트 계획을 수립하는 것과 본질적으로는 같은 의사결정이다.

항목	수학 방정식/최적화	프로젝트 수행 방정식/최적화
목적	방정식의 해를 찾거나 목표 함수를 최적화	프로젝트 수단 항목과 목표 항목을 수준을 최적화
목표의 다중성	달성할 목표 함수가 여러 개 있음	비용, 일정, 품질 등 다중 목표가 있고 목표간 상충관계가 존재함
제약 조건	등식 또는 부등식의 형태로 제약 조건 주어짐	예산 제한, 시간 제한, 자원 가용성, 품질 기준 등 (주로 부등식)
해결 방법	해석적 방법(예: 이차 방정식), 수치적 방법(시뮬레이션)	제약 조건 또는 우선순위의 중요도를 감안해 주관적으로 판단

표 3 수학의 방정식과 프로젝트의 수행방정식

프로젝트 계획을 수립하고 통제하는 활동은 수학에서 이야기하는 최적화 모델링과 상황은 같지만, 문제를 해결할 수 있는 모델이 없거나 모델링을 위한 정보가 부족할 뿐이다. 수학적 관점에서의 최적화와 프로젝트 관리의 최적화를 비교하면 표3과 같다.

프로젝트 계획 수립이 복잡하지 않고 쉽게 느껴진다면 금수저 프로젝트를 수행하거나 복잡한 문제를 단순하게 생각하기 때문이다. 현실에서 프로젝트 계획 수립은 모든 것이 상수와 제약 조건으로 보이고 프로젝트 관리자의 재량권이 없는 경우가 많다. 이런 상황에서 이해관계자들에게 목표 항목 중 무엇을 선택하고 무엇을 희생할지 또는 목표 항목을 달성하기 위해서는 수단 항목을 어떻게 조합해야 할지를 설명하기 위해서는 수단 항목과 목표 항목의 상호관계를 이해해야 한다.

이러한 상호관계를 개략적으로 이해하기는 쉬워도 프로젝트 계획을 최적화할 정도로 이해하기는 힘들다. 그 이유는 다음과 같다.

1 모든 목표의 우선순위가 비슷하다.

프로젝트의 목표는 모두 중요하다. 간혹 예산에 대한 우선순위가 낮을 수는 있지만 품질, 요구 사항, 일정에 대한 우선순위는 착수 시점에서는 모두 중요하다. 극단적인 상황에 직면할 때 그 중 한두 가지를 희생하는 결정을 할 뿐이다.

2 목표 항목 간에 상충되는 영향력을 파악하기 힘들다.

프로젝트 관리의 변수들은 정비례, 반비례 정도를 파악할 수 있지만 정량적인 분석이 힘들다. 예들 들어 프로젝트 기간을 2개월 줄이려면 예산 또는 요구 사항을 어떻게 조정해야 할지, 어떤 팀원들을 선택해야 할지 파악하기 힘들다.

3 수단 항목이 목표 항목에 미치는 영향력은 더욱 파악하기 힘들다.

팀원관리, 이해관계자 관리, 위험관리, 파트너사 관리, 프로젝트 관리자의 리더십, 프로젝트 수행 방법론과 같은 수단 항목이 프로젝트 목표 항목에 미치는 교과서적인 관계(예: 이해관계자 관리를 잘하면 프로젝트 목표를 달성할 가능성이 높다는 식)를 이야기할 수는 있어도 어떤 수단 항목을 어떻게 해야 어떤 목표 항목에 어떤 영향을 미칠지는 계량적으로 예측하기 힘들다.

계속해서 프로젝트 수행 방정식의 구성요소와 상호작용, 계획 수립 과정의 프로젝트 수행 방정식, 프로젝트 진행 과정의 프로젝트 수행 방정식에 대해 설명하겠다. 필자의 이야기가 독자들이 수행하는 실전 프로젝트에서 큰 도움이 안 될 수도 있지만 독자들의 고유한 프로젝트 수행 방정식은 어떨지 생각하고 발전시켜 나가는 계기가 되길 바란다.

2 | 프로젝트 수행 방정식의 구성요소와 상호작용

프로젝트를 관리할 때 고려해야 할 수단 항목과 목표 항목의 상호작용 예는 그림8과 같다. 수단 항목과 목표 항목은 프로젝트 상황에 따라 달라지고, 상호작용은 주로 인과관계를 의미한다. 인과관계의 강도는 조직, 프로젝트 팀, 프로젝트 관리자에 따라 달라진다.

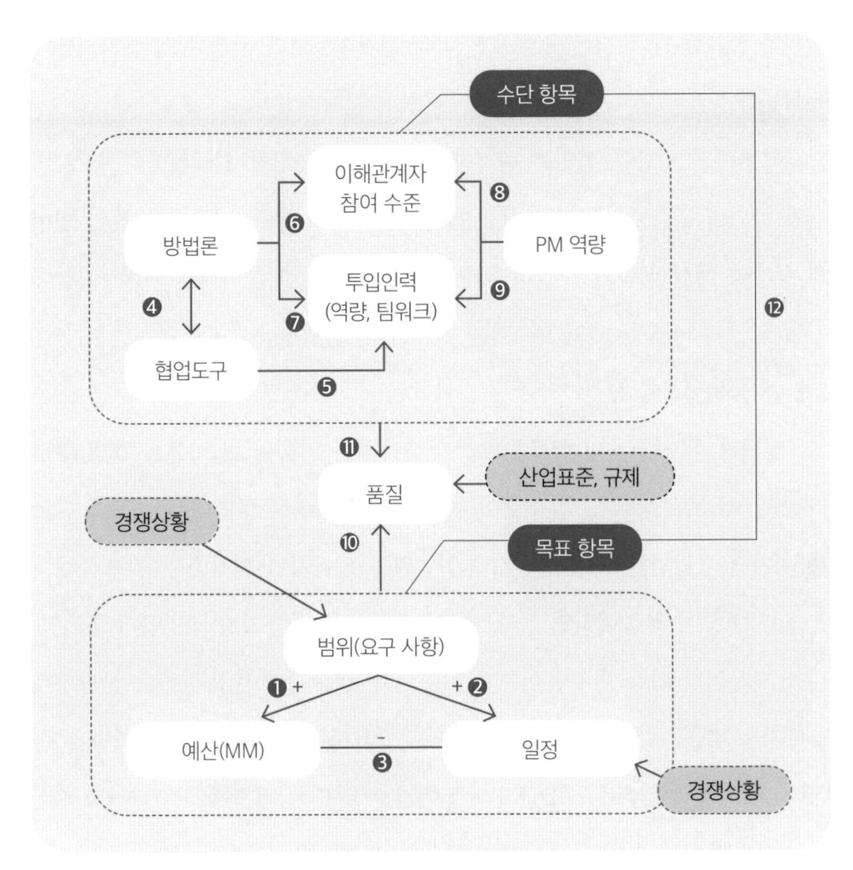

그림 8 수단 항목과 목표 항목의 상호작용 예

수단 항목과 목표 항목의 상호작용에 대해 유의할 사항은 그림8과 같다.

❶ 범위와 예산 ❷ 범위와 일정

범위는 주로 상수로 주어지지만 변경 가능성이 높기 때문에 프로젝트 수행 방정식을 이해하는데 중요하다. 범위가 증가할 때 예산MM이 증가하는 것은 직관적이다. 그러나 유의할 것은 범위가 변동할 때 일정의 변동여부다. 범위가 증가할 때 일정이 늘어나면 범위 증가비율보다 예산MM 증가비율은 낮아지고,

범위가 증가할 때 일정이 줄어들면 범위 증가비율보다 예산MM의 증가비율이 높아진다.

대부분의 상황은 범위는 증가하지만 일정을 변경하지 않는다. 이때는 범위가 증가한 비율보다 예산MM의 증가비율이 높다. 즉 일정을 고정하면 **범위의 증가와 예산의 증가는 정비례의 관계가 아니다.** 예를 들어 동일한 기간에 기능 50개를 개발할 때와 100개를 개발할 때 범위는 2배 증가하지만 예산은 3배 증가하는 식이다.

범위가 증가하는 비율보다 예산이 증가하는 비율이 큰 이유는 개발 규모가 커질 때 프로젝트 낭비 위험이 증가하는 이유에서 설명했듯이 개발 규모가 커지면 투입인원이 많아지고, 투입인원이 많아지면 의사소통이 복잡해지고, 의사소통이 복잡해지면 의사소통의 오류가 발생할 가능성이 증가하고, 그 결과 재작업의 가능성이 높아지기 때문이다. 생산량이 많을수록 생산단가가 낮아지는 것을 '규모의 경제economy of scale'라 하는데, 소프트웨어 개발은 반대다. 많이 개발할수록 개발단가가 높아지는 '규모의 비경제diseconomy of scale'가 작용한다. 경영층이나 고객에게 규모의 비경제를 설득하는 것이 매우 중요한데, 이때 유용한 내용은 다음과 같다.

- **프레더릭 브룩스Frederick Brooks의 《맨먼스 미신The Mythical Man-Month》의 내용을 인용한다.**

독자들의 일방적인 주장보다 유명한 사람의 말을 인용하면 말하기도 편하고 주장하는 내용의 신빙성이 높아진다. 《맨먼스 미신》은 1975년 출간 이후 1982년 수정판, 1995년 확대판이 출간된 소프트웨어 공학 분야의 유명한 고전이다. 《맨먼스 미신》의 핵심 내용 중 하나가 지연된 프로젝트에 추가 인력을 투입할수록 프로젝트는 더 지연된다는 것으로, 이 이야기는 '브룩스의 법칙'으로도 알려져 있다. 경영층이나 고객에게 인용할만한 책의 문구는 다음과 같다.

> 일정이 공전되고 있다는 것을 깨달을 때, 뻔한 대응방법은 그저 인력을 더 많이 투입하는 것이다. 이는 마치 불에 기름을 붓듯이 상황을 더욱 그것도 아주 심하게 악화시킬 뿐이다. 기름이 많으면 불은 더욱 거세게 타오른다.

● 경영층이 알만한 사내 프로젝트 사례를 인용한다.

대부분의 조직에서는 대형 프로젝트 지연 시 일정 지연을 최소화하기 위해 인력을 추가 투입했지만 기대보다 일정을 단축하지 못했던 프로젝트가 있을 것이다. 그러한 사례를 다음과 같이 설명하면 효과적이다.

> "OO 전무님, 3년 전에 수행했던 OOO 프로젝트를 기억하십니까? 프로젝트 일정 지연을 막기 위해 추가 인력 15명을 투입했지만 12개월짜리 프로젝트를 17개월에 걸쳐 힘들게 끝냈습니다. 15명을 추가 투입할 때는 늦어도 14개월 안에는 끝낼 것으로 예상했습니다."

❸ 예산(MM)과 일정의 관계

범위를 고정하고 예산을 늘리면 일정을 단축할 수 있다. 이는 범위를 고정하고 일정을 늘리면 예산을 줄일 수 있다는 것과 같다. **범위를 고정하면 일정과 예산은 비선형적으로 반비례한다.** 범위가 증가할 때 예산이 제약 조건인 프로젝트는 일정을 늘려야 하고, 일정이 제약 조건인 프로젝트는 예산을 늘려야 한다. 범위가 증가할 때 일 지연을 최소화하기 위해서는 우수 인력을 최대한 많이 투입해야 한다.

따라서 총 MM를 유지하면서 기간을 단축해 달라는 요청에 대해선 유의해야 한다. 예를 들어 매월 10명이 10개월 100MM로 수행할 프로젝트를 13명이 8개월 104MM로 끝내 달라는 이해관계자의 요청에 대해서 일정과 예산이 선형적인 반비례 관계가 아니기 때문에 2개월을 단축한 8개월에 끝내기 위해서는 14명 이상의 인력을 투입해야 함을 논리적으로 설명해야 한다.

❹❺❼ 방법론과 협업도구, 투입인력(역량/팀워크)

방법론과 프로젝트 협업도구는 서로 궁합이 맞아야 긍정적인 성과를 창출할 수 있다. 예를 들어 폭포수 방법론의 일정관리를 위해서는 MS Project 또는 Primavera와 같은 도구가 적합하지만 애자일 방법론의 일정관리를 위해서는 Jira와 같은 도구가 적합하다.

방법론과 도구는 팀원이 익숙하고 선호하는 것을 사용하는 것이 좋다. 특히 대형 프로젝트에서 팀원들이 익숙하지 않은 방법론이나 도구를 사용하면 큰 대가를 치를 수 있다. **방법론과 도구는 수단이지 목적이 아니기 때문에 맹신도가 되지 않아야 한다.** 특정 방법론이나 도구를 적용해 생산성이나 품질을 높이고자 하는 프로젝트는 팀워크가 나빠져 목표를 달성하지 못할 가능성이 높다.

❻ 방법론과 이해관계자 참여 수준

이해관계자의 참여 수준을 높이기 위해서는 이해관계자들에게 작동하는 소프트웨어를 보여주면서 자주 협의하는 것이 중요하다. 애자일 방법론이 폭포수 방법론보다 이러한 취지에 부합한다. 그러나 애자일 방법론을 형식적으로 적용하거나 팀원의 역량이 낮다면 이해관계자의 참여를 악화시킬 수도 있다. 이해관계자와 자주 협의하면 문서 작업이 증가하기 때문에 형식적인 문서 작성을 최소화하는 것이 중요하다. 형식보다 내용을 중심으로 이해관계자와 소통하려면 이해관계자의 신뢰를 얻어야 하고 프로젝트 관리자도 자신감을 가져야 한다.

⑧ 프로젝트 관리자의 역량과 이해관계자 참여 수준

이해관계자들의 협조적인 관계를 유지하기 위해서는 신뢰를 얻어야 하기 때문에 프로젝트 관리자의 역량이 중요하다. 긍정적인 마인드로 적극적으로 참여하는 이해관계자가 두 명에서 세 명만 돼도 프로젝트 관리자에게는 큰 힘이 되고 반대도 마찬가지다. 이해관계자들의 긍정적인 참여를 유도하기 위해서는 이해관계자가 관심있는 분야의 진행 상황을 주기적으로 공유하고 주요 의사결정 전에 의논해야 한다.

⑨ 프로젝트 관리자의 역량과 투입인력의 역량과 팀워크

프로젝트 관리자는 팀원 간 의사소통, 문제 해결 능력, 팀원 간 협업과 상호 신뢰를 구축하는 데 직접적인 영향을 미친다. 실전에서 성과를 창출하는 팀워크는 프로젝트 상황에 따라 다르다. 규율을 중시하는 팀이 어중간한 협업보다 나을 수 있다.

⑩ 목표 항목(범위, 일정, 원가)과 품질의 관계

프로젝트 범위, 일정, 예산 목표 달성에 차질이 예상될 때 가장 먼저 받는 유혹은 품질 수준을 낮추는 것이다. 왜냐하면 범위, 일정, 예산은 눈에 잘 띄지만 품질은 눈에 안 띄게 숨기기 쉽기 때문이다. 업무분석, 화면설계, 코딩, 테스트 등의 완성도를 조금 낮추어 일정을 맞추는 것이 대표적이다. 그러나 그 정도가 심해지면 프로젝트 상황은 더욱 악화되기 때문에 일정 준수의 압박이 높은 프로젝트는 특히 작업 결과의 완성도에 유의해야 한다.

⓫ 수단 항목과 품질의 관계

목표 항목은 주로 품질에 나쁜 영향을 미치지만 수단 항목은 품질에 좋은 영향을 미치기도 하고 나쁜 영향을 미치기도 한다. 프로젝트 상황에 적합한 방법론과 도구의 사용은 품질에 좋은 영향을 미치고 팀원의 역량 미흡, 이해관계자의 참여 미흡은 품질에 나쁜 영향을 미친다. 프로젝트 착수 시점에는 품질 목표 달성을 위한 수단 항목을 정의하고, 프로젝트 진행시점에서는 목표 항목 달성을 위해 품질을 희생하지 않도록 관리해야 한다.

⓬ 이해관계자 참여 수준과 범위의 관계

프로젝트 요구 사항이 증가하거나 변경되는 이유는 이해관계자의 생각이 변했거나 처음부터 요구 사항을 잘못 정의했기 때문이다. 요구 사항이 변경됐을 때 대부분 그 원인을 판단하기 어렵다. 프로젝트 팀과 이해관계자는 각자의 입장을 대변할 뿐이다. 핵심 이해관계자의 프로젝트 참여도가 낮다면 프로젝트 후반부에 요구 사항 변경이 발생할 가능성이 높다.

3 | 계획 수립 과정의 프로젝트 수행 방정식

여러 가지 제약 조건 하에서 달성 가능한 계획을 수립하기 위해서는 목표 항목에 영향을 미치는 수단 항목을 최적화하고 목표 항목 간의 상충관계를 조정해야 한다. 프로젝트 계획 수립 시 유의할 내용은 다음과 같다.

1 범위, 일정, 예산 중 하나를 변수로 만든다.

프로젝트 관리자에게 세 가지 모두 상수로 주어지는 경우가 있다. 예를 들어 '상품 요구 사항 100개를 6개월 내에 5명이 개발해 주세요'라는 식이다. 그런 경우는 프로젝트 수행 방정식의 정답을 찾기 힘들다. 정답을 찾기 위해서는 세 가지 목표 항목 중 한 가지를 변수로 바꿔야 한다. 프로젝트 관리자는 세 가지 중에서 중요한 것 두 가지만 선택하라고 고객이나 경영층에 요청해야 한다.

2 팀원이 많아질수록 생산성이 낮아진다.

앞서 설명한대로 요구 사항 수와 투입 MM를 선형적인 반비례 관계로 생각하면 안 된다. 1명이 100개의 요구 사항을 개발하는 기간을 50개월이라고 할 때 50명을 투입한다고 1개월 만에 100개의 요구 사항을 개발할 수 있는 것은 아니다. 팀원이 많아질수록 내용을 정확하게 이해하기 위한 미팅도 많아지고 작성해야 할 문서도 증가한다. 따라서 일정의 중요도가 낮은 업무는 예산을 절감하고 기간을 늘리는 계획이 바람직하다. 다만 프로젝트 기간이 길어질수록 요구 사항의 변경 가능성이 높아지는 것은 유의해야 한다.

3 프로젝트 위험을 식별해 계획에 반영한다.

위험은 '**프로젝트 목표에 부정적인 영향을 미치는 불확실한 사건이나 상황**'이다. 프로젝트 목표 항목에 영향을 미치는 것은 수단 항목이기 때문에 위험을 식별한다는 것은 수단 항목에 대한 가정이 틀릴 수 있는 상황을 예측하는 것과 동일하다. 예를 들어 이해관계자 참여가 미흡하고, 팀워크가 나빠지고, 프로세스나 기술적인 이슈가 발생하고, 생산성이 나빠질 상황 또는 조건을 분석하는 것이 위험을 식별하는 활동이다. 프로젝트 수단 항목의 가정에 대한 신뢰도가 낮을수록 프로젝트 위험 수준은 높아진다. 프로젝트 위험을 식별하면 위험의 발생 가능성과 프로젝트에 미치는 영향력을 고려한 대응 계획을 수립해야 한다. 위험 대응 계획을 수립하는 과정에서 수단 항목에 대한 정의를 변경하거나 목표 항목의 수준을 변경할 수 있다.

4 | 프로젝트 진행 과정의 프로젝트 수행 방정식

프로젝트 진행 과정에서는 프로젝트 목표 항목을 변경하지 않는 것이 바람직하다. 그러나 프로젝트 규모가 크고 프로젝트 기간이 길수록 프로젝트 목표 항목 중 범위(요구 사항)가 변경될 가능성이 높아진다. **프로젝트 범위가 증가했는데 일정이나 예산을 변경하지 않으려면 프로젝트 팀원이 증가한 범위를 감당해야 한다.** 팀원의 헌신으로 변경된 범위를 감당할 수 있다면 프로젝트 수행 방정식의 균형을 유지할 수 있다. 그러나 그것도 한계가 있다. 범위 변경의 규모가 커진다면 기간 연장과 예산 추가를 해야 한다. 프로젝트 진행 과정에서 프로젝트 수행 방정식의 변경을 최소화하기 위해 유의할 사항은 다음과 같다.

1 프로젝트 계획에 대해 팀원이 동의할수록 이슈에 대한 대응능력이 높아진다.

완벽한 프로젝트 계획은 존재하지 않는다. 프로젝트 진행 중에 발생하는 모든 일을 예측할 수 없기 때문이다. 예측하지 못했던 문제가 발생했을 때 팀원이 동의한 계획에 대해선 목표를 준수하고자 노력하지만, 팀원이 동의하지 않은 계획에 대해선 목표준수의 의지가 낮다. 계획에 대한 동의란 목표에 대한 동의뿐만 아니라 과정에 대한 동의도 포함한다. 계획 수립 과정에서 팀원들의 의견을 충분히 수렴할수록 프로젝트 이슈에 대한 팀원들의 대응능력이 높아진다. 프로젝트 계획을 수립할 때 팀원 의견수렴이 미흡하고 공감대가 부족하면 이슈가 발생했을 때 팀원들은 '거봐 처음부터 무리한 계획이었어. 언젠가는 터질 문제였어'라고 생각한다. 반면 프로젝트 계획에 대한 의견수렴과 공감대가 충분하면 이슈가 발생했을 때 '상황이 어렵게 됐네. 그래도 내가 합의한 계획이니 최대한 노력해 보자'라는 마음이 생길 수 있다.

2 범위를 줄이거나 프로젝트 결과를 두 번으로 나눠 릴리즈해도 일정을 지연하지 않는 것이 좋다.

프로젝트 일정은 상징성이 강하다. 범위나 품질은 숫자로 이야기하기 힘들고 프로젝트 예산은 이해관계자들이 관심 없다. 따라서 프로젝트 성공과 실패를 판단하는 가장 손쉬운 기준이 '일정'이 된다. 프로젝트 팀이 약속한 일정을 연기하면 프로젝트 팀의 사기는 떨어지고 이해관계자의 신뢰가 나빠진다. 프로젝트 일정 준수가 중요할 때는 일정을 준수하기 위해 프로젝트 팀원은 노력하고, 이해관계자는 양보한다. 그러나 마지노선과 같았던 일정이 무너지면 팀원들의 집중력은 낮아지고, 이해관계자의 불만도 높아져 그동안 양보했던 것들을 다시 협상 테이블에 올린다.

일정이 지연될 상황에서 가장 바람직한 것은 프로젝트 범위를 줄이는 것이다. 요구 사항의 우선순위를 잘 관리하고 있었다면 일정 내에 가장 높은 가치를 제공하는 요구 사항들을 결정할 수 있다. 만일 범위를 줄이는 것이 힘들다면 두 번으로 나눠 릴리즈하는 것도 좋다. 프로젝트 완료일에 전체 범위가 아닌 일부라도 릴리즈하는 것이 상징성이 있기 때문이다. 약속한 일자에 아무것도 릴리즈하지 않는 것보다는 일부라도 릴리즈하는 것이 바람직하다.

3 문제를 해결하는 것은 수단 항목이다.

프로젝트는 동적인 시스템이기 때문에 프로젝트 수행 도중 수단 항목과 목표 항목이 지속적으로 변한다. 따라서 수단 항목과 목표 항목과의 관계를 종합적으로 모니터링해야 한다. 결과에 해당하는 목표 항목만 모니터링하는 경우가 많은데 그것은 다이어트나 운동은 관심을 두지 않고 몸무게만 모니터링하는 것과 동일하다. 어떤 음식을 먹는지, 어떤 운동을 어떻게 하는지를 모니터링해야 해야 한다.

특히 이해관계자의 참여 수준, 팀워크, 작업 완료 기준, 개인의 동기부여, 프로세스나 도구적용의 낭비요인 등을 주의 깊게 관찰해야 한다. 결국 일은 사람이 하는 것이기 때문에 이해관계자와 프로젝트 팀 관리가 가장 중요하다. 프로젝트 관리자는 발품을 아끼지 말고 이해관계자와 팀원 대상으로 대면소통을 강화해야 한다.

지금까지 '프로젝트 수행 방정식'이라는 낯선 용어를 설명했다. 필자는 이 용어를 기체의 온도, 압력, 부피, 기체 수를 방정식으로 표현한 '이상기체 상태방정식(PV=nRT)'에서 힌트를 얻었다. 성공적인 삶의 방정식이 개인마다 고유하듯이 프로젝트 관리자를 위한 프로젝트 성공방정식도 자기에게 맞는 것이 있을 것이다. 프로젝트 관리이론을 물리나 화학의 법칙처럼 수식으로 정리할 수는 없지만 항목 간의 인과관계와 영향력의 크고 작고를 이해한다면 복잡하고 역동적인 프로젝트를 체계적으로 이해하고 관리하는 데 도움이 될 것이다.

범위, 일정, 예산 중 무엇을 양보해야 할까?

이해관계자들은 프로젝트 관리자에게 보다 싸게, 보다 빨리, 보다 많은 것을 개발할 것을 요청한다. 이러한 상황이 힘겨운 협상의 과정으로 이어지는 이유는 적정 가격, 적정 기간에 대한 객관적인 기준이 없기 때문이다. '더 싸게, 더 빨리, 더 많이'의 요청에 대해 어떻게 대응해야 할까?

제품이나 서비스를 개발한 이후에 소비자에게 판매하는 상품은 결정할 것이 가격밖에 없고 그나마 정찰제로 운영하기 때문에 협상이 개입될 여지가 거의 없다. 반면 계약한 이후에 인도물을 납품하는 SI 프로젝트는 범위, 일정, 계약 금액을 협상을 통해 결정한다. 프로젝트 범위가 불확실할 때 프로젝트 팀과 이해관계자의 생각이 다르다면 프로젝트 팀은 협상에서 약자의 위치에 서기 쉽다. 이런 현상은 SI 프로젝트뿐만 아니라 조직 내부 프로젝트에서도 마찬가지다. 범위, 일정, 예산의 협상이 어려운 이유는 다음과 같다.

1 적정 투입공수에 대해 쌍방의 생각이 다르다.

이해관계자는 요구 사항이 간단하다고 생각하고 프로젝트 팀은 요구 사항이 복잡하다고 생각한다. 이해관계자는 요구 사항 구현을 위한 작업이 간단하다고 생각하지만 프로젝트 팀은 요구 사항 구현을 위해 많은 작업을 해야 한다고 생각한다. 그 결과 적정 투입공수에 대해 쌍방의 생각이 다를 수밖에 없다. 그러나 투입공수에 대한 진실은 프로젝트를 완료한 뒤에도 알 수 없다. 요구사항 변경에 대한 귀책도 확실하지 않고 적정 생산성에 대한 생각도 다르기 때문이다.

2 프로젝트 팀이 약자의 입장에서 협상한다.

공급자가 가격을 결정하는 소프트웨어 상품은 고객이 '살까, 말까'를 결정하지만, SI 프로젝트는 고객과 공급자가 '얼마에, 언제'를 협상한다. 프로젝트 팀이 '얼마에, 언제'를 객관적이고 논리적으로 입증하기 힘든 상황에서 협상의 약자가 되면 곤혹스러운 상황에 빠진다. 가용한 예산은 제한돼 있고, 프로젝트 결과물이 필요한 시점은 정해져 있다고 이야기하는 고객을 설득하기 힘들다.

프로젝트 팀이 직면하는 협상의 상황은 세 가지로 구분할 수 있다.

- '더 싸게'에 대한 대응
- '더 빨리'에 대한 대응
- '더 싸고, 더 빨리'에 대한 대응

고객과 일정과 가격에 대한 협의를 할 때 무조건 '안된다' '힘들다'고 말해서는 고객 설득이 힘들다. 고객을 설득하기 위해서는 선택지를 제공해야 한다. 일정, 투입 MM, 범위, 품질, 개발 방법론, 투입인력을 종합적으로 고려해 **고객이 양보하지 못하는 제약 조건과 양보 가능한 변수를 찾아서 고객에게 약속할 수 있는 선택지를 제공해야 한다.** SI 프로젝트를 사례로 고객에게 제공 가능한 선택지를 개발할 때 고려할 사항은 다음과 같다.

1 | '더 싸게'에 대한 대응

소프트웨어 개발대가는 '직무별 투입 MM×MM 단가'로 계산할 수 있다. 직무별 MM 단가는 한국소프트웨어 산업협회에서 매년 공시하기 때문에 다툼이 있다면 그 기준을 따르면 된다. 문제는 직무별 투입 MM를 어떻게 결정할 것인가이다. 직무별 투입 MM를 결정하는 변수는 업무 규모와 생산성이다.

직무별 투입 MM = f(개발 규모, 개발 생산성)

고객은 MM 단가를 깎자고 할 명분이 없기 때문에 개발 규모를 부풀리지 말고 개발 생산성을 높여서 비용을 줄여 달라고 이야기한다. **프로젝트 팀은 고객에게 개발 규모를 정확하게 추정했고 적정 개발 생산성을 감안한 것이라는 것을 입증하기 힘들다.** 만일 프로젝트 팀이 정확하게 추정했고 숨김이 없다고 고객이 신뢰한다면 고객도 '더 싸게'를 주장하기 힘들 것이다. 프로젝트 팀이 고객과 업무를 같이 해본 경험이 있다면 신뢰를 얻을 수 있지만, 처음 만나는 고객에게는 신뢰를 제공하기 힘들다. 프로젝트 팀이 주어진 제약 조건 하에서 합리적으로 추정했다면 상대방이 그것을 인정하도록 노력해야 한다. 프로젝트 팀의 추정치를 고객이 신뢰한다면 적정 예산을 확보하거나 범위를 줄이는 행운을 만날 수 있다.

고객이 기간을 늘릴 수 있는 상황이고 시간에 따라 증가하는 비용(예: 사무실 임대료)이 없다면 예산 절감의 방안으로 투입인력을 줄이는 선택지를 만들 수 있다. 조직 내부 프로젝트에서는 이러한 선택지가 가능한 상황이 많다.

일단 MM를 확정하면 '더 싸게'는 계획이 아니라 실행의 영역으로 바뀐다.

'더 싸게'의 계획을 준수하기 위해 프로젝트 팀이 취할 수 있는 대안은 다음과 같다.

- 더 많이 일한다.
- 더 집중해서 일한다.
- 품질 수준을 문제가 되지 않을 정도로 조정한다.

팀원을 더 많이 일하게 하고, 프로젝트에 더 집중하게 만들기는 힘들다. 팀원이 가장 쉽게 대응할 수 있는 것은 품질 수준을 허용 가능한 최소한으로 낮추는 것이다. 건설에서 낮은 예산에 맞추기 위해 값싼 자재를 사용하는 것과 같다. 이러한 품질은 코딩만 해당되는 것이 아니다. 분석, UX, 개발, 테스트 모두 나름의 품질 기준이 있다. 따라서 부하가 큰 업무부터 품질 수준이 낮아지고 그 결과 다른 업무의 품질에도 영향을 미친다. 이러한 행위를 모서리 자르기corner cutting라고 한다. '모서리 자르기'는 '기술부채'라고도 한다. 부채가 커지면 이자를 감당하기 힘든 시점이 온다. 이자를 감당하기 힘들다는 것은 자른 모서리가 많아져서 사용자에게 숨기기 힘든 상황이 돼 재작업을 해야 한다는 것을 의미한다. 이런 상황이 되면 주어진 업무를 끝내기 위해서는 프로젝트 예산이 계획보다 훨씬 초과한다.

2 | '더 빨리'에 대한 대응

'더 빨리'는 '더 싸게'보다 해법이 복잡하다. 특정 업무를 끝내기 위한 최소한의 기간이 필요하기 때문에 예산으로 해결할 수 없는 상황도 있기 때문이다. 예산의 문제는 경영층의 의사결정으로 가능하지만 한계를 벗어난 일정 단축의 문제는 기술의 문제이기 때문에 의사결정으로 해결할 수 없다. **주어진 업무를 더 빨리 끝내는 가장 확실한 방법은 더 우수한 인력을 더 많이 투입하는 것이다.** 물론 우수한 인력을 투입해도 일정 단축에는 한계가 있다.

만일 프로젝트에 투입 가능한 우수 인력들이 있다면 '더 빨리'는 예산문제로 변한다. 우수 인력은 인건비가 비싼 고급 인력이기 때문이다. 남은 결정은 일정 단축을 위한 추가 비용이 얼마이고 누가 부담할 것인가다.

그러나 고객이 '더 빨리'를 요구할 때 추가되는 예산의 적정성을 입증하기 힘들다. 프로젝트를 수행하기 위한 인력투입 방법은 여러 가지가 있지만 같은 업무를 수행할 때 기간을 단축할수록 총 MM가 증가하는 원칙은 불변이다. 〈프로젝트 수행 방정식〉에서 설명했듯이 **기간을 단축하기 위해서는 팀원을 추가로 투입해야 하고, 팀원이 증가할수록 의사소통 비용과 재작업 비용이 증가한다.** 예를 들어 5명이 10개월 동안 끝낼 수 있는 업무를 10명이 수행하면 몇 개월이 걸릴까? 각자의 작업이 독립적인 벽돌 쌓기와 같은 일이라면 5개월에 끝낼 수도 있지만, 상호 협업을 해야 하는 일이라면 7개월, 8개월이 걸릴 수도 있다. 따라서 '더 빨리'를 요청하는 고객에게는 '더 빨리'를 위해 인력을 추가할 때의 위험과 예산증가를 논리적으로 설명해야 한다.

3 | '더 싸고' '더 빨리'에 대한 대응

범위를 고정할 때 '시간'과 '비용'의 조합은 그림9와 같이 기간을 줄일수록 비용(MM)이 증가하는 반비례 모양의 곡선이 될 것이다. 6개의 기능을 개발하는 시간과 비용의 조합은 10개의 기능을 개발할 때 보다(A~B) 왼쪽 아래로 이동한다(C~D).

이 그래프는 경제학의 무차별 곡선indifferent curve과 같다. 무차별 곡선이란 같은 효용을 제공하는 두 가지 상품의 소비 조합을 의미한다. 예시로 음식을 주문하는 상황을 들어보겠다. 그림9의 그래프에서 기간과 비용을 술과 안주로 대체하면 같은 효용을 제공하는 술과 안주의 다양한 조합의 그래프가 된다.

그림9의 그래프에서 동일한 업무를 할 때 A는 B보다 빠르지만 비용이 비싸다. 반대로 B는 A보다 느리지만 싸다. 그러나 업무 규모가 작은 C는 A보다 싸고 빠르다. 즉 A나 B는 같은 결과물을 얻기 위한 선택지가 되지만 C와 A는

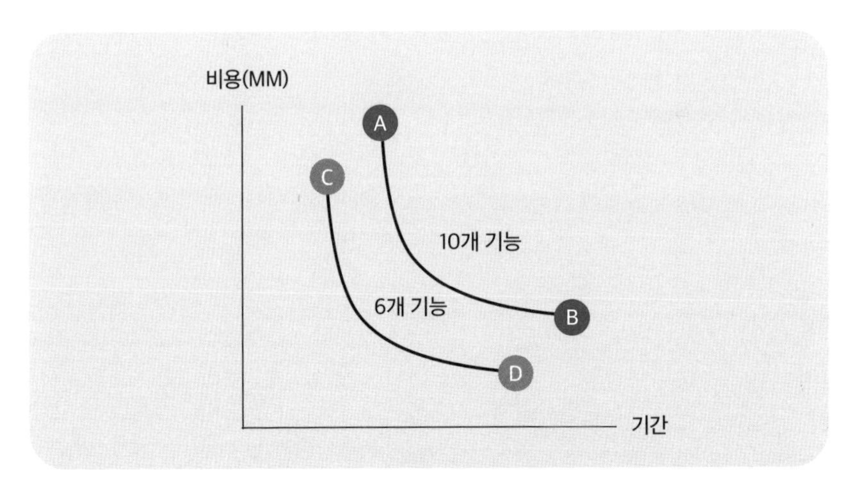

그림 9 동일한 기능 개발을 위한 비용과 기간의 조합

결과물이 다르기 때문에 비교가능한 선택지가 될 수 없다. 같은 돈으로 더 많은 술을 마시고 더 많은 안주를 먹을 수는 없다. 술을 더 먹기 위해서는 안주를 포기해야 한다. 술과 안주를 동시에 더 많이 먹으려면 더 많은 돈을 지불해야 한다. 이렇게 간단한 경제학 원리가 프로젝트 계획에도 적용돼야 한다.

업무 범위를 고정하면 '빠르고, 싸게' 중 하나를 선택해야 한다. 적정 가격보다 싸게 하려면 기간은 증가하지만 투입인력을 줄여 생산성을 높여야 하고, 적정 일정보다 빨리 끝내려면 비용을 추가해 우수 인력을 투입해야 한다. 주어진 범위에 대한 적정 가격 또는 적정 일정에 대한 고객 설득은 프로젝트 관리자의 몫이다. 그러한 설득을 논리적으로 할 수 없다면 프로젝트 계약협상이 시골의 5일 장터에서 물건 가격을 흥정하는 것과 다를 바 없다.

프로젝트 관리자는 고객에게 다음과 같이 말할 수 있어야 한다.

"범위, 일정, 예산 중 두 가지를 선택하시기 바랍니다. 나머지 한 가지는 프로젝트 성공을 위해 제가 고민하고 답변 드리겠습니다."

달성 가능한 일정과 달성해야 하는 일정의 간극을 줄이는 방법은?

이해관계자들이 요청하는 달성해야 하는 일정과 프로젝트 팀이 추정한 달성 가능한 일정 사이에는 간극이 존재하기 마련이고, 프로젝트 계획 수립은 이 간극을 줄이는 방법을 찾는 과정이다. 달성 가능한 일정과 달성해야 하는 일정의 간극을 어떻게 줄일 수 있을까?

'달성 가능한 일정'은 작업을 수행할 팀원들이 상향식bottom up으로 추정한 일정이고, '달성해야 하는 일정'은 팀원의 의견과 상관없이 경영층이나 고객이 하향식top down으로 지정한 일정이다. 프로젝트 성공은 객관적인 성과와 상관없이 프로젝트 계획의 달성 여부로 평가하기 때문에 이해관계자 또는 고객에게 프로젝트 계획을 승인받는 과정은 치열하다. 프로젝트 관리자는 프로젝트 팀을 목표 미달의 부담으로부터 보호하기 위해 작은 업무를, 긴 기간, 많은 예산으로 수행하고자 한다. 반면 프로젝트를 승인하는 사람은 반대로 노력해야 달성할 수 있는 목표를 제시하기 때문에 달성해야 하는 일정과 달성할 수 있는 일정의 간극이 발생한다. 달성 가능한 일정과 달성해야 하는 일정의 간극을 줄이는 방안은 다음과 같다.

1 프로젝트 제약 조건(상수)과 의사결정 항목(변수)의 상호관계를 조정한다.

프로젝트 관리자는 의사결정 가능한 변수를 활용해 제약 조건인 상수를 충족시키는 계획을 수립해야 한다. 예를 들어 범위, 일정, 품질이 상수라면 나머지 변수들을 조정해 범위, 일정, 품질 목표를 달성 가능한 계획을 수립해야 한다. 프로젝트 관리자가 상수로 파악한 내용이 실제로는 변수가 될 수 있다. 변수가 될 수 있는 상수는 경영층과 협의하면 변수로 전환할 수 있기 때문에 프로젝트 팀에 부담이 되는 상수를 변수로 전환하는 방안도 고려한다. 예를 들어 특정 이해관계자가 요청하는 요구 사항은 고위 경영층에게 잘 설명하면 프로젝트 범위에서 제외하거나 축소할 수 있다.

2 팀원들이 동의하는 계획을 수립한다.

프로젝트 팀 외부의 경영층은 프로젝트 팀원들이 프로젝트 목표 달성을 위해 헌신할 것을 기대한다. 그러나 프로젝트 팀원은 직장인으로서의 의무는 다하겠지만 흔히 말하는 영혼을 갈아 넣어 가며 일을 하지는 않는다. 프로젝트 팀원들이 영혼을 갈아 넣는 경우는 열심히 하지 않으면 회사를 다닐 수 없는 상황이거나 또는 외부의 보상이 있을 경우 또는 내적 동기부여가 있을 때에만 예외적으로 가능하다. 그렇지 않다면 경영층은 달성하기 힘든 일정에 대해 **'여러 가지 어려움이 있음에도 불구하고'** 목표를 달성하길 원하지만, 프로젝트 팀원들은 달성해야 하는 일정에 대해 **'무리한 일정 목표를 설정했기 때문에'** 목표 달성에 실패할 것이라고 생각하면서 프로젝트를 시작한다.

프로젝트 계획의 실행은 팀원들이 하기 때문에 팀원들이 프로젝트 계획에 자발적으로 동의할수록 프로젝트 계획의 달성 가능성은 높아진다. 프로젝트 팀원들의 자발적인 동의를 얻기 힘들다고 달성해야 하는 프로젝트 계획을 일방적으로 지시해서는 안 된다. 달성하기 힘든 프로젝트 계획으로 시작할 수 밖에 없는 이유에 대해 팀원들과 충분히 공감하기 위해서는 프로젝트 계획에 대해 팀원들이 자유롭게 문제를 토의하게 해야 한다.

어차피 바뀔 계획도 아닌데 토의하는 것을 시간낭비라고 생각해서는 안 된다. 불만을 팀원들의 마음속에 묻어두는 것과 공식화하는 것은 다르다. 불만을 불만으로 끝내서도 안 된다. 프로젝트가 처한 상황을 최대한 자세하게 설명한 뒤 문제를 조금이라도 개선할 수 있는 방안을 찾아야 한다. 프로젝트 계획의 달성은 계획뿐만 아니라 실행이 뒷받침돼야 한다. 달성 가능성이 높은 계획도 실행이 엉망이면 목표를 달성하지 못한다. 반대로 달성 가능성이 낮은 계획도 프로젝트 팀원의 헌신이 있으면 목표를 달성할 수도 있다.

3 이해관계자를 설득할 수 있는 논리를 준비한다.

프로젝트 관리자는 이해관계자가 요구하는 '달성해야 하는 계획'과 프로젝트 팀원들이 '달성할 수 있는 계획'의 갭을 논리적으로 설명할 수 있어야 한다. 논리적인 설득력이 부족하면 프로젝트를 시작하기 전에 프로젝트 팀이 자기 욕심부터 채운다는 오해를 받기 쉽다. 달성해야 하는 일정은 프로젝트 팀이 통제할 수 없는 제약 조건이기 때문에 논리가 필요 없지만, 프로젝트 팀이 제시하는 달성 가능한 일정은 논리적인 근거가 있어야 한다. 달성해야 하는 일정은 CEO의 지시, 경쟁사의 상품 출시일, 신규 법규의 적용일 등과 같이 지켜야 하는 일정과 근거가 명확한 반면, 달성 가능한 일정의 근거는 미흡한 경우가 많다.

이해관계자를 설득하는 가장 좋은 근거는 유사 프로젝트의 성과다. 예를 들어 난이도와 규모가 유사한 프로젝트가 10개월의 기간 동안 5억의 예산으로 수행한 업무이니 우리는 노력해서 9개월 또는 4.5억으로 완료하겠다는 논리다. 이때 유사 프로젝트보다 이번 프로젝트가 더 힘든 상황인 점을 잘 설명하면 효과적이다. 비교할 프로젝트가 여의치 않다면 체계적인 과정을 거쳐 일정 계획을 수립했음을 설명할 수 있다. 예를 들어 프로젝트 업무를 상세하게 분할한 WBS를 기반으로 과거 유사 프로젝트의 생산성과 전문가들의 의견을 반영했음을 설명하는 것이다. 특히 팀원들의 역량을 감안할 때 약간 도전적인 생산성을 가정했음을 이해관계자가 공감하도록 해야 한다.

4 달성해야 하는 일정의 준수 가능성이 낮아도 수용해야 할 때도 있다.

목표 달성을 못하는 것은 용인해도 도전적인 목표수립을 주저하는 것은 용인하지 않는 조직도 있다. '불가능은 없다' 식의 문화 속에 성장한 경영층은 프로젝트 팀원들이 제시한 목표를 압박해 도전적인 목표를 수립하도록 하는 것이 본인들의 의무라고 생각할 수 있다. 이러한 경영층은 150%를 제시해야 120%를 달성할 수 있다고 생각한다.

그렇게 카리스마가 넘치는 경영층을 만났을 때는 할 수 있다고 이야기하지 않으면 조직 생활이 어렵기 때문에 무리한 일정을 수용할 수밖에 없다. 범위를 줄이거나 보다 많은 자원을 확보할 수 있다면 다행이지만 대개 그것도 여의치 않다. 그 결과는 여러분들이 상상하는 바와 같이 나쁜 소식을 보고해야 하는 상황으로 이어진다.

10x(달성 가능한 목표의 10배를 목표로 수립하기)와 같이 큰 목표를 설정해야 창의적인 사고를 할 수 있다고 이야기하지만 그건 혁신적이고 뛰어난 리더가 큰 행운을 만날 때 가능한 이야기다. **무리한 목표를 수립해 큰 대가를 치르고 실패한 프로젝트의 사례는 성공한 사례보다 더 많지만 공개적으로 이야기하는 사람이 없을 뿐이다.**

낙관적인 프로젝트 계획의 결과는?

낙관적인 프로젝트 관리자는 팀원들이 프로젝트에 헌신할 것이라고 가정하고 프로젝트 계획을 수립한다. 그러나 이러한 환상이 깨지기까지는 시간이 오래 걸리지 않는다. 낙관적인 계획의 결과는 어떤 모습일까?

헌신은 몸을 바친다는 것으로 희생의 의미도 있다. 프로젝트 팀원의 헌신이란 **팀원들이 프로젝트 목표 달성을 위해 업무에 몰입하고, 일정을 준수하기 위해 잔업도 기꺼이 수행하는 상태**를 의미한다. 프로젝트에 헌신하는 팀원들은 주어진 업무 목표를 달성하기 위해 **자발적으로** 노력한다. 운이 좋게 헌신하는 팀원들의 노력으로 힘든 프로젝트를 성공적으로 끝낼 수도 있다. 그러나 팀원의 헌신은 여러 가지 조건들이 충족될 때 가능하다. 프로젝트 관리자의 리더십, 프로젝트 업무의 가치, 경영층의 스폰서십, 팀워크, 보상 등이 뒷받침될 때 프로젝트에 헌신하는 팀원들이 많아진다. 그런 상태가 아닌데 프로젝트 계획 수립 시에 팀원의 헌신을 가정하면 안 된다. 그것은 가능성 낮은 행운에 의지해 프로젝트를 수행하려는 것과 같다.

프로젝트 관리자가 팀원의 헌신을 프로젝트 계획서에 반영하는 대부분의 이유는 도전적인 목표를 수용했기 때문이다. 기술적으로 어려운 업무를 단기간에 끝내야 하는 프로젝트는 팀원의 헌신 없이는 성공하기 힘들다. 힘든 프로젝트를 끝내야 한다는 부담감과 끝낼 수 있다는 프로젝트 관리자의 근거 없는 자신감 또는 착각이 합쳐져 팀원의 헌신을 프로젝트 계획서에 반영한다.

특히 프로젝트 관리자가 과거 도전적인 프로젝트를 성공시킨 경험이 있다면 본인의 역량을 과신해 팀원의 헌신을 반영한 프로젝트 계획을 수립하기 쉽다. 그러나 과거와 달리 프로젝트에 헌신하는 팀원들이 점점 줄어들고 있고 사회적으로 헌신을 요청할 분위기도 아니다.

높은 수준의 헌신을 이끌어내기 위해서는 프로젝트 관리자의 역량이 뛰어나고(주로 인간적인 매력이 있는 사람이다), 조직 내에서 중요한 프로젝트이고(예를 들어 신규 사업을 위한 프로젝트), 함께하는 팀원들을 신뢰할 수 있고, 본인에게 돌아오는 보상이 명확해야 한다. 보상에는 물질적인 보상뿐만 아니라 본인의 경력 향상에 도움이 되는 신기술 습득, 원하는 부서로의 이동도 포함된다. 물론 이러한 조건을 모두 갖춰도 힘든 프로젝트에 투입되기를 거부하는 사람도 많다.

프로젝트 관리자가 팀원들의 입장에서 생각해 볼 때 프로젝트가 헌신할 가치가 있다고 판단한다면 팀원들의 헌신을 프로젝트 계획서에 반영해도 좋다. 그러나 혹시 본인의 리더십으로 팀원들을 이끌 수 있다고 착각해 팀원의 헌신을 프로젝트 계획서에 반영하면 불행이 시작된다.

프로젝트 관리자의 할 수 있다는 낙관적인 생각 또는 착각으로 시작한 프로젝트는 '**무리한 계획 → 팀원의 사기 저하 → 낮은 생산성 → 프로젝트 지연 → 무리한 만회 계획 → 팀원의 사기 바닥 → 프로젝트 지연**'과 같은 악순환에 빠지기 쉽다. 이런 상황에서는 답이 없다. 이해관계자, 프로젝트 관리자, 팀원 모두 생존 방정식이 달라지기 때문이다. 각자도생이 시작되고 프로젝트는 오리무중에 빠진다. 지금까지 완성된 수준에서 품질만 보완해 프로젝트를 끝내는 것이 현실적이지만 그것도 여의치 않다. 물론 누군가는 책임을 져야 한다.

프로젝트 관리자는 합리적인 생산성에 기반한 프로젝트 계획을 수립하고 경영층에 요구해야 한다. 물론 그것이 어려운 상황도 있지만, **팀원의 헌신을 이끌어내는 것보다는 훨씬 쉽다.**

4장

추정의 불확실성 관리

17 추정과 약속의 차이는?

18 프로젝트 여유일정의 올바른 사용방법은?

19 과다 추정과 과소 추정, 어느 쪽이 더 위험할까?

20 계획을 잘 수립했을까? 실행을 잘했을까?

프로젝트 계획 수립이 어려운 이유는 추정이 어렵기 때문이다. 추정은 조직의 과거 데이터를 현재 프로젝트에 투영해 미래의 성과를 예측하는 활동이다. 그러나 과거 데이터도 부족하고 정확한 현재의 모습(팀원의 역량, 제약 조건 등)도 파악하기 힘들기 때문에 미래의 모습이 불확실할 수밖에 없다. 프로젝트 관리자는 불확실한 상황에서도 이해관계자에게 미래를 약속하고 약속을 지키기 위해 노력해야 한다. 4장에서는 추정과 약속의 차이, 과소 추정과 과다 추정의 문제점, 약속이 실행에 미치는 영향, 프로젝트 여유일정을 관리하는 방법을 살펴보겠다.

추정과 약속의 차이는?

이해관계자에게 일정을 약속하고 지키는 것은 프로젝트 관리자의 책임이다. 일정을 약속하기 전에 추정을 해야 하는데 추정의 신뢰도에 영향을 미치는 요인은 무엇이고, 무리한 약속을 압박 받는 상황에 어떻게 대응해야 할까?

프로젝트 계획서의 내용은 프로젝트를 수행하는 방법과 프로젝트 팀원이 달성할 목표로 구분할 수 있다. 프로젝트를 수행하는 방법은 형상관리, 테스트, 요구 사항 관리, 주간보고 방법 등을 포함하고, 프로젝트 목표는 프로젝트 팀이 달성해야 할 일정, 원가, 투입공수, 품질 등을 포함한다. 프로젝트를 수행하는 방법은 유사 프로젝트의 계획서를 참조해 쉽게 완성할 수 있지만, 프로젝트 목표를 확정하는 것은 쉽지 않다. 프로젝트 목표는 프로젝트 팀이 추정한 결과와 제약 조건과의 차이를 조정한 후에 약속으로 확정해야 한다. 추정estimating은 '달성 가능한 프로젝트 기간, 자원, 비용을 예측하는 활동'이고, 약속commitment은 '프로젝트 기간, 자원, 비용 목표를 달성하겠다는 자발적 의지'다.

정확도 높은 추정을 하기도 어렵지만 추정과 제약 조건의 차이를 조정해 약속으로 확정하는 것은 더 어렵다. 목표를 추정하고 약속할 때 다음에 유의해야 한다.

1 추정은 공학이고 약속은 의사결정이다.

추정은 과거 데이터를 기반으로 만든 추정모델을 활용해 값을 계산하는 활동이다. 추정은 왜 그러한 값을 도출했는지 설명할 수 있는 공학에 가까운 영역이며 개인의 의지가 개입돼서는 안 된다. 추정은 정답이 있다는 것을 가정하기 때문에 오차를 수반한다. 과거 데이터가 부족하고 신뢰성이 낮을수록, 추정모델이 부정확할수록 추정의 오차는 커진다.

프로젝트 관리자는 '추정'과 '약속'을 명확하게 구분해야 한다. 추정은 불확실성을 감안해야 하기 때문에 구간으로 분석하지만, 약속을 하기 위해서는 하나의 값을 정해야 한다. 추정은 엔지니어링 영역에 가깝고 팀원의 의지를 반영하지 않지만, 약속은 팀원의 의지를 반영한 의사결정의 영역이다.

주어진 업무를 완료하는 데 몇 개월이 걸릴지 예측하는 것은 논리적인 판단이지만, 주어진 업무를 6개월 내에 완료하겠다고 약속하는 것은 주관적인 의사결정 사항이다. 예를 들어 식당에서 음식을 판매할 때 원가는 인건비, 구매비, 임대비 등에 근거해 계산해야 하는 추정의 대상이지만 판매가격은 여러 가지 상황을 고려한 의사결정의 사항이다. 원가 이하로 상품을 판매하는 상황은 추정한 일정보다 짧은 납기를 약속하는 것에 비유할 수 있다.

추정이 틀리면 오차라고 하지만 약속이 틀리면 약속을 어겼다고 한다. 그만큼 추정보다 약속이 무겁고 부담된다. 추정의 과정이 부실하면 약속의 신뢰도가 낮아진다. 추정에 근거해 약속하고 약속을 이행하기 위한 계획을 수립해야 한다(그림10).

2 추정 없이 목표를 약속해서는 안 된다.

프로젝트 일정이나 예산 목표는 프로젝트 성공과 실패의 기준이 되기 때문에

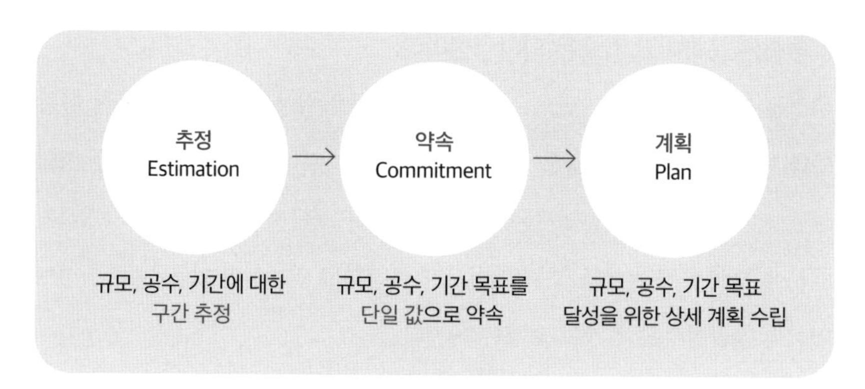

그림 10 추정, 약속, 계획의 차이

신중하게 약속해야 한다. SI 프로젝트에서는 일정과 예산을 사전에 분석한 후에 계약서로 약속하지만 내부 프로젝트는 기습적으로 일정이나 예산을 약속당하는 경우도 있다. 경영층이 회의석상에서 프로젝트 관리자에게 일정이나 예산을 기습적으로 물어보거나 강압적인 답변을 요구할 때 주눅들면 그런 상황이 주로 발생한다. 예를 들어 CEO가 다음과 같이 말하면 "못합니다." 라고 말하기 힘들다.

"OO PM 님이라면 이번 일을 6개월 내에 끝낼 수 있을 것이라 믿습니다. 그렇죠?"

프로젝트 관리자는 팀원들이 동의하지 않는 목표를 수용해서는 안 된다. 경영층 앞에서 약속할 때는 업무를 과소평가할 가능성이 높기 때문에 프로젝트 관리자의 머릿속에 떠오른 추정치를 말하는 순간 큰 사고를 치게 된다. 이때는 "내용을 검토한 후 빠른 시간 내에 보고 드리겠습니다."라고 말해야 한다.

프로젝트 관리자가 어떤 숫자를 이야기하는 순간, 본인의 의도와 상관없이 그 숫자는 독자적인 생명을 가지고 여러 사람들에게 확산될 수 있다. **프로젝트 관리자가 숫자를 이야기할 때의 맥락과 가정은 잊히고, 숫자만 공식화돼 여러 문서와 사람들의 입에서 돌아다니게 된다.** 상황이 급하더라도 팀원들과 함께 추가적인 정보를 확보하고 분석한 추정치를 보고해야 한다. 정보가 불확실한 상황에서는 프로젝트 팀에서 여러가지 가정에 근거한 추정을 할 수 있다. 이러한 상황에서는 프로젝트 팀에서 정의한 가정과 가정이 변경되면 추정치를 수정할 수 있다는 점을 명확하게 문서화해야 한다.

3 추정은 복잡하고 어려운 과정이다.

주어진 정보를 활용해 시간이 허용하는 범위 내에서 일정이나 예산을 추정하기 위해서는 다음 질문에 대한 답변을 고민해야 한다. 추정 초기에는 제약 조건을 고려하지 않고 주어진 자원으로 주어진 업무를 완료할 수 있는 일정을 추정해야 한다.

- 요구 사항의 규모는 어떤 단위로 어떻게 계산할 것인가?
- 요구 사항을 구현하기 위해 어떤 작업을 어떤 순서로 수행할 것인가?
- 각 작업의 수행 기간은 어떻게 계산할 것인가(각 작업을 수행할 자원의 생산성을 어떻게 계산할 것인가와 같은 질문이다)?
- 각 작업의 착수일과 종료일은 어떻게 결정할 것인가?

위의 네 가지 항목 중 요구 사항의 규모와 프로젝트 팀원들의 생산성을 추정하는 것이 특히 어렵다. 요구 사항 규모를 추정하기 힘든 이유는 요구 사항을 명확하게 정의하기 힘들고, 정의한 요구 사항을 소통하는 과정에서 오류가 발생하고, 정의한 요구 사항이 변하기 때문이다. 팀원이 확정되지 않거나 같이 일을 해보지 않은 팀원이 많을 때는 팀원 생산성을 추정하기 힘들다. 추정의 신뢰도에 영향을 미치는 요인들은 그림11과 같다.

요구 사항의 규모와 작업의 규모는 다르다. 요구 사항의 규모는 스토리포인트나 기능점수function point로 추정하지만, 요구 사항을 구현하기 위한 작업

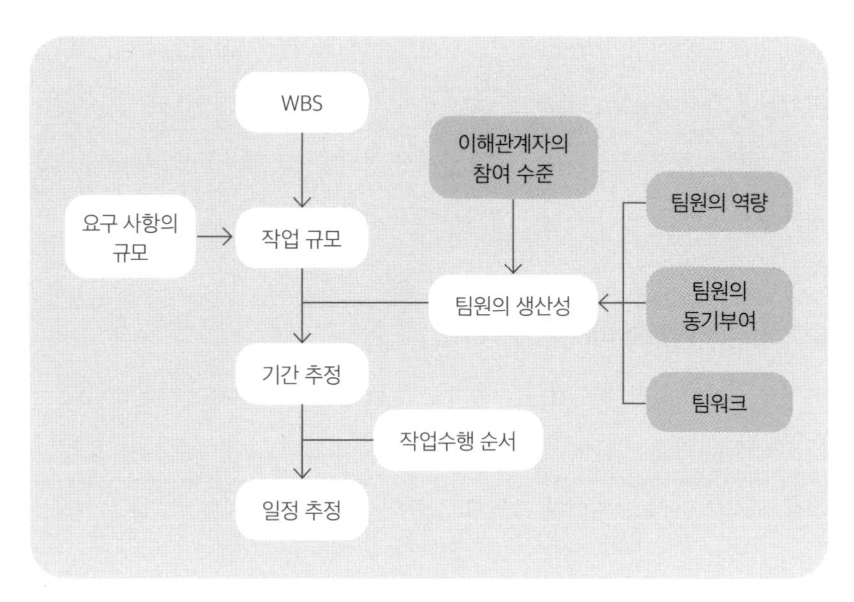

그림 11 추정의 신뢰도에 영향을 미치는 요인

(예: 화면설계, 코딩)은 기간(일, 주)으로 추정한다. 팀원의 생산성에 영향을 미치는 요인은 팀원의 역량, 동기부여, 팀워크, 이해관계자의 참여 수준이다.

상품개선과 같이 동일한 프로젝트 팀이 지속적으로 유사한 프로젝트를 수행할 때는 축적된 데이터가 많고, 업무에 대한 이해도가 높고, 프로젝트 수행 프로세스도 정착돼 추정의 신뢰도가 높다.

프로젝트 여유일정의 올바른 사용방법은?

대부분의 사람들은 자기를 보호하기 위해 자기도 모르게 여유일정을 포함한 과다 추정을 한다. 여유일정은 프로젝트 팀원뿐만 아니라 프로젝트 관리자도 필요하다. 여유일정은 이해관계자와 협상하는 과정에서 없어지기도 하고 살아남기도 한다. 여유일정을 파악하는 것이 가능할까? 어렵게 확보한 여유일정을 어떻게 관리하는 것이 좋을까?

프로젝트 여유(버퍼, buffer) 일정은 자동차의 범퍼나 에어백과 같이 원하지 않은 사건이나 상황이 발생했을 때 일정 지연의 충격을 완화하는 것이 목적이다. 그러나 프로젝트 관리자가 버퍼를 확보하기는 힘들다. 프로젝트 차원에서 사용할 버퍼를 팀원이 사용하는 경우가 많기 때문이다. 일반 주행에서 에어백이 터져서는 안 되는 것과 마찬가지로, 일정이 지연되지 않는 상황에서는 버퍼를 사용하면 안 된다. 프로젝트 관리에서 버퍼는 일정과 예산에 적용할 수 있지만, 이하에서 '버퍼'는 '여유일정'과 같은 의미로 사용했다.

누군가가 당신에게 "○○ 업무를 끝내는데 며칠 걸리나요?"라고 물어볼 때의 답은 과소 추정, 과다 추정, 일반 추정으로 구분할 수 있다. 과소 추정은 프로젝트를 위험에 빠뜨리고 과다 추정은 프로젝트 관리자가 사용할 버퍼를 팀원이 사용한다.

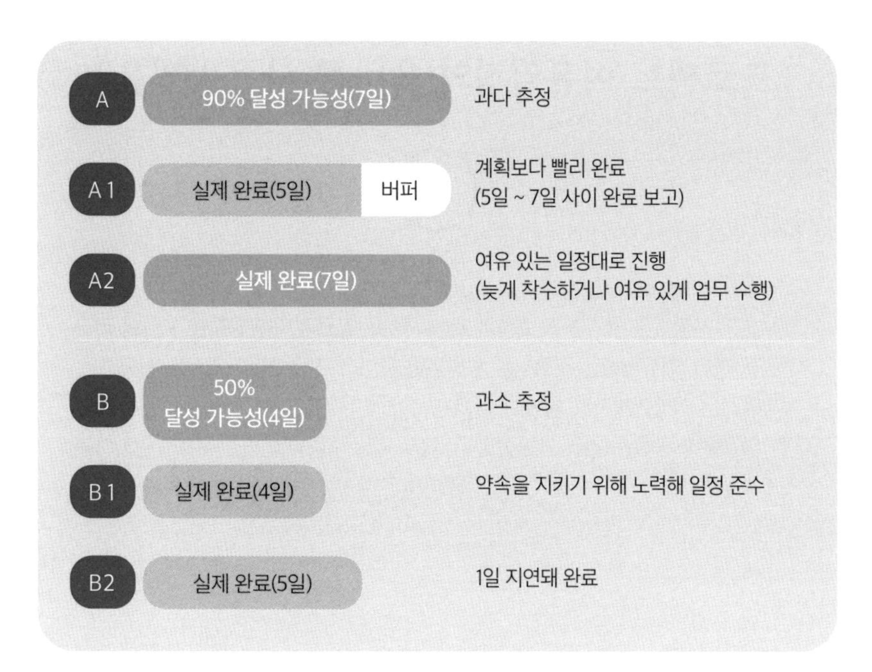

그림 12 추정의 신뢰도에 영향을 미치는 요인

과다 추정을 하면 추정치에 버퍼를 포함하게 된다. 그림12에서 A가 그 예다. 5일에 끝낼 수 있는 업무를 7일로 추정한 것은 2일의 버퍼를 반영한 것이다. 물론 추정치 7일에 대해 "5일이면 끝낼 수 있는데 혹시 몰라 2일의 여유를 추가했습니다."라고 말하지 않는다. 실제로 추정하는 사람의 논리도 적정 기간과 여유 기간으로 구분하지 않고, 무의식 속에서 추정에 대한 개인의 성향이 반영됐을 가능성이 높다.

과다 추정의 결과는 A1과 A2로 설명할 수 있다. A1은 적정 기간인 5일 만에 끝나는 경우다. 이때 업무를 완료한 5일 차에 완료한 작업을 공유할 수도 있고, 약속했던 7일 차에 공유할 수도 있다. 만일 7일 차에 공유하면 일찍 완료한 효과가 없어지게 된다. 많은 사람들이 업무가 일찍 끝나도 처음 약속한 일자에 완료한 결과를 공유하는데, 계획보다 빨리 끝난 결과물을 공유하면 본인이 추정한 일정이 틀렸다고 말하는 딜레마에 빠지기 때문이다.

과소 추정을 하면 버퍼를 포함하지 않는다. 그림12에서 B가 그 예다. 5일 정도에 끝낼 수 있는 업무를 4일 만에 완료할 수 있다고 의욕을 보이는 것이다. 필자의 경험으로는 과다 추정을 하는 사람이 과소 추정을 하는 사람보다 많다. 과소 추정의 결과는 B1과 B2로 설명할 수 있다. B1은 약속한 4일을 지키기 위해 노력해 4일 만에 끝나는 경우다. 잔업을 했을 수도 있고, 근무 시간에 더 집중했을 수도 있다. A2와 B1의 사례를 보면 작업 추정치가 업무를 수행하는 사람의 마음가짐에 영향을 미치는 것을 알 수 있다. B2는 4일 만에 완료하겠다고 약속했지만 5일 만에 끝나는 경우이다. 이때는 열심히 업무를 했지만 1일 지연됐다고 질책을 받을 수도 있다. 이는 과소 추정의 부작용이다.

프로젝트 관리에서 버퍼는 다루기 어렵고 민감한 주제다. 버퍼를 별도로 관리하지 않고 여러 액티비티에 나누면 필요할 때 활용되지 않고 눈 녹듯이 사라지기 때문에 프로젝트에 도움이 되지 않는다. 버퍼는 비상금과 같다. 비상금은 비상 상황에서 사용해야 힘들게 비상금을 만든 목적에 부합한다.

프로젝트를 시작할 때 고객이나 경영층은 프로젝트 팀의 계획에 숨겨진 버퍼가 있을 것이라고 의심하고, 프로젝트 팀은 버퍼 없이 최선을 다한 추정치라고 항변할 것이다. 그러나 일단 프로젝트를 시작하면 실제로 버퍼가 있었는지 없었는지 알기 어려울뿐 아니라 중요하지도 않다. 실행을 잘못해 확보한 버퍼를 의미 없이 소진하기도 하고, 버퍼가 없었지만 프로젝트 팀이 헌신해 프로젝트 일정을 당길 수도 있기 때문이다. 프로젝트 팀의 헌신으로 달성한 일정 단축을 두고 누군가 일정 계획에 버퍼가 있었다고 이야기한다면 프로젝트 팀은 기가 막힐 것이다. 같은 논리로 프로젝트 일정이 지연돼도 과소 추정이라고 주장하기 힘들다. 프로젝트 실행을 잘못할 수도 있기 때문이다.

버퍼를 잘 관리하면 프로젝트 팀에 도움이 되지만 잘못 관리하면 버퍼는 의미 없이 사라진다. 버퍼를 의미 있게 활용하기 위해서는 다음 네 가지를 이해해야 한다.

- 버퍼를 확보하는 이유
- 개인이 확보한 버퍼를 의미 없이 소진하는 이유
- 프로젝트 차원에서 버퍼를 확보하는 방법
- 버퍼를 활용한 일정관리 방안

1 | 버퍼를 확보하는 이유

버퍼를 확보하는 이유는 개인이나 프로젝트 팀을 보호하는 것이 주요 목적이지만 좀 더 상세하게 네 가지의 유형으로 구분할 수 있다.

1 약속을 지키지 못할 경우 피해가 크기 때문

프로젝트 일정이 지연될 때 프로젝트 관리자나 프로젝트 팀원들이 큰 피해를 본다면 약속을 지키지 못할 가능성을 줄이고자 할 것이다. 예를 들어 임원 승격을 앞둔 프로젝트 관리자가 새로운 프로젝트를 맡았다면 보다 많은 버퍼를 확보하기 위해 노력할 것이다.

2 고객이나 경영층이 도전적인 목표를 요청할 것을 알기 때문

고객이나 경영층이 프로젝트 팀의 추정치를 신뢰하지 않고 여유를 포함하고 있다고 생각하면 프로젝트 팀의 추정치에서 일정 비율(예: 10%, 20%)의 삭감을 요청할 것이다. 예를 들어 프로젝트 팀이 10개월이 걸린다고 했을 때, 2개월을 단축해서 8개월 내에 끝내라고 압박하는 식이다. 물론 이때 대부분 왜 2개월을 줄여야 하는지 논리적으로 설명하지 않는다. 조직의 상황이 좋지 않으니 도전적인 목표를 수립하자는 식이다.

이런 문화에 익숙한 프로젝트 관리자는 경영층의 일정 삭감요청을 감안해 추정한다. 이는 시골 장터에서 물건 값을 흥정하는 것과 다를 바 없다. 이런 상황에서 프로젝트 팀이 단축한 기간 내에 프로젝트를 완료한다면 경영층은 자기의 판단이 옳았다고 생각하고 프로젝트 팀을 더욱 불신할 수 있다. 그래서 다음에는 좀 더 도전적인 목표를 요청하겠다고 다짐할지도 모른다.

3 불확실한 상황에서 일정과 예산을 약속해야 하기 때문

프로젝트에 대한 정보가 부족하거나 추정을 위한 시간이 충분하지 않은 상태에서 프로젝트 일정을 약속해야 한다면, 구간으로 일정을 추정한 뒤 여유 일정을 포함한 높은 값을 이야기한다. 예를 들어, 구간 추정으로 프로젝트 일정을 10개월에서 14개월로 도출했다면 14개월로 이야기하는 것이다.

4 여유가 없으면 불안해지는 개인의 성향 때문

마지막 이유는 개인적인 성향 때문이다. 업무에 대해 보수적인 사람은 아무래도 버퍼를 많이 확보하고자 할 것이다. 특히 프로젝트 관리자나 업무 리더가 이런 성향을 가지고 있다면, 프로젝트 전체에 버퍼를 반영하고자 할 것이다.

만일 고객이나 경영층을 잘 설득해 버퍼를 포함한 계획을 승인받으면 다행이다. 그러나 이런 성향의 사람들은 주변 사람들이 쉽게 파악하기 때문에 본인이 원하는 만큼의 버퍼를 확보하기 힘든 경우가 많다. 뿐만 아니라 그런 일이 지속되면 본인의 평판이 나빠질 수도 있다.

2 | 개인이 확보한 버퍼를 의미 없이 소진하는 이유(파킨슨의 법칙)

개인이 개별 작업에 숨겨둔 버퍼는 '모든 작업은 주어진 시간을 최대한 채운다'는 파킨슨의 법칙에 따라 의미 없이 사라지기 쉽다. 파킨슨의 법칙은 주어진 부피에 맞게 기체가 팽창하는 것에 비유할 수 있다. 부피가 커지면 기체는 커진 부피에 맞게 팽창하지만 결국 밀도만 낮아질 뿐이다. 주어진 작업 시간

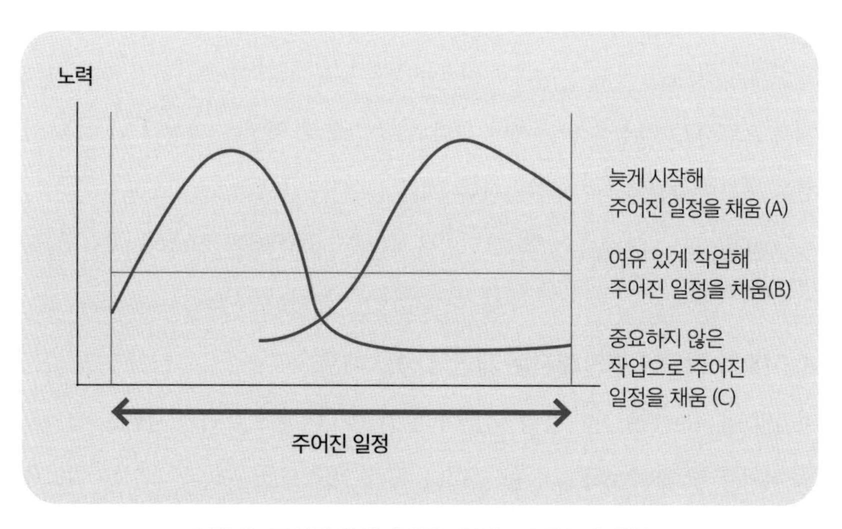

그림 13 주어진 작업시간을 채우는 파킨슨의 법칙

을 채우는 유형은 세 가지가 있다. 첫째는 그림13의 A와 같이 늦게 시작하는 것이다. 이런 현상은 학생들이 시험에 임박했을 때 집중적으로 공부하는 것에 비유해 '학생 증후군'이라고 한다.

둘째는 그림13의 B와 같이 주어진 기간에 여유 있게 작업을 수행하는 것이다. 만일 해당 기간에 개인이 하나의 작업만 하고 그 작업 시간이 여유 있다면, 하루 중 업무에 집중하는 시간이 줄어들 것이다.

셋째는 그림13의 C와 같이 중요하지 않은 작업을 하느라 기간을 채우는 것이다. 보고서 작업이 대표적이다. 보고서 작성 기간이 충분하면, 기본적인 내용을 거의 완성한 상태에서 문구를 다듬고, 발표에 사용되지 않을 별첨을 만들고, 디자인을 예쁘게 하느라 시간을 채우는 경우가 많다. 그러나 보고서 작성 기간이 2주 주어졌고 1주 동안 스토리를 거의 완성했으면, 그 상태에서 중간 보고를 해서 피드백을 받는 것이 훨씬 좋다. 외부 프레젠테이션이 아니라 내부 보고라면, 디자인이 예쁘지 않고 표현이 약간 거칠어도 큰 문제가 되지 않는다.

많은 사람들이 경영층에 보고할 때 보고서의 완성도를 최대한 높이기 위해 노력한다. 그러나 대부분의 경영층이 원하는 것은 보고서의 내용이지 디자인이 아니다. 물론 내용과 디자인이 모두 좋으면 금상첨화지만, 엉뚱한 내용을 예쁘게 만드느라 직원들이 고생하길 원하는 경영층은 없다. 보고서의 내용이 지시한 사람의 의도와 맞는지 확인하기 위해서는 직접 보고하고 피드백을 받아야 한다.

보고서 작성을 '보고서 초안 검토'와 '보고서 완성'으로 나눠 각 1주씩 배정하면 훨씬 효율적일 것이다. 이는 파킨슨의 법칙에 따라 주어진 시간을 최대한 채우려는 경향을 방지하고, 더 중요한 작업에 집중할 수 있게 한다.

3 | 프로젝트 차원에서 버퍼를 확보하는 방법

버퍼를 제대로 활용하려면 개별 액티비티의 버퍼를 모아서 프로젝트 버퍼로 활용해야 한다. 개별 작업에 숨겨진 버퍼를 모아서 일정이 지연되는 작업을 위해 사용함으로써 프로젝트 지연을 예방하려는 것은 여러 사람들의 보험금을 모아 불행이 닥친 개인에게 지급하는 것과 같은 논리다.

프로젝트 버퍼의 개념을 설명하면 그림14와 같다. 개별 액티비티에 숨겨 둔 버퍼를 모아 일정 비율을 줄인 뒤 프로젝트 버퍼로 사용한다면 프로젝트 팀에도 조직에도 모두 윈윈win-win이 된다.

마이크 콘의 《불확실성과 화해하는 프로젝트 추정과 계획》에 의하면 개별 작업의 '일정 준수 가능성 50% 추정치'와 '90% 추정치'를 계산해 그 차이를 제곱해서 값을 더한 뒤 제곱근을 계산하면 프로젝트 버퍼가 된다. 예를 들어 표

그림 14 프로젝트 버퍼 도출 예

단위: 일

액티비티	평균추정(A) (50%)	비관적 추정(B) (90%)	$(B-A)^2$
1	5	10	25
2	2	6	16
3	3	5	4
4	5	8	9
5	2	5	9
계	17	34	63

표 4 프로젝트 버퍼 계산 예

4에서 5개 작업의 90% 추정치와 50% 추정치의 차이를 제곱한 합은 63이고 그 제곱근인 8이 프로젝트 버퍼이고, 프로젝트 기간은 50% 추정치에 버퍼를 감안한 25일(50% 추정치 17일 + 버퍼 8일)이다. 이는 모든 액티비티를 90% 달성 가능성으로 추정한 비관적 추정치의 합인 34일보다는 짧다.

문제는 개인이 50% 추정치와 90% 추정치를 계산하기 힘들다는 것이다. 위의 계산 방법은 달성해야 하는 일정이 주어지지 않은 상태에서 적정 버퍼를 감안한 일정을 수립할 때 적용 가능하다. 그러나 현실에서는 대부분 달성해야 하는 일정이 주어진다. 이때 버퍼를 계산하는 다른 방법은 각 작업의 기간을 50% 확률로 추정해 도출된 일정과 달성해야 하는 일정과의 차이를 구하는 것이다. 50%의 확률로 계산하는 일정은 쉽게 말하면 최선을 다했을 때의 일정 계획을 수립하는 것으로 팀원 수가 많지 않고 서로를 신뢰할수록 성공의 가능성이 높아진다.

이러한 방식은 이론적으로는 설득력이 있지만 현실에 적용하기는 어렵다. 팀원 중 누구라도 버퍼를 숨긴다는 생각이 들면 '공정'이라는 게임의 룰이 깨지고, 그 결과는 팀원 간의 불신과 갈등으로 이어지기 때문이다.

프로젝트 관리자들이 프로젝트 버퍼를 도출하는 간단한 방법은 프로젝트 완료일에서 일정 기간을 당겨 버퍼를 확보하고 버퍼를 제외한 프로젝트 일정 계획을 수립하는 것이다. 예를 들어 12개월 프로젝트를 10개월 프로젝트로 일정을 당긴 뒤 10개월의 계획을 수립하는 식이다. 이런 방식은 일정의 여유가 있다고 판단할 때 적용 가능하다. 물론 확보한 프로젝트 버퍼를 어떤 식으로 활용할 것인가에 대해 프로젝트 팀원들의 공감대를 얻어야 한다.

위에서 설명한 프로젝트 버퍼는 프로젝트 기간을 결정하는 주경로에 할당된 버퍼다. 주경로의 작업들의 지연을 예방하기 위해 주경로가 아닌 작업에도 버퍼를 부여할 수 있으며 이를 피딩 버퍼feeding buffer라고 한다. 캠핑을 가서 김치찌개와 밥이 메뉴인 저녁을 1시간 내에 준비한다고 가정하자. 그림15에서 쌀 구매는 주공정이 아니지만 쌀을 구매해야 밥을 할 수 있다. 따라서 밥을 만드는 작업이 지연될 위험을 줄이기 위해 쌀 구매가 15분 걸리지만 보다 빨리 구매하는 것을 피딩 버퍼라 한다. 김치찌개와 밥을 만드는 과정에서 발생할 수

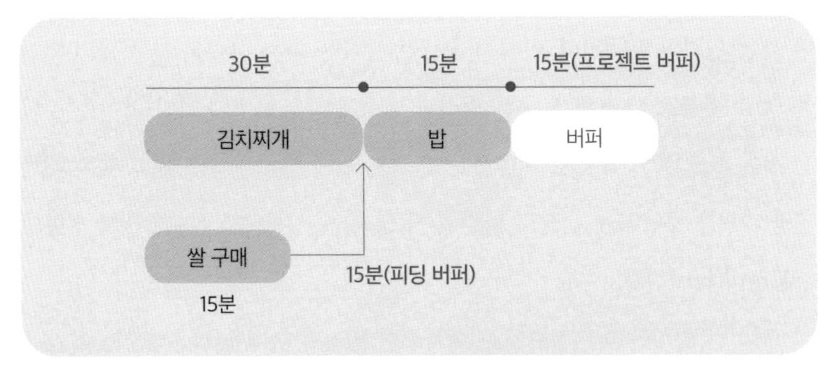

그림 15 피딩 버퍼와 프로젝트 버퍼 예

있는 위험에 대응하기 위해 확보한 15분은 프로젝트 버퍼다.

4 | 버퍼를 활용한 일정관리 방안

확보한 프로젝트 버퍼는 프로젝트의 납기 지연을 막는 완충 수단으로 활용해야 한다. 버퍼가 없는 프로젝트의 진척은 일정 준수율 또는 지연일정으로 관리하지만, 버퍼가 있다면 버퍼 소진률을 활용해 프로젝트 일정 지연 위험을 모니터링할 수 있다. 예를 들어 프로젝트가 75% 진행된 상태에서 프로젝트 버퍼가 50% 쓰였다면, 프로젝트 일정은 좋은 상태다. 반대로 프로젝트가 25% 진행된 상태에서 버퍼가 50% 쓰였다면 그 프로젝트의 일정 지연의 위험은 높다. 프로젝트 버퍼는 그림16처럼 안전영역, 주의영역, 위험영역으로 나눠 관리할 수 있다. 예를 들어 일정이 지연돼 버퍼를 사용하면서 안전영역에서 주의영역으로 바뀌면 일정 지연의 위험을 분석해 필요한 조치를 해야 한다.

프로젝트 버퍼관리는 사람의 심리와 관련돼 있기 때문에 이론적으로 접근하면 실패하기 쉽다. 복잡한 프로세스를 통해 버퍼를 관리하기보다 버퍼관리의 순기능을 팀원에게 잘 설명하고 단순하게 버퍼를 확보하는 것이 효과적이다. 프로젝트 팀원들이 수행하는 일은 모두 다르고 50% 추정치의 정확한 값은 아무도 모를뿐 아니라, 자기 일은 다른 사람의 일보다 어렵다고 느끼기 때문에 다른 사람의 50% 추정치에 거품이 있는 것처럼 보이기 때문이다. 그게 보통 사람의 마음이다.

버퍼를 활용하기 위해 가장 어려운 것은 개인의 버퍼를 모으는 것이다. 그것은 어쩌면 꿈속에서나 가능할지 모른다. 그러나 모두가 버퍼를 숨기지 않고,

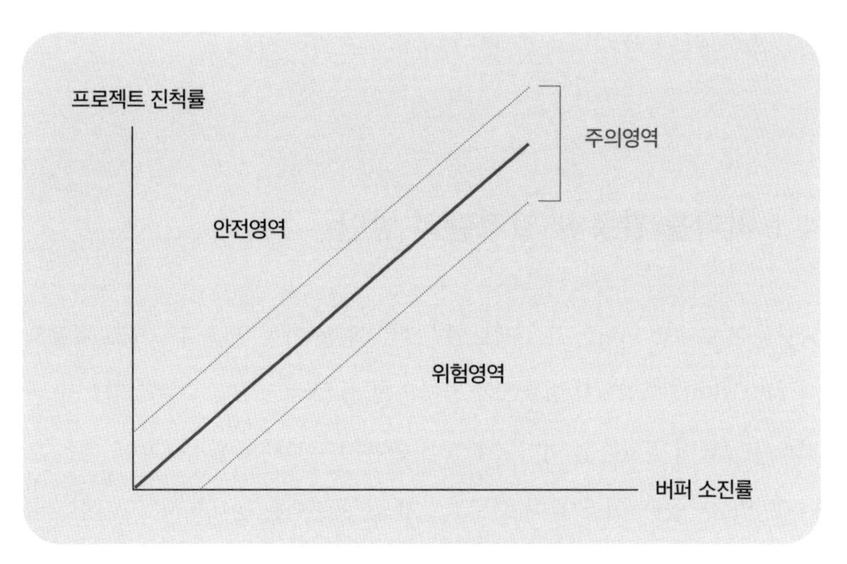

그림 16 버퍼 소진률을 활용한 일정관리

버퍼를 제대로 사용한다는 '믿음'이 있다면 해볼 만하다. **다른 팀원들도 나처럼 업무에 집중한다는 믿음, 프로젝트 차원에서 버퍼를 사용하지 않을 경우 그 혜택이 나에게 돌아온다는 믿음이 그것이다.** 따라서 버퍼 소진률이 여유 있다면 프로젝트 관리자는 팀원들이 정시에 퇴근할 수 있도록 배려해야 한다. 그래야 개인이 버퍼를 공개하는 의미가 있다.

지금까지 설명한 내용을 요약하면 다음과 같다.

- 프로젝트 팀원들은 스스로를 보호하기 위해 버퍼를 확보한다.
- 팀원들이 확보한 버퍼는 파킨슨의 법칙에 따라 대부분 의미 없이 사용된다.
- 버퍼를 제대로 활용하기 위해서는 개별 액티비티의 버퍼를 모아서 프로젝트 차원의 버퍼를 확보한다(이것이 가장 어렵다).
- 프로젝트 버퍼의 소진률을 활용해 일정관리 지표로 활용할 수 있다.

과다 추정과 과소 추정, 어느 쪽이 더 위험할까?

진실을 알기 어렵지만 공정한 심판이 있다면 프로젝트 계획은 과소 추정 또는 과다 추정으로 구분할 수 있을 것이다. 그러나 이를 판단할 수 있는 심판이 없기 때문에 프로젝트 관리자는 과소 추정이라 생각하지만, 이해관계자들은 과다 추정이라 생각한다. 과소 추정의 문제점과 과다 추정의 문제점은 무엇이고 어떻게 대응하는 것이 좋을까?

작업 일정을 과다 추정하는 사람은 보통 사람들이 생각하는 적정 일정보다 많은 여유(버퍼)를 추가한다. 이는 일정 추정치에 많은 여유를 추가할수록 일정 지연 가능성이 낮아지기 때문이다. 그러나 조직에서 과다 추정이 일반화되면 가용한 자원이 줄어들고, 그 결과 생산성이 저하된다.

일정을 과다 추정하는 대부분의 사람들은 업무를 잘하기 보다는 잘못하지 않는 것을 중요하게 생각한다. 반대로 일정을 과소 추정하는 사람들은 업무를 낙관적으로 판단하고 자기 과시적인 성향이 강하다. 일정을 과소 추정하는 사람들은 자신이 열심히 일한다고 생각하지만, 업무를 꼼꼼하게 마무리하지 않아 주변 사람들에게 피해를 주기도 한다.

조직문화에 따라 과다 추정하는 사람과 과소 추정하는 사람의 비율은 달라진다. 실수를 하지 않고 평균만 하려는 사람이 많아질수록 가능한 한 여유 있게 일을 하고자 하는 사람이 증가한다. 과다 추정과 과소 추정의 이론적인 구분은 명확하지만 대부분의 사람들은 본인이 과다 추정한다고 생각하지 않는다. 보통 사람들은 작업의 수행 기간을 추정할 때 합리적인 추정치에 여유를 더하는 것이 아니라 여유를 의식하지 못하는 상태에서 습관적으로 수행 기간을 추정하기 때문이다.

1 | 과다 추정의 부작용과 대응 방안

프로젝트 팀이 과다 추정한 결과를 고객이나 경영층이 바로 수용하는 경우는 드물다. 프로젝트 팀에서 제시한 달성 가능한 일정보다 달성해야 하는 일정이 빠를 수 있고, 고객이나 경영층이 프로젝트 팀에서 제시한 일정에 여유가 있다고 판단해 단축을 요청하기 때문이다. 만일 과다 추정한(여유를 반영한) 결과를 고객이나 경영층이 수용한다면 특별한 부작용은 없다. 프로젝트 팀 입장에서는 좋은 상황이다. 참고로 운영 업무는 과거 데이터가 있기 때문에 과다 추정을 하기 어렵다. 특정 기업의 정보시스템을 운영하는 부서에서 전년도와 같은 조건이라면 1인당 서비스 요청Service Request 처리 건수를 전년 대비 10% 이상 줄이기도 힘들지만, 10% 이상 늘리기도 어렵다는 것을 예로 들 수 있다. 프로젝트 팀이 여유 있는 일정으로 품질에 집중하는 긍정적인 효과도 있다. 프로젝트 일정에 여유를 반영한 상황에서 팀원들이 적정 생산성을 달성하기를 원한다면 프로젝트 관리자는 다음에 유의해야 한다.

1 업무 강도가 높은 팀원을 배려한다.

프로젝트 일정을 확정하는 과정에서 모든 사람들이 동일한 여유를 반영하지 않으며, 여유의 크기도 각각 다르다. 이는 각자의 업무 스타일과 리스크에 대한 인식 차이에서 기인한다. 어떤 팀원은 불확실성을 줄이기 위해 더 많은 여유를 포함하려고 하고, 다른 팀원은 낙관적으로 접근해 여유를 최소화하려 한다.

또한 프로젝트 일정을 확정하는 과정에서 프로젝트 관리자가 팀원이 제시한 일정을 당길 수도 있다. 프로젝트 관리자나 업무 리더가 팀원들을 가까이서 지켜보면, 일정의 여유 없이 열심히 작업하는 팀원들을 구분하는 것은 어렵지 않다. 이러한 팀원들은 상대적으로 높은 업무 강도를 감당하고 있으며, 그에 대한 적합한 평가와 보상을 받아야 한다.

2 완료 예정일이 아니라 실제 완료한 일자에 작업 결과를 공유한다.

과다 추정한 업무들을 진행하다 보면 계획보다 일찍 작업을 완료할 수도 있다. 이때 계획보다 먼저 완료한 업무는 그때그때 공유하는 프랙티스를 정착시키면, 과다 추정으로 인한 기회비용을 줄일 수 있다. 계획보다 빨리 완료된 작업을 서랍 속에 숨겨두지 않고, 확보한 여유를 프로젝트 차원에서 모아서 활용하면 팀워크 향상에도 도움이 된다. 그 이유는 각자 역량에 맞게 추정하고 비슷한 업무 강도로 근무해서 상대적인 비교에서 발생하는 불만이나 갈등을 줄여주기 때문이다. 물론 계획보다 일찍 완료한 작업을 공유하기 위해서는 과다 추정을 했다는 불신이 없어야 한다.

2 | 과소 추정의 부작용과 대응방법

효율성이 중요한 운영에서는 과다 추정의 피해가 크지만 효과성이 중요한 프로젝트에서는 과다 추정의 피해는 크지 않을 수 있다. 많은 비용을 투입해도 프로젝트 결과가 좋으면 초과비용을 상쇄할 수 있기 때문이다. 반면 **과소 추정을 하면 크고 복잡한 업무를 작고 간단한 것으로 판단하기 때문에 프로젝트 일정 지연 가능성이 높아진다.** 더 큰 부작용은 일정이 지연됐을 때의 대처 방법이다. 사람들의 성향은 쉽게 변하지 않는다. 따라서 지연된 일정을 만회하는 계획 또한 낙관적으로 수립하고 다시 일정이 지연되고 만회 계획을 다시 수립하는 악순환에 빠지기 쉽다.

프로젝트 마일스톤이 자주 변경될수록 일정조정과 같은 관리비용도 증가한다. 그 결과 과소 추정한 일정이 과다 추정한 일정보다 더 크게 지연될 수도 있다. 프로젝트 팀의 의지와 상관없이 경영층의 주장으로 납기를 단축한 프로젝트는 자발적으로 과소 추정한 프로젝트보다 더 좋지 않은 결과를 초래할 가능성이 높다.

과소 추정을 한 실적일정은 계획(A)보다 오른쪽으로 훨씬 치우친 분포가 되고, 과다 추정을 한 실적일정은 계획(B)보다 왼쪽이 조금 많은 정규 분포에 가까운 모양이 된다(그림17).

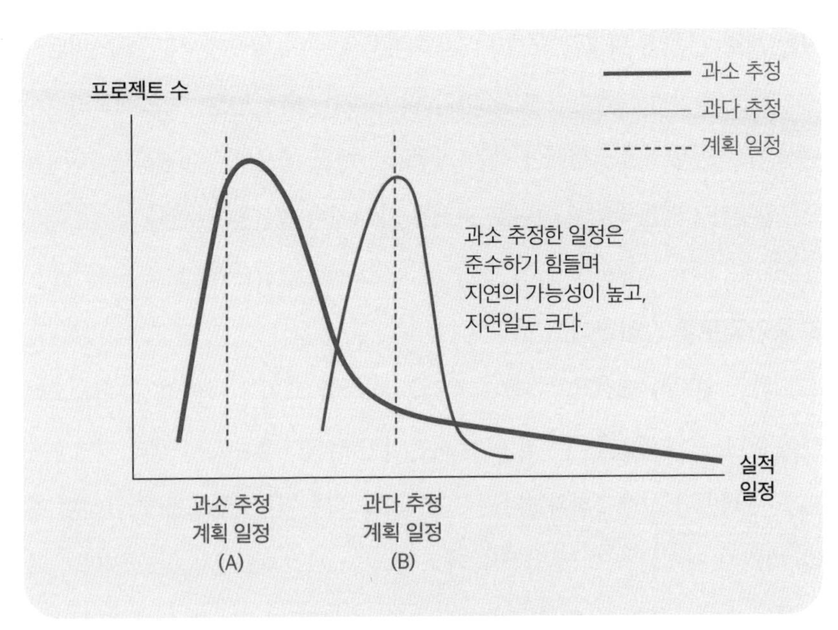

그림 17 과소 추정의 부작용

과소 추정이 프로젝트에 미치는 부작용은 크기 때문에 유의해야 한다. 과소 추정의 부작용을 줄이는 방법은 다음과 같다.

1 작업 완료 기준을 명확하게 한다.

수행할 작업의 기능과 성능과 관련된 완료 기준을 명확히 하는 과정에서 작업의 내용과 규모를 정확하게 이해할 가능성이 높다. 수행할 작업을 정확하게 이해할수록 작업 일정을 과소평가할 가능성은 낮다.

2 프로젝트에 여유를 반영한다.

프로젝트 업무 리더나 팀원들이 과소 추정을 한다고 판단하면 프로젝트 관리자가 적정 여유를 확보할 수 있다. 프로젝트 관리자 입장에서는 업무 리더가 제시하는 일정에 끝난다면 이를 마다 할 이유가 없다. 만일 프로젝트 팀에서 달성 가능한 일정이 달성해야 하는 일정보다 빠른 행운이 주어졌다면 그 여유를 프로젝트 개별 작업이 아닌 프로젝트 차원에서 활용할 수 있다.

3 중간검토를 강화한다.

프로젝트 일정이 도전적일수록 프로젝트 이슈를 조기에 파악하기 위해 노력해야 한다. 프로젝트를 착수한 이후 시간이 많이 경과할수록 고객과 경영층은 과소 추정했다고 생각하기보다는 프로젝트의 잘못된 실행으로 판단하기 쉽다. 따라서 자의든 타의든 일정을 과소 추정한 프로젝트에서 일정 지연의 가능성이 높다면 가능한 빨리 프로젝트 팀의 잘못된 가정과 과소 추정의 부작용을 파악하고, 이를 바로잡는 방안을 고객과 경영층에 보고해야 한다. 시간이 지날수록 계획의 잘못이 실행의 잘못으로 둔갑한다.

계획을 잘 수립했을까? 실행을 잘했을까?

추정은 약속으로 이어지고 약속은 실행에 영향을 미친다. 프로젝트 착수하기 전의 일정과 착수 후의 일정은 어떻게 관리해야 할까?

통계에서 추정은 실제로 존재하는 값을 예측하는 활동이다. '생산 제품의 불량률'이나 '프로젝트 수행을 위한 기간' 등이 그 예이다. 이론적으로 추정치는 결과에 영향을 미치지 않는다. 예를 들어, 불량률을 0.1%로 추정한다고 해서 실제 불량률이 0.2%에서 0.1%로 낮아지거나 0.05%에서 0.1%로 높아지지 않는다. 즉, 추정치와 실제 값은 상호 독립적이다.

그러나 기간 추정치는 실적 기간에 영향을 미친다. 분당에서 부산 사직동까지 승용차로 이동하는 시간을 5시간으로 추정하고 약속했다면, 운전자는 약속을 지키기 위해 휴게소에 들르는 횟수와 운전 속도를 조정할 것이다. 만약 실제로 4시간 50분이 걸렸다면, 이는 추정을 잘한 것일까, 아니면 약속을 지키기 위해 실행을 잘한 것일까? 아마도 두 가지 모두 잘했을 가능성이 높다. 적정 시간을 잘 추정했고, 약속을 지키기 위해 노력했을 것이다.

프로젝트 일정관리도 마찬가지다. 일정을 준수하기 위해서는 일정 추정

뿐만 아니라 실행도 잘해야 한다. 일정 계획 수립을 잘 했다는 것은 프로젝트 실행으로 커버 가능하다는 것을 의미한다. 일정 달성 가능성을 높이기 위해서는 다음에 유의해야 한다.

1 확실한 일정, 불가능한 일정, 불확실한 일정을 구분한다.

정확한 일정을 추정하기는 힘들지만 일정을 확정하면 프로젝트 관리자는 일정 계획을 세 가지 유형으로 판단할 수 있다. **'확실한 일정'**은 큰 이변이 없는 한 달성 가능한 일정이다. 반대로 **'불가능한 일정'**은 큰 이변이 없는 한 달성할 수 없는 일정이다. **'불확실한 일정'**은 목표를 달성할 수도 있고, 목표를 달성하지 못할 수도 있는 일정이다.

확실한 일정과 불가능한 일정은 업무의 크기(난이도를 포함)와 팀원의 생산성을 파악하면 판단할 수 있다. 팀원에게 주어진 업무의 크기가 팀원의 역량으로는 감당하기 불가능하면 불가능한 일정이 되고, 팀원의 역량으로 충분히 감당할 수 있다는 확신이 있으면 확실한 일정이 된다. 프로젝트를 착수하는 시점에서 프로젝트 관리자는 이 판단을 할 수 있어야 한다. 그래야 확실한 일정은 감사하게 수용하고, 불가능한 일정은 피하거나 불확실한 일정으로 만들 수 있다.

일정의 불확실성은 다양한 요인에 영향을 받지만, 요구 사항이 변경될 가능성이 높고 이해관계자의 참여도가 낮을 때 일정의 불확실성은 높아진다. 이러한 프로젝트에서는 실행을 잘하지 않으면 프로젝트 목표를 달성하기 힘들다.

2 착수 시엔 일정을 변수로 추정하고, 진행 시엔 상수로 관리한다.

프로젝트 착수 시점에 미래 프로젝트 성과를 정확하게 맞추는 것은 불가능하다. 주어진 정보를 기반으로 달성 가능한 구간을 추정하고 약속할 뿐이다. 주어진 정보를 활용해 최선의 추정치를 약속한 다음에는 프로젝트 목표 달성을 위해 노력해야 한다. **프로젝트 목표 달성은 추정의 신뢰성과 프로젝트 팀원의 노력(생산성, 팀워크)에 달려있다.**

대부분의 프로젝트 목표 달성은 계획 수립과 실행 모두를 잘했을 때 가능하다. 아무리 잘 실행해도 무리한 목표를 달성할 수 없고, 달성 가능한 일정 계획도 실행을 잘못하면 목표를 달성할 수 없다.

프로젝트 계획 수립 시점에 일정은 변수일수도 있고 상수일 수도 있다. 계획 수립 시점에서 일정이 변수인 경우는 요구 사항과 예산을 이해관계자가 확정하고 일정은 이해관계자와 프로젝트 팀이 협의해 결정하는 상황이다. 반대로 계획 수립 시점에서 일정이 상수인 경우는 일정을 확정한 뒤 목표 달성을 위한 예산을 결정하는 상황이다. 그림18에서 ❶은 일정이 변수이고 ❷와 ❸은 일정이 상수다.

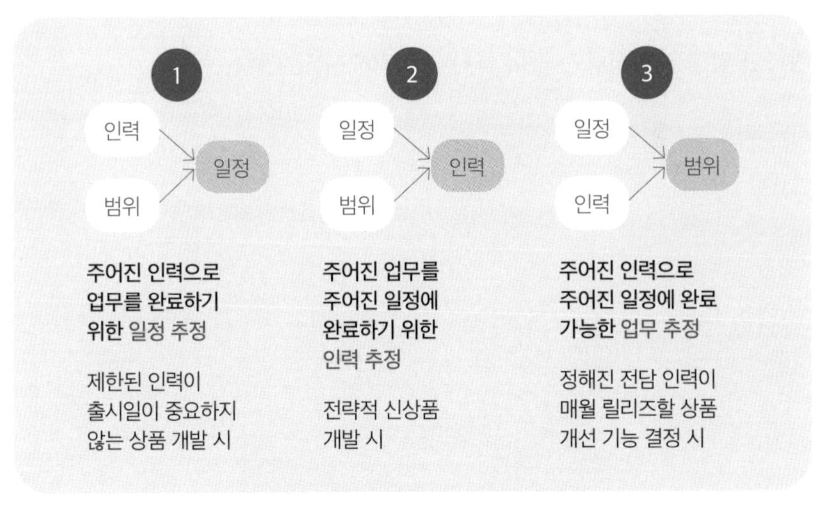

그림 18 세 가지 유형의 프로젝트 제약

공장 이전, 새로운 법 적용, 고객에게 약속한 상품 출시일과 같이 프로젝트 완료 목표일이 확실하게 정해진 경우가 아니라면 프로젝트 관리자는 계획을 확정하기 전에 일정을 상수가 아닌 변수로 관리하는 것이 좋다. 의외로 프로젝트 목표 완료일이 큰 의미 없이 경영층의 말 한마디로 정해지는 경우가 많다. 일정을 변수로 설정하는 것이 프로젝트 팀에서는 부담이 적다. 적정 기간을 확보할수록 MM가 줄어들고 품질 이슈가 발생할 가능성도 줄어든다.

프로젝트 계획 수립 이후 일정은 이해관계자들에게 약속한 것이기 때문에 상수로 관리해야 한다. 일정을 상수로 관리하려면 품질, 요구 사항, 예산, 인력 중 한 가지 이상을 변수로 관리해야 한다. 일정을 준수하기 위해 요구 사항이나 품질수준을 이해관계자와 협의할 수 있고, 스폰서와 인력 또는 예산을 협의할 수도 있다. 그러한 과정을 거쳐 일정을 준수한다. 처음부터 확실한 일정이 아니었다면 프로젝트 일정은 저절로 지켜지는 것이 아니다. 일정을 준수하기 위해서는 팀원들과 프로젝트 관리자가 노력해야 한다.

정확한 일정은 추정하는 것이 아니다. 노력해서 달성하는 것이다.

5장

실행력을 높이는 팀 관리

프로젝트 업무는 팀원의 손끝에서 완성되기 때문에 프로젝트 팀워크가 중요하다. 5장에서는 높은 성과를 창출하는 프로젝트 팀워크를 만들기 위해 고려할 주제들을 정리했다.

프로젝트 팀워크는 어떤 단계를 거치면서 완성될까?

프로젝트 팀은 프로젝트와 마찬가지로 한시적이다. 팀원들 중 일부는 프로젝트에서 처음으로 같이 일하기도 한다. 제한된 기간에 어떠한 팀워크를 만드는지에 따라 프로젝트 성과는 달라진다. 프로젝트 팀워크 형성은 어떤 단계를 거치며 각 단계별로 유의할 사항은 무엇일까?

보통 프로젝트 팀은 프로젝트를 시작할 때 만들어져서 프로젝트를 종료할 때 해산한다. 프로젝트가 끝났는데 동일한 팀이 그대로 유지되는 경우는 상품을 운영하면서 프로젝트를 하는 경우다. 프로젝트 관리자는 프로젝트 착수 후 종료까지 한시적인 기간동안 프로젝트 업무에 최적화된 팀을 만들어야 한다.

팀 개발을 그래프로 설명하면 X축은 시간대이고 Y축은 팀워크 또는 팀의 생산성으로 설명할 수 있다. 효과적인 팀은 시간이 지날수록 프로젝트 팀원과 이해관계자들의 호흡이 잘 맞고 프로젝트 업무에 대한 이해도가 높아진다. 환상의 프로젝트 팀은 생산성이 정점일 때 해산한다. 팀원들은 서로 존중하고 공감하며 프로젝트 업무는 이해관계자의 입장에서 의사결정한다. 반대로 비효과적인 팀은 프로젝트 초반의 갈등을 잘 극복하지 못해 생산성이 정체되고 프로젝트 일정도 지연된다(그림19).

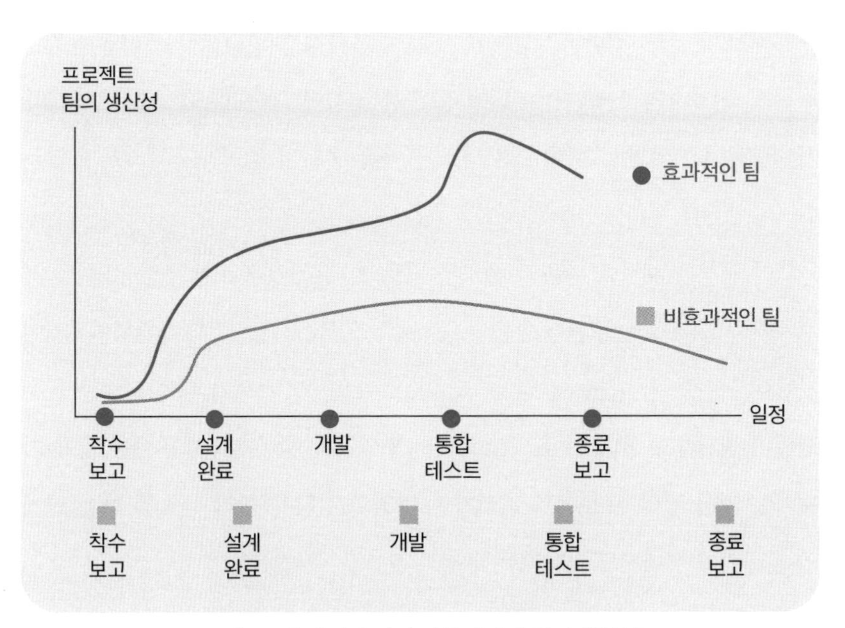

그림 19 효과적인 팀과 비효과적인 팀의 생산성

브루스 터크먼Bruce Tuckman은 팀 개발을 5단계로 설명하면서 이를 사다리 모델ladder model이라고 했는데 그 이유는 각 단계에서 다음 단계로 전환하는 경우도 있지만, 실패하는 경우도 있기 때문이다. 팀 개발 5단계는 차례대로 진행되지만, 팀이 특정 단계에 오랫동안 머무르거나 이전 단계로 내려가는 상황이 발생하기도 한다. 과거에 함께 프로젝트를 수행해서 호흡이 맞는 팀원들이라면 특정 단계를 건너뛸 수도 있다. 특정 단계에서 머무르는 기간은 팀워크, 팀 규모, 팀 리더십에 따라 달라진다. 팀 개발의 5단계는 다음과 같다.

① **태동기**Forming

프로젝트 팀워크를 구축하는 단계로, 서로의 인성과 프로젝트 업무를 탐색하는 단계다. 마치 신혼부부가 결혼 초기 서로에게 조심하는 모습과 유사하다.

프로젝트 문서는 어떻게 작성해야 하는지, 프로젝트 주간보고는 어떻게 진행하는지, 관리자의 스타일은 어떤지 등 모든 것이 궁금하고 조심스러운 단계다. 상대방이나 프로젝트 수행 프로세스가 마음에 들지 않더라도 내색하지 않는다.

이 시점은 새로운 사람과 새로운 업무에 대한 기대 또한 높다. 또한 이해관계자들도 프로젝트 관리자를 존중해주는 일종의 밀월기다. 일부 의욕적인 사람이 자기를 과시하는 시점이기도 하고, 마음고생 하다가 팀에 회의를 품는 팀원이 생기기도 한다. 프로젝트 관리자의 입장에서는 태동기 단계를 짧게 가져가는 것이 좋다. 프로젝트 관리자는 팀원의 성향을 빨리 파악해 다음 단계인 혼돈기 단계에서 표면화되는 부정적 갈등을 줄여야 한다.

태동기에서는 다음에 유의해야 한다.

- 프로젝트 팀이 달성할 목표와 프로젝트 결과물이 누구에게 어떤 가치를 제공하는지에 대해 팀원들이 공감하게 한다.
- 다음에 설명할 RACI 차트를 활용해 팀원의 역할과 책임을 문서화하고 공유한다.
- 팀원들이 자유롭게 의견을 이야기할 수 있는 심리적 안전감을 제공한다.
- 프로젝트 초기 팀 단합대회 활동을 통해 친밀감과 유대감을 형성한다.
- 팀원의 성향과 업무 스타일을 빠르게 파악하고, 팀원 간 비공식 의사소통 구조, 갈등이 발생할 수 있는 관계를 파악한다.

② 혼돈기Storming

혼돈기는 서로 다른 생활환경과 조직문화에서 성장한 성인들이 프로젝트 목표 달성 방법, 일하는 방식에 대한 의견차이를 드러내는 시기다. 이 시기의 갈등을 지혜롭게 다루지 못하면 업무 방식과 다른 팀원에 대한 갈등이 깊어져 팀워크 형성에 돌이킬 수 없는 상처가 된다. 프로젝트 내부에는 파벌이 생겨 서로를 질시하고 반목할 수 있다.

혼돈기를 잘 넘기지 못하면 비효과적인 팀이 된다. 혼돈기의 부정적인 영향력을 줄이기 위해서는 불필요한 갈등을 줄여야 한다. 대표적인 방안이 기본 규칙(팀 헌장, ground rule)을 명확하게 정의하는 것이다. 혼돈기에서 명확하게 해야 할 업무표준 내용은 다음과 같다.

● 프로젝트 관리 활동과 관련된 표준

- **변경관리**: 변경 요청 양식, 변경 요청 승인 절차, 변경통제 위원회 운영방안
- **인력관리**: 책임과 역할, 성과평가 기준, 근무 및 근태 기준
- **주간보고**: 주간보고서 양식, 보고주기 및 절차
- **일정관리**: 프로젝트 일정표 양식, 일정 변경 절차
- **구매관리**: 구매요청 양식, 승인 절차, 공급업체 선정기준
- **외주관리**: 외주계약 양식, 성과평가 기준
- **파일관리**: 공용 폴더, 파일 명명규칙, 파일 업데이트 시 정보공유 방안

● 프로젝트 품질활동과 관련된 표준

- **스프린트 리뷰**: 리뷰 절차, 리뷰 양식, 주요 검토항목
- **테스트**: 테스트 계획서 양식, 테스트 케이스 작성가이드, 결함 보고 양식

● 프로젝트에서 사용하는 도구와 관련된 표준

- **프로젝트 관리 도구**: 애자일관리Jira, 칸반관리Trello, 주경로관리Microsoft

- **디버깅/형상관리/배포 도구**: Visual Studio, Eclipse, GitHub
- **메일/메시지/화상회의/문서협업 도구**: Slack, MS Teams, Conflunece
- **디자인 및 프로토타이핑 도구**: Figma, Sketch, Adobe XD

③ 안정기Norming

안정기에서는 프로젝트 팀원들이 서로의 역할과 성격을 이해하고 개인뿐 아니라 팀원으로 일하는 방법을 학습한다. 이 단계를 성공적으로 수행하면 팀은 더 효과적이고 효율적으로 일하며, 갈등이 발생해도 슬기롭게 처리한다. 안정기를 거치면서 팀원들의 응집력이 높아지고 이해관계자들은 프로젝트 관리자의 리더십을 인정한다. 팀원들은 기술, 업무에 대한 이해도가 높아지고 프로젝트 관리자는 팀원들에게 많은 업무를 위임한다.

성공적인 안정기를 보내는 팀의 특징은 다음과 같다. 이 모든 것을 갖춘 꿈같은 팀은 현실에서는 거의 불가능하다. 프로젝트 상황에 따라 중요한 것에 집중하는 것이 현실적이다.

- 팀원들이 서로의 강점과 약점을 이해하고, 협업능력이 향상된다.
- 팀원 간의 신뢰와 존중이 높아져 팀의 결속력이 강화된다.
- 팀원들이 갈등 상황을 건설적으로 해결하는 방법을 학습한다.
- 팀원들이 각자의 역할을 명확히 이해하고 효과적으로 업무를 분담한다.
- 이해관계자들이 프로젝트 관리자의 리더십을 인정하고 신뢰한다.
- 프로젝트 팀원들에게 정기적으로 피드백을 제공해 성과를 개선하고, 동기부여를 유지한다.

④ 성취기Performing

성취기에서는 프로젝트 팀원이 일상적인 일뿐 아니라 비일상적인 일까지 조화롭게 조율함으로써, 팀은 효율적으로 업무를 수행하고 변화에 빠르게 대응한다. 성취기에서는 많은 팀원들이 문제를 분석하고 의사결정할 수 있는 능력을 가진다. 팀원들 사이에 강한 신뢰감이 형성돼서 프로젝트 팀 고유의 문화가 확고해지는 시기이기도 하다. 팀원 각자의 개성을 유지하면서도 그 개성이 전체 팀 색깔 속에 융화돼 어려운 문제도 해결한다. 성취기에서 팀워크를 향상시키는 것은 힘들기 때문에 변화 없이 지금까지의 수준을 유지하는 것이 바람직하다.

⑤ 해체기Adjourning

해체기는 프로젝트의 공식적인 종료와 함께 팀원들이 흩어지는 시기다. 좋은 팀워크를 유지한 프로젝트 팀은 조직을 위해서, 개인을 위해서 핵심 팀원들을 그대로 다음 프로젝트에 투입하는 것이 바람직하지만 현실에서는 그렇게 하기 쉽지 않다. 프로젝트에서 좋은 경험을 한 프로젝트 팀원, 이해관계자들은 프로젝트가 종료된 뒤에도 업무와 상관없이 사적인 네트워크를 유지하는 경우가 많다.

해체기에서 프로젝트 관리자가 챙겨야 할 일은 다음과 같다.

- **팀원들의 노고를 인정하고, 성과에 감사하는 자리를 마련한다.**

고객 또는 이해관계자와 함께하는 행사보다 프로젝트 팀원만 참석하는 자리를 만드는 것이 좋다. 프로젝트 마무리 행사와 팀원들에게 작은 선물을 줄 수 있는 예산은 남겨둬야 한다. 다음에 다른 프로젝트에서 함께할 수 있는 팀원이기 때문에 마무리를 잘해야 한다.

● 팀원들이 부서장에게 좋은 평가를 받을 수 있도록 노력한다.

조직에 따라 프로젝트 관리자가 팀원의 고과를 평가하기도 하지만, 평가권한이 없는 경우가 더 많다. 팀원의 소속 부서장이 팀원의 고과를 평가한다면 프로젝트 관리자는 프로젝트 종료에 기여도가 높은 팀원들의 성과를 구체적으로 전달해야 한다. 프로젝트 종료 시점이 아니라 프로젝트 진행 중 경영층과 소속 부서장이 참석한 자리에서 팀원의 헌신과 성과를 구체적으로 어필하는 것이 좋다.

● 프로젝트 팀에서 리프레시할 수 있는 기간을 제공한다.

시스템 오픈 후 사용자의 VOC를 처리하다 심신이 지친 상태에서 소속 부서로 복귀한다면 휴식도 없이 다음 프로젝트에 투입될 수 있다. 만일 프로젝트 관리자의 재량이 있는 상황이라면 업무를 최소화한 상태에서 팀원이 심신을 충전한 후 소속부서로 복귀하도록 하는 것이 좋다.

팀 개발 5단계의 목표와 관리 포인트를 정리하면 표5와 같다.

구분	태동기 Forming	혼돈기 Storming	안정기 Norming	성취기 Performing	해체기 Adjourning
목표	프로젝트 목표이해, 상호이해	갈등 해결	생산성 향상	팀워크 유지	팀원에 감사
프로젝트 관리 포인트	팀 방향성 정립, 기간을 짧게 가져감	프로젝트 수행 방법 표준화	협업 강화	수행 관리 및 평가	팀원 성과 보상, 리프레시 후 소속 부서 복귀

표 5 팀 개발 5단계 요약

프로젝트 팀원들의 책임과 역할을 정의하는 방법은?

프로젝트 팀원들의 책임과 역할을 정의할 때 작업을 수행하는 담당자만 기술하기 쉽다. 그러나 특정 작업을 완성하기 위해서는 실행하는 담당자 외에도 필요한 정보를 제공하는 사람, 내용을 검토하는 사람, 최종 승인하는 사람 등 다양한 역할자가 필요하다. 하나의 작업 수행과 관련된 다양한 역할자를 효과적으로 정의하는 방법은 무엇일까?

RACI Responsible, Accountable, Consult, Inform 차트는 책임배정 매트릭스라고 하며, 팀원들이 수행할 작업을 정의한 문서다. RACI 차트는 프로젝트 팀원과 이해관계자들의 책임과 역할을 명확히 정의해 모호한 역할을 최소화한다. 보통 책임과 역할이라 하면 실행하는 사람만 생각하기 쉬운데 하나의 작업과 관련된 사람은 다음과 같이 다양하다.

- Responsible(책임자): 작업을 수행하고 완료하는 사람
- Accountable(최종 책임자): 작업의 최종 결과에 대해 책임지는 사람. 일반적으로 하나의 작업에 대해 한 명만 지정한다.
- Consulted(협의자): 작업과 관련된 정보를 제공하고 조언하는 사람
- Informed(공유대상): 작업의 진행 상황과 결과를 공유해야 하는 사람

예를 들어 테스트 결과서를 작성할 책임은 작업 담당자에게 있지만, 프로젝트 결과물의 품질을 책임지는(A) 사람은 프로젝트 관리자다. 특정 작업에서

작업	PM (나피엠)	PO (김기획)	개발자 (박개발)	QA (이품질)	UX 디자이너 (채디자인)	스폰서 (홍스폰)	고객 지원 (유고객)
테스트 시나리오 작성	A	R	C	C	I		
테스트 실행	A	R		R	R		
테스트 결과 정리	A	C	C	R	I	I	I
오류 수정	I	I	R	A	I	I	I

표 6 테스트 작업의 RACI 차트 예시

R과 A는 반드시 있어야 하며 C와 I는 필요시 정의한다. RACI 차트의 형식은 정해져 있지 않으며, 필요에 따라 프로젝트 팀에서 자체적으로 정의해서 사용할 수 있다. RACI를 사용하면 팀원의 업무를 상세하게 정의할 수 있다. 테스트와 관련된 RACI의 예는 표6과 같다.

RACI 차트 적용시 유의할 사항은 다음과 같다.

1 RACI 차트에 정의된 팀원의 확인을 받아야 하며, 협의자(C) 역할에 유의한다.

RACI 차트는 역할로 정의하는 것이 아니라 실명으로 정의해야 한다. 필요하면 표6과 같이 역할과 실명을 함께 표시할 수 있다. RACI 차트에 정의된 각 역할에 대해 관련된 사람들의 확인을 받아야 한다. 정보공유(I) 역할을 제외한 나머지 역할들은 부담스럽기 때문에 담당자의 확인이 필요하다.

협의자(C) 역할은 해당 작업을 위해 필요한 정보를 제공하거나 자문하는 작업을 WBS에 추가해 책임자(R) 역할로 변경할 수도 있다. 협의자(C) 역할로 두려면 그 내용을 명확히 한다.

2 모호한 작업은 책임과 역할을 상세하게 정의한다.

SI 프로젝트에서 자주 이슈가 되는 데이터 이행의 경우 데이터 추출, 데이터 검증, 데이터 클린징, 데이터 로딩, 데이터 전환 프로그램 작성, 데이터 검증 프로그램 중 고객이 수행하는 작업을 프로젝트 착수 초반에 명확하게 정의해두지 않으면 프로젝트 후반부에 역할 모호성으로 인한 갈등이 많이 발생한다. 또한 API Application Programming Interface를 통한 타 시스템 인터페이스 개발도 다음의 작업에 대한 역할을 명확하게 정의해야 할 대표적인 업무다.

- API 개발 주체 및 연계할 데이터, 데이터 형식
- 데이터 흐름과 연계 방식
- API 연계 테스트
- 데이터를 제공하는 시스템과 받는 시스템의 준비사항

3 목적과 상황에 따라 RACI 차트를 정의하는 수준을 달리한다.

RACI 차트를 정의하는 수준은 업데이트 주기와 해당 작업의 모호성을 고려해 결정해야 한다. 예를 들어, 테스트 실행과 테스트 오류 수정처럼 역할의 모호성이 낮은 작업은 생략하거나 통합해 정의할 수 있다. 프로젝트 초기에는 상위 수준의 책임과 역할을 정의해 프로젝트 팀원과 공유할 수 있다. 프로젝트 규모가 크면 실명으로 정의할 사람이 많기 때문에 RACI 차트를 표7과 같은 형식으로 정의할 수 있다.

작업	R	A	C	I
요구 사항 수집	김기획 (PO)	나피엠 (PM)	차고객 (고객)	개발 팀, QA, UX
설계	이설계 (아키텍트)	나피엠 (PM)	박개발 (개발 팀 리더)	개발 팀, QA, UX
개발	개발 팀	박개발 (개발 팀 리더)	김기획(PO), 이설계(아키텍트)	나피엠(PM) 이품질(QA)
테스트	이품질 (QA)	품질 팀 부서장	개발 팀	나피엠(PM) 박개발(개발 팀 리더) 김기획(PO) 채디자인(UX)

표 7 상위 수준의 RACI 차트 예시

4 RACI 차트로 모든 역할을 명확하게 정의할 수 없다.

RACI 차트를 상세하게 정의하고 자주 업데이트하는 것이 비효율적일 수 있다. 훌륭한 프로젝트 팀은 새로운 업무 또는 경계가 모호한 업무가 발생했을 때 누군가 자발적으로 작업을 수행한다. 프로젝트 업무의 책임과 역할은 칼로 두부 자르듯이 명확하게 정의할 수 없다.

공식적으로 역할정의를 하지 않아도 되는 작업을 공식적으로 여러 사람이 모인 자리에서 협의하면 업무 수행을 위한 노력보다 역할정의를 위한 노력이 더 많을 수 있다. 뿐만 아니라 서로에게 업무를 미루는 과정에서 갈등이 발생할 수 있다. 말 그대로 긁어 부스럼을 만드는 격이다. 프로젝트 관리자는 프로젝트 팀원들이 자율적으로 모호한 업무를 처리하는 팀 분위기를 만들고 솔선수범해야 한다. 물론 모호한 업무의 규모가 크고 중요할 때는 프로젝트 관리자가 적극적으로 조정해야 한다.

프로젝트 관리자의 리더십을 발휘할 때 유의할 사항은?

프로젝트는 처음으로 함께 일하는 팀원이 많고, 프로젝트가 끝나면 해체되기 때문에 프로젝트 관리자가 리더십을 발휘하기 쉽지 않다. 한시적인 업무를 책임지는 프로젝트 관리자가 리더십을 발휘할 때 유의할 사항은 무엇일까?

프로젝트 관리자가 팀원을 움직이기 위해서는 리더십 또는 권력이 있어야 한다. 리더십은 '리더가 원하는 성과를 달성하기 위해 팀원들을 자발적으로 움직이게 하는 힘'이다. 리더십은 사람들을 움직이는 힘이라는 측면에서 권력power과 유사하지만, 자발적이라는 측면에서 다르다. 리더십은 팀원들이 자발적으로 리더를 따르게 하는 비공식적인 힘이다. 리더십은 신뢰와 존경을 바탕으로 하며, 리더의 개인적인 영향력과 매력에 의해 발휘된다. 리더십 확보는 시간이 걸리지만 효과는 지속된다.

반면 권력은 공식적인 직위나 역할에서 나오는 강제적인 힘이다. 즉각적으로 행동을 유발할 수 있지만 자발성에는 영향을 미치지 않는다. 권력은 개인이 아닌 직위에서 나오며, 명령과 지시를 통해 실행된다. 권력은 해당 직위에 발령나는 순간 바로 행사할 수 있지만, 지속되는 기간은 그 직위에 있는 동안이다.

프로젝트 관리자의 권력은 프로젝트 조직형태에 따라 달라진다. 기능조직에서는 프로젝트 관리자의 권력은 거의 없고, 매트릭스 조직에서는 팀원의 평가에 대해 프로젝트 관리자가 끼치는 영향력이 클수록 프로젝트 관리자의 권력도 커진다. 권력이 프로젝트 팀원을 움직이는 공식적인 힘이라면 리더십은 비공식적인 힘이다. 개인의 것이 아닌 공식적인 권력은 행사한다고 하지만, 개인의 것인 비공식적인 리더십은 발휘한다고 표현하는 것도 이 때문이다.

프로젝트를 이끌기 위해서는 권력의 행사뿐 아니라 리더십의 발휘도 중요하다. 권한이나 권력이 부족해 프로젝트가 실패했다는 것은 일부분 맞을 수 있지만, 이는 실패에 대한 변명인 경우가 많다. 리더십과 권력은 독립적이기 때문에, 권력은 리더십 발휘를 위한 필요조건이 아니며 리더십은 권력이나 권한이 부족한 상황에서도 주어진 일을 끝낼 수 있는 역량이다. 진정한 리더십은 권한이 거의 없는 상황에서도 사람을 움직인다.

프로젝트는 리더십을 발휘하기에 악조건이다. 새로운 팀원들과 짧은 기간에 목표를 달성해야 하기 때문이다. **운영부서장에게는 팀원을 육성하는 리더십이 중요하지만, 프로젝트 관리자에게는 육성된 팀원과 함께 일을 끝내는 리더십이 중요하다.** 프로젝트 관리자의 리더십 적용시 유의할 사항은 다음과 같다.

1 훌륭한 리더십은 타고나는 것도 있지만 노력에 의해 향상된다.

훌륭한 리더에서 공통적으로 발견되는 특징인 사교성, 유머, 결단력, 판단력, 추진력 등은 선천적으로 타고나지만 개인의 경험, 교육, 지속적인 학습을 통해 어느 정도 향상될 수 있다. 그러나 프로젝트 관리자를 하는 나이는 대부분 30대 후반 이후에는 본인의 가치관이나 생활습관을 바꾸기 쉽지 않다. 나이가 들고 본인만의 가치관이 굳어질수록 후천적 노력으로 리더십을 향상시키기 위해서는 많은 노력을 해야 한다. 교육과 훈련을 통해서는 보통 수준을 약간 상회하는 프로젝트 관리자를 양성할 수 있다고 생각하는 것이 현실적이다.

2 프로젝트 관리자는 당당해야 한다.

프로젝트 관리자는 건물의 피뢰침처럼 외부로부터 충격을 흡수해 팀원들을 보호해야 하고 동시에 전쟁터의 장수처럼 가장 선봉에 서서 팀원들의 사기를 복돋울 수 있어야 한다. 고객이 무리한 요구를 하거나 프로젝트 팀의 사기를 저하시키는 발언을 할 때엔 경우에 따라 강하게 나갈 줄 아는 쇼맨십도 갖춰야 한다.

당당함은 고집불통이나 자기 생각만을 주장하는 것과는 다르다. 당당함은 유연성과 균형을 유지하면서도 명확하고 자신감 있게 행동하는 것을 의미한다. 프로젝트 관리자가 당당함을 유지하기 위해 필요한 요소들은 다음과 같다.

- 당당한 프로젝트 관리자는 중요한 결정을 내려야 하는 시점에서 의사결정을 주저하지 않고, 그 결정에 따른 책임을 진다.
- 당당한 프로젝트 관리자는 다른 사람의 의견을 경청하고 필요한 경우 자신의 생각을 유연하게 조정한다.
- 당당한 프로젝트 관리자는 왜곡 없는 사실을 명확하고 투명하게 의사소통한다.
- 당당한 프로젝트 관리자는 자신의 역량과 팀의 역량을 신뢰한다.
- 당당한 프로젝트 관리자는 공정하고 윤리적으로 행동한다.

3 자율을 중시하는 리더십 적용에 유의한다.

실패해도 되는 프로젝트는 없으므로 팀원에게 권한을 위임하고 실패를 체험하게 하는 리더십은 프로젝트에 적용하기 힘들다. 뛰어난 역량을 갖춘 팀원들이 환상적인 팀워크로 달성하기 힘든 업무를 멋지게 해내는 것은 〈미션 임파서블〉과 같은 영화 속의 이야기다.

함께 업무를 수행한 경험이 없는 사람들이 모여 프로젝트를 수행할 때 자율을 중시하는 리더십 적용은 위험하다. 팀워크를 다지기 전에 자율을 강조하면 시행착오의 크기와 기간이 길어지기 때문이다. 오히려 프로세스에 기반한 통제를 하는 것이 프로젝트 성공 가능성을 높이는 경우가 많다.

4 프로젝트 상황, 프로젝트 단계에 따라 다른 리더십을 적용한다.

프로젝트 관리자는 상황에 맞는 리더십을 발휘해야 한다. 프로젝트 수행 단계, 팀원의 역량, 조직의 문화, 재택근무 여부에 따라 리더십은 달라져야 한다. 상황을 고려한 리더십 적용 시 고려할 사항은 다음과 같다.

- 팀워크나 개인의 역량을 확인한 뒤에 의사결정 권한을 위임하는 것이 바람직하다.
- 프로젝트 초기에는 표준과 프로세스를 정하고 이를 준수하는 규율을 정착시켜야 한다.
- 프로젝트의 관리자는 팀원의 역량을 향상시키는 것보다 일을 끝내는 것에 중점을 둬야 한다. 역량이 낮은 팀원에게는 명확하게 지시하고 확인하는 관리 방식이 적합하다.
- 해외 개발 인력이 참여하는 프로젝트처럼 대면이 힘든 원격근무 또는 팀원들이 재택근무를 하는 프로젝트에서는 소통의 한계가 있기 때문에 소통 오

류를 최소화하기 위한 방안이 중요하다. 어떤 경우에도 팀원들이 분산된 상황에서 프로젝트를 수행하면 소통이 힘들어진다.

- 조직의 문화와 상반되는 리더십 적용은 위험하다. 수직적 의사결정을 주로 하는 조직에서 특정 프로젝트만 수평적 의사결정을 추구하면 성공할 가능성이 낮다.

5 때로는 밑바닥의 실무를 체크할 수 있어야 한다

프로젝트 관리자는 프로젝트 업무의 넓이와 깊이에 대한 균형을 맞춰 프로젝트를 관리해야 한다. 프로젝트 전체 업무를 넓게 조망하는 동시에, 필요할 때 특정 업무를 세밀하게 파악할 수 있어야 한다. 예를 들어, 이해관계자가 관심이 많은 기술현안은 이슈의 핵심을 파악할 수 있어야 한다. **큰 그림과 디테일한 그림은 무관한 것이 아니고 상호보완적이다.**

프로젝트의 실제 진행 현황을 파악하기 위해서는 가끔 밑바닥의 산출물을 확인해야 한다. 밑바닥 산출물(예: 소스코드, 설계서)을 매번 확인할 필요는 없으며 그렇게 하는 것에는 부작용도 많다. 그러나 가끔씩 프로젝트 관리자가 산출물을 확인할 때 프로젝트 팀원에게 주는 긴장감은 매우 높아진다.

6 팀원의 노력은 인정하고 성과는 보상한다.

흔히 열심히 하지 말고 잘하라고 한다. 그러나 열심히 하는 팀원에게 마음이 간다. 프로젝트 성과를 객관적으로 평가하는 방법이 없듯이 개인의 성과도 객관적으로 평가하기 힘들기 때문에 열심히 하는 사람의 성과가 좋아 보이는 착시 효과도 있다. 프로젝트 관리자는 노력을 기준으로 보상해서는 안 된다. 그것은 근무시간으로 팀원들을 통제하려는 사고방식이다. 물론 열심히 하는 팀원들에게는 그 노력에 감사하는 피드백을 해야 한다. 그러나 거기까지다. 보상은 성과에 기반해야 한다.

7 팀원들의 동기부여 요인을 파악한다.

프로젝트 관리자가 팀원들의 마음을 움직이기 위해서는 팀원들의 동기를 파악해 이를 충족시킬 수 있는 방안을 고민해야 한다. 팀원들이 프로젝트에서 얻고자 하는 것을 이해해야 한다. 물론 프로젝트 관리자가 팀원들의 동기를 모두 충족시키는 것은 불가능하지만 팀원들의 동기를 하나도 충족시키지 못하는 것은 아니다. 교육, 새로운 업무, 새로운 기술, 고과, 공개적인 칭찬, 근무시간에 대한 배려 등 프로젝트 관리자의 권한 내에서 제공 가능한 동기부여도 많다.

프로젝트 관리자는 팀원들과 정기적인 개인 면담이나 편한 대화를 통해 팀원들의 동기와 관심사를 파악해야 한다. 형식적인 대화에서는 숨겨진 동기를 파악하기 쉽지 않기 때문에 "이번 프로젝트에서 ○○님이 원하는 것이 있다면 무엇인가요?"와 같은 개방형 질문을 던지는 것도 좋은 방법이다. 그러나 비난받지 않는 수준에서만 일하고 싶어하는 팀원들에게 지나치게 동기부여를 강조하면 부작용이 있을 수 있다는 것에 유의해야 한다.

8 실전적용을 통해 리더십 기술을 향상시킨다.

프로젝트 관리자의 리더십은 실전에서 다양한 문제를 해결하면서 발전한다. 문제 해결을 위해서는 팀원, 고객, 이해관계자들을 설득하고 이끄는 리더십을 발휘해야 하기 때문이다. 따라서 프로젝트 관리자가 문제 해결에 몰입할수록 리더십도 빨리 향상된다.

리더십은 프로젝트 관리자만 발휘하는 것이 아니라 모든 팀원이 발휘할 수 있다. 프로젝트 팀원들이 제대로 된 리더십을 발휘할 수 있도록 지원하는 것 또한 프로젝트 관리자의 중요한 리더십 항목이다.

X이론(성악설)과 Y이론(성선설)을 프로젝트 관리에 어떻게 적용할까?

많은 사람들이 자율을 중시하는 Y이론의 장점을 이야기하지만, 프로젝트에 적용해 효과를 보기는 쉽지 않다. 여전히 많은 관리자들이 X이론으로 조직원들을 관리하는 것이 현실이다. 성악설은 입에 담기 부담스럽고, 성선설은 실천하기 부담스럽다. 성악설과 성선설을 프로젝트 관리에 어떻게 적용할까?

더글러스 맥그리거Douglas M. McGregor는 조직원을 대하는 관리자의 태도를 X이론(성악설)과 Y이론(성선설)으로 구분했다. X이론은 사람은 일하기 싫어하고 창의성이 부족하기 때문에 지시하고 통제해야 한다고 믿는다. 반면, Y이론은 특정 조건이 충족되면 사람은 일하는 것을 좋아하기 때문에 동기부여와 자율이 생산성을 높인다고 믿는다.

프로젝트를 하다 보면 X이론이 효과적일 때도 있고 반대로 Y이론이 효과적일 때도 있다. X이론, Y이론을 실전에 적용할 때 고려할 사항을 세 가지로 나눠 설명하겠다.

- Y이론을 적용하기 위한 전제조건
- Y이론 적용을 위해 리더들이 유의할 사항
- 현실의 상황을 고려한 X이론과 Y이론의 적용

1 | Y이론을 적용하기 위한 전제조건

Y이론의 핵심은 사람들에게 자율권을 부여하면 창의적이고 생산성이 높아진다는 것이다. 그러나 자율이 생산성으로 이어지기 위해서는 몇 가지 전제조건이 필요하다. 전제조건이 충족되지 않은 상태에서 자율을 부여하면 자율의 효과보다 부작용만 생길 가능성이 높다.

1 팀원들이 조직(또는 프로젝트)의 비전에 공감해야 한다.

일하는 방법은 팀이나 개인이 자율적으로 정할 수 있다. 그러나 행동과 의사결정의 기준이 되는 원칙과 가치에 대해서는 프로젝트 팀원이 공감해야 한다. 애자일 방법론에서 구분하는 'being agile'과 'doing agile' 중 'being agile'이 여기에 해당한다. 이러한 원칙과 가치는 개인이 자율적으로 판단할 대상이 아니다. 예를 들어 신상품을 개발할 때 고객들의 불편을 해결하는 것은 프로젝트의 목표 또는 비전으로 자율적으로 판단할 사항이 아니라 모두가 공감해야 한다. 그 비전에 위배되지 않는 범위 내에서 자율적이어야 한다.

좋은 비전은 북극성과 같아 조직원들을 한방향으로 이끌고 마음을 설레게 한다. 예를 들어 글로벌 혁신기업인 구글과 메타의 비전은 다음과 같다.

- 세상의 정보를 통합해 누구나 쉽게 접근하고 사용할 수 있도록 한다. (구글)
- Meta는 사람들이 친구 및 가족과 소통하고 커뮤니티를 찾고 비즈니스를 성장시키는 데 도움이 되는 기술을 개발합니다. (메타)

프로젝트가 추구하는 가치가 명확하고 그 가치에 대해 프로젝트 팀원들이 공감할 때 자율은 빛을 발한다. 그러나 프로젝트 계획서의 추진배경 또는 수행

목적이 추상적인 가치와 구호만 요란하고 손에 잡히는 실질적인 가치가 없는 경우가 많다. '왜why → 무엇을what → 어떻게how'의 순서로 프로젝트의 가치에서 시작해 구현방법을 고민해야 한다. 그러나 'what'과 'how'를 정한 뒤 구색 갖추기 식으로 표면적인 'why'를 정의하는 프로젝트도 흔하다.

예를 들어 프로젝트 위험을 관리할 수 있는 시스템이 없기 때문에why 프로젝트 위험관리시스템what을 구축하자는 식이다. 미사여구로 표현한 프로젝트 추진배경은 그 껍데기를 한 꺼풀만 벗기면 예시와 유사한 내용을 흔히 볼 수 있다.

2 자율을 행사할 수 있는 역량이 있어야 한다.

자율이 성과로 이어지기 위해서는 두 가지의 역량이 필요하다. 첫째는 주어진 상황에서 조직원(프로젝트 팀원)이 최적의 답을 찾을 수 있는 의사결정 역량이고, 둘째는 의사결정 내용을 실행하는 역량이다. 자율이란 관리자가 팀이나 개인에게 의사결정과 실행을 위임하는 것을 전제로 하는 것인데, 업무를 위임받은 팀이 최적의 의사결정을 할 수 없거나 실행할 역량이 없다면 업무를 위임받을 준비가 되지 않은 것이다. 애자일에서 이야기하는 자기 조직화 팀self organizing team의 장점은 유연하고 신속한 실행이다. 그러나 **의사결정을 제대로 못하거나 실행할 인력이 팀 외부에 있다면 문제를 스스로 해결하는 자기 조직화 팀이 아니다.** 그런 조직은 성과를 창출하기 힘들다.

3 자율의 결과에 대한 보상 또는 책임이 명확해야 한다.

관리자의 상세 가이드에 따라 업무를 수행했다면 결과에 대한 책임은 관리자에게 있으며 업무를 실행한 사람에게 책임을 묻기 어렵다. 그러나 관리자는 목표만 제시하고 업무 수행 방법을 개인이나 그룹이 자율적으로 결정했다면 결과에 대한 책임은 개인이나 그룹의 몫이다. 만일 프로젝트 팀이 자율적으로 업무를 수행했다면 자율에 대한 책임 또는 보상은 개인이 아닌 조직 단위로 해야 한다. 그래야 팀워크를 해치지 않는다. 성과가 좋은 조직에 프로젝트 관리자의 권한으로 제공할 수 있는 고과 또는 상품권과 같은 보상을 하는 것이 바람직하다.

비금전적 보상은 외재적 보상과 내재적 보상으로 구분된다. 외재적 보상은 성과에 대한 칭찬, 동료의 인정이 대표적이다. 내재적 보상은 팀이 달성한 성과에 대해 팀원들이 자부심을 갖는 상태이다. 자율적인 팀에게 비금전적 보상은 금전적 보상 못지않은 효과가 있다.

2 | Y이론 적용시 유의할 사항

Y이론이 효과를 보기 위해서는 **조직원이 비전에 공감하고, 실력이 있어야 하고, 결과에 대한 책임을 져야 한다**는 세 가지 전제조건이 필요하다고 설명했다. 세 가지 전제조건은 자율적인 조직을 만들기 위한 최소한의 필요조건이다. 권한을 위임하는 업무 리더의 태도도 바뀌어야 하는데 이는 충분조건에 해당한다. 업무 리더가 권한을 위임할 때 유의할 사항은 다음과 같다.

1 의사결정 권한을 위임한다고 본인의 위상이 낮아지지 않는다.

자율을 장려하기 위해서는 의사결정 권한을 위임해야 한다. 그러나 프로젝트 관리자가 의사결정 권한을 위임하는 것은 본인의 권력을 넘기는 것이고 그 결과 본인의 위상이나 지위가 낮아진다고 생각한다면 의사결정을 위임할 수 없다. **관리자의 생각이 바뀌지 않으면 자율적인 조직이 뿌리내리기 힘들다.** 프로젝트 관리자는 팀원에게 업무를 위임하고, 본인이 결정할 중요한 사안에 더 많은 시간을 투입해야 한다.

2 본인 생각과 다르게 업무를 추진해도 결과는 큰 차이가 없다.

팀원들의 일하는 방식이 마음에 들지 않아 의사결정 권한을 위임하지 않을 수 있다. 프로젝트 관리자(사실 대부분의 사람들이)는 본인의 경험과 판단이 옳다고 생각하기 쉽다. 물론 팀원들이 설득력 있는 반박이나 대안을 제시하면 본인의 생각을 바꿀 수도 있지만 그런 경우는 드물다. 서로의 설득이 부족한 상황에서 프로젝트 관리자는 A 방식이 좋아 보이는데 팀원들은 B 방식으로 일을 하고자 하는 경우가 많다. 그러나 B 방식으로 일을 해도 결과는 크게 다르지 않거나 더 좋은 결과가 나올 수도 있다. 물론 B 방식이 일을 망친다는 확신이 있으면 팀원을 설득해 결정을 바꿔야 한다. 그렇지 않고 약간 마음에 들지 않는 정도라면 실제로 업무를 수행할 팀원들의 의견을 존중하는 것이 좋다. 일을 할 사람이 일하는 방법을 결정하는 것이 바람직하다. 방향이 크게 다르지 않고 방법만 다르다면 프로젝트 관리자는 뒤에서 응원하는 것이 좋다. 프로젝트 관리자가 옳다고 생각하는 방식으로 일하고 싶듯이, 팀원들도 그렇다는 것을 인정해야 한다.

3 중요한 업무를 위임해 성공하면 효과가 커진다.

업무가 중요하고 시행착오를 할 수 있는 여유가 없을 때는 업무를 위임하기 힘들다고 판단할 수 있다. 그러나 중요한 업무를 위임해 성공한다면 팀원들은 그만큼 성장한다. 중요한 업무일수록 스트레스와 고민의 깊이는 커진다. 그리고 그 과정과 결과를 통해 팀원들은 많은 학습을 한다.

3 | 현실의 상황을 고려한 X이론과 Y이론의 적용

X이론은 성악설, Y이론은 성선설로 알려져 있기 때문에 X이론을 나쁜 것으로 인식하는 경향이 많다. 그러나 X이론의 특징인 **'표준화와 최적화에 기반한 관리'**는 지금도 여전히 유효한 경영이론이다. 창의성이 중요한 소프트웨어 기업이 많아지면서 '자율, 창의성, 수평적 의사소통'에 대한 관심이 증가했지만 조직의 모든 부서에 Y이론이 효과적인 것은 아니다. X이론과 Y이론의 내용과 적용 시 효과적인 상황은 표8과 같다.

구분	X이론	Y이론
관점	표준화, 최적화	자율, 창의성
목표	효율성(efficiency)	효과성(effectiveness)
적합한 업무(예)	운영 업무(데이터 센터, 생산)	기획업무(연구소, 마케팅)
마인드 셋	실패 예방	성장
적합한 프로젝트(예)	SI 프로젝트 (새롭게 구성된 팀)	스타트업 프로젝트 (지속되는 팀)
효과적인 보상	외적보상	외적보상 + 내적보상
의사결정 형태	수직적 의사결정	수평적 의사결정
적용 조직의 규모	대규모 조직	소규모 조직

표 8 X이론과 Y이론의 적용을 결정할 때 고려할 사항

1 X이론 적용을 고려할 상황

프레드릭 테일러 Frederick Winslow Taylor**가 고안한 과학적 관리법은 합리적 관점에서의 성악설이었다.** 그런데 X이론을 잘못 이해해 안 되면 되게 하라는 불굴의 정신만 강조하는 관리자도 있다. 지금은 대부분 현업에서 물러난 1970년에서 1980년대 산업 성장기를 이끈 베이비부머 세대에 그러한 사고에 익숙한 사람이 많았다. 그러나 지금은 불굴의 정신만으로 성과를 창출하기 힘든 시대다. 경영층이 불굴의 정신을 요구하면 조직원들은 살아남기 위해 지시를 따르는 척하면서 결과가 아닌 과정을 성과로 포장한다. 강압적인 X이론은 문제가 있지만 다음과 같은 상황에서는 X이론도 효과적이다.

● 효율성이 중요한 운영 업무

운영 업무(생산, 서비스)에서는 품질, 원가, 속도와 같은 효율성 지표의 최적화가 중요하다. 삼성전자와 애플의 조직문화가 다른 이유 중 하나가 애플에는 생산조직이 없는 것으로 설명할 수 있다. 물론 생산공장에서도 창의적인 혁신이 필요하지만, 일상의 지속적인 개선활동을 위해서는 표준화가 중요하다. 삼성전자와 애플의 조직문화를 비교하면 표준화와 공용화를 통해 원가혁신을 강조하는 삼성전자에 X이론이 상대적으로 많이 스며들어 있다.

운영 업무에서는 실패예방을 위한 검증된 프로세스 적용이 중요하다. 예를 들어 데이터센터나 공장라인은 중단되는 일이 없어야 하고, 설사 중단되더라도 최단 시간 내에 장애를 복구해야 하기 때문에 프로세스의 엄격한 준수가 중요하다. 이런 조직은 자율과 창의성이 표준화보다 우선될 수 없다.

● 새롭게 구성된 팀원이 수행하는 SI 프로젝트

SI 프로젝트는 다양한 부서의 사람들이 팀을 이뤄 프로젝트를 수행한 뒤 해산하는 경우가 많다. 대규모 SI 프로젝트는 자율과 창의성보다 프로세스에 기반한 수직적 의사소통이 효과적인 경우가 많다. **자율의 위험은 크고 통제의 장점이 필요하다고 판단할 때는 그렇게 해야 한다.** SI 프로젝트는 착수한 뒤 팀원들과 함께 어떤 프로세스를 적용할지 충분히 토의할 시간적인 여유가 없을뿐더러 각자의 성향이나 가치관이 달라 합의도 힘들다. 뿐만 아니라 대형 프로젝트의 복잡한 연계를 수평적 의사소통으로 해결하려면 프로젝트를 위험에 빠뜨릴 수 있다.

2 X이론과 Y이론의 적용 시 고려할 사항

애자일 방법론과 폭포수 방법론을 혼합해 적용하듯이 성선설과 성악설도 상황에 맞게 혼합해 적용해야 한다. 예를 들어 의사결정을 완전히 위임하지 않더라도 자유롭게 토의할 수 있는 심리적 안전감을 제공하기 위해 노력하는 것도 성선설에 기반한 관리를 하는 것이다.

Y이론이 X이론보다 어렵고 시행착오를 많이 경험한다. 기업의 규모가 클수록 조직원들은 수직적 지시 이행에 익숙하기 때문에 Y이론의 적용은 어렵다. 수평적 의사소통을 장려하기 위해 글로벌 혁신기업의 외형적인 프랙티스만 따르는 조직이 많다. 영어 호칭을 사용한다고 수평적 의사소통이 활성화된 조직으로 바뀌지 않는다. **Y이론의 어설픈 적용은 효과가 없고 지속하기 힘들다.** CEO의 일관된 스폰서십, 우수한 인재 선발, 공정한 평가, 시행착오를 통한 지속적인 개선 등이 뒷받침될 때 조직의 체질은 바뀐다.

조직의 프로세스나 시스템은 X이론에 기반해 구축하고, 운영할 때는 Y

이론을 적용하는 것이 바람직하다. 프로세스나 시스템은 예외 상황을 막는 것이 중요하다. 역량이 낮은 사람이 실수하는 것을 방지하기 위해 역량이 높은 사람을 불편하게 만드는 것이 프로세스나 시스템이다. 따라서 프로세스나 시스템에 대한 예외 적용을 성선설의 관점에서 관리하는 것이 중요하다. 반대로 성선설의 입장에서 프로세스나 시스템을 구축한 뒤 운영을 성악설 관점에서 하면 조직 내에 불필요한 갈등이 커진다.

리더가 X이론이냐 Y이론이냐를 결정할 때는 '일이 먼저냐, 팀이 먼저냐'를 고민해야 한다. 만일 오랫동안 함께해야 할 팀이라면 단기적인 관점의 성과보다 장기적 관점의 팀워크가 중요하다. 그런 상황에서는 시행착오를 겪더라도 Y이론을 적용하는 것이 정답일 수 있다. 반대로 단기간 함께할 팀원들에게는 프로세스에 기반한 수직적 통제가 서로에게 편하다. **오늘날까지 오랜 시간 적용되고 있는 X이론에 많은 장점이 있다는 것을 인정해야 한다.** 표준 프로세스가 미흡하거나 리더의 의사결정 역량이 미흡한 것을 X이론의 문제점으로 돌리면 안 된다.

조직의 X이론과 Y이론을 조직(프로젝트)에 적용할 때 고려사항을 요약하면 다음과 같다.

- Y이론을 적용하기 위한 전제조건으로 조직원이 비전에 공감하고, 자율을 제대로 실행할 실력이 있어야 하고, 결과에 대한 책임을 지는 조직문화가 뒷받침돼야 한다.
- 리더들은 업무를 위임해도 본인의 위상이 낮아지지 않으며, 후배들의 업무 방식도 크게 위험하지 않으며, 중요한 일을 위임할 때 효과가 크다는 것을

기억해야 Y이론을 제대로 적용할 수 있다.

- 준비되지 않은 상황에서 Y이론을 적용하는 것은 X이론보다 시행착오가 크다. 업무효율성이 중요한 업무는 X이론이 효과적이다.

업무 완료의 기준을 명확하게 정의하지 않으면 어떤 일이 발생할까?

프로젝트는 끝내기 위해 시작하고 프로젝트를 끝내려면 많은 업무들을 완료해야 한다. 업무 완료를 잘못 판단하면 프로젝트에 어떤 영향을 미치며, 완료에 대한 이견을 줄이는 방법은 무엇일까?

"끝날 때까지 끝난 게 아니다."라는 말은 미국 뉴욕 양키스의 포수였던 요기 베라가 했던 이야기로 경기가 끝날 때까지 포기해서도 안 되고 방심해서도 안 된다는 의미를 담고 있다. 프로젝트 업무의 완료도 방심해서는 안된다.

1 | 다양한 관점의 완료

프로젝트에는 다양한 관점의 완료가 있다. 프로젝트 범위는 요구 사항으로 구성되며 요구 사항을 완료하기 위해서는 분석, 설계, 개발, 테스트와 같은 작업task을 수행해야 한다.

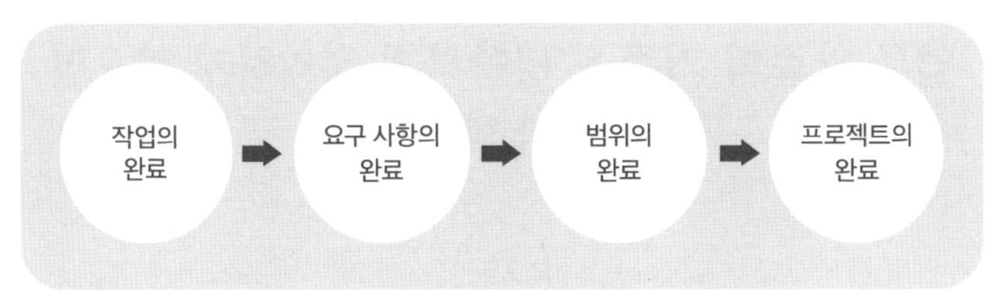

그림 20 일의 완료, 요구 사항의 완료, 범위의 완료

1 작업의 완료와 요구 사항의 완료

작업의 결과물은 설계서, 테스트 계획서와 같은 산출물이다. 산출물에 대한 승인과 요구 사항의 승인은 다르다. 산출물은 명시적인 요구 사항을 충족하면 되지만, 요구 사항은 문서에 정의된 명시적인 내용뿐만 아니라 문서에 없는 암묵적인 내용도 충족시켜야 한다. 소프트웨어 개발 프로젝트에서는 특히 그렇다. 소프트웨어 개발에서 요구 사항을 승인하는 것은 작동하는 소프트웨어를 승인하는 것이지 문서를 승인하는 것은 아니다.

2 요구 사항의 완료와 범위의 완료

프로젝트 범위를 완료하려면 개별 요구 사항 완료 외에 행정적인 프로세스도 완료해야 한다. 프로젝트 관리시스템에 데이터 등록, 완료 보고회, 팀원 평가 등은 행정 프로세스의 예다. SI 프로젝트는 고객사의 행정 프로세스뿐만 아니라 프로젝트 수행사의 행정 프로세스도 프로젝트 범위에 포함된다.

3 범위의 완료와 프로젝트의 완료

범위의 완료와 프로젝트의 완료는 일치하는 것이 정상이지만 범위를 완료해도 프로젝트가 완료되지 않는 경우도 있다. 물론 이해관계자가 범위 외의 요구 사항을 명시적으로 요구하지는 않는다. 기존 요구 사항에 대한 보완을 요청하면서 프로젝트 완료를 지연시키는 경우가 많다. 주로 프로젝트 결과물을 운영할 준비가 안 됐을 때 이런 현상이 발생한다. 프로젝트 완료는 운영의 시작이기 때문에 운영할 준비가 미흡하면 이런저런 사유를 들어 프로젝트 완료에 대한 승인을 지연시킨다.

2 | 완료에 대한 잘못된 판단이 프로젝트에 미치는 영향

프로젝트 팀이 끝난 일을 끝나지 않았다고 평가할 가능성은 낮다. 반대로 끝나지 않은 일을 끝났다고 평가할 가능성은 높다. 프로젝트 팀이 이해관계자나 고객을 속인다는 것이 아니다. 완료의 기준이 애매하다는 것이다. 예를 들어 통합 테스트를 완료했다는 말을 다음과 같이 다르게 생각할 수 있다.

- 통합 테스트 시나리오대로 점검을 끝냈습니다. ❶
- 통합 테스트에서 발견된 결함을 모두 조치했습니다. ❷
- 통합 테스트 및 결함수정 과정에서 발견된 모든 결함들을 조치했습니다. ❸
- 통합 테스트 과정에서 이해관계자가 요청한 사항들을 모두 반영했습니다. ❹

먼저 '결함'인지 아닌지를 판정하는 기준이 애매하다. 이해관계자 관점에서는 결함이지만 프로젝트 팀 입장에서는 프로젝트 팀이 통제할 수 없는 외부의 문제 또는 제약 조건일 수도 있다. 그렇다고 해도 프로젝트 팀은 ❷의 기준으로 통합 테스트를 완료했다고 판단하고 이해관계자는 ❸ 또는 ❹의 기준으로 통합 테스트를 완료해야 한다고 말할 것이다.

그래서 가능한 한 요구 사항 또는 개별 업무의 완료 기준을 명확하게 정의하고 이해관계자와 협의하는 것이 바람직하지만 그런 사치를 부릴 여유 없이 프로젝트를 수행해야 하는 경우도 많다. 그렇게 바쁘게 달려가다 후반부에 이해관계자가 자기를 속였다고 목소리를 높이기도 한다. 그런 말들은 "서버에 있는 프로그램이 껍데기만 있어 하나도 작동하지 않는다."라는 식으로 확대 증폭돼 다른 사람들에게 전달되기도 한다.

SI 프로젝트에서는 완료된 업무에 비례해 중도금을 받는다. 진척률 기반으로 프로젝트 중도금을 받았는데 그 진척률이 과대평가됐다면 어떻게 될까? 과대평가한 진척률을 바로잡기 위해 투입되는 원가는 보상받을 방법이 없다. 완료된 업무의 비중에 비례해 중도금을 받는 것이 고객사와 프로젝트 수행사 모두에게 바람직하다. 그러기 위해서는 업무완료에 대한 이견을 최소화해야 한다.

3 | 완료에 대한 이견을 좁히는 방법

1 개별 요구 사항에 대한 인수기준acceptance criteria을 정의하고 테스트 시 확인한다.

개별 요구 사항 완료에 대해 고객과 이견이 없으면 프로젝트 완료에 대한 이견도 줄어든다. 요구 사항을 정의할 때 고객과 함께 인수기준을 정의하고 테스트를 통해 확인하는 것이 좋다. 그러나 현실에서는 이런저런 이유 때문에 개별 요구 사항에 대한 인수기준을 구체적으로 정의하지 않거나 테스트 시 형식적으로 확인하는 경우가 많다. 인수기준은 아래의 요건을 갖춰야 한다.

• **테스트가 가능해야 한다.**

인수조건은 테스트를 통해 확인할 수 있어야 한다. 예를 들어 프로젝트 관리 시스템에서 '지연의 위험이 높은 작업'은 주관적인 기준이어서 테스트가 불가능하고 '계획 대비 지연된 작업'이라는 용어는 명확해 보이지만, 최초 계획 대비 지연인지 최종 계획 대비 지연인지를 명확하게 정의해야 한다.

• **인수기준을 작성하는 형식을 정의한다.**

사전조건Given, 사전동작When, 수행결과Then의 형식으로 인수기준을 정의할 수 있다. 사전 조건은 주어진 환경이나 값을, 사전 동작은 구현하는 기능의 동작을, 수행결과는 구현된 기능의 결과를 의미한다. 예를 들어 사용자 ID를 받을 때(사전 조건), 특수 기호를 포함하지 않은 비밀번호를 받으면(사전 동작), 특수 기호를 포함해 다시 등록하라는 메시지를 제공하는 식으로 정리한다(수행결과).

• **인수기준 이전에 요구 사항을 구체화한다.**

요구 사항을 구체화하면 인수조건을 간단하게 기술할 수 있다. 반대로 요구 사항을 구체화하지 않으면 인수기준에 요구 사항을 구체화해야 한다.

2 업무완료에 대한 기준DoD Definition of Done을 정의한다.

DoD와 인수기준을 구분하지 않고 사용하기도 하지만 구분해 사용하기도 한다. 인수기준은 개별 요구 사항별로 달라지지만 DoD는 업무완료에 대한 전제조건과도 같아 모든 요구 사항에 공통적으로 적용된다. 개발이 완료되면 개발리더에게 내용 확인 후 서버에 프로그램을 등록하는 것이 예다. 이러한 조건은 모든 프로그램의 개발에 공통적으로 적용되는 기준이다. 예를 들어 프로그램 완료를 개발자 기준의 완료, 개발리더가 확인한 완료, 고객 실무자가 확인한 완료의 세 단계로 평가할 수 있다.

3 완료에 대한 이견은 조기에 확인한다.

프로젝트를 수행하면서 발생하는 업무완료에 대한 이해관계자와의 이견은 피할 수 없다. 다만 이로 인한 부작용을 최소화하기 위해서는 완료에 대한 이견을 빨리 파악해야 한다. 이견을 조기에 확인하려면 확인하는 업무의 양을 작게 나눠 자주 확인해야 한다.

고스톱의 3점 규칙을 프로젝트에 적용할 수 있을까?

필자가 존경하는 선배가 자주 했던 말이 있다. "3점이 나야 'go'를 하던 'stop'을 할 수 있어. 추진한 업무는 3점 났어?" 고스톱에서 1점 또는 2점은 0점과 같다. 그러나 회사에서 1점과 2점은 0점보다 나쁘다. 잘못된 일에 자원을 낭비했기 때문이다. 고스톱의 3점 규칙에서 어떤 시사점을 얻을 수 있을까?

운영 업무는 사전에 정해진 프로세스에 따라 수행해야 하기 때문에 고스톱 3점 이론을 적용하기 힘들다. 그러나 프로젝트는 기존에 없거나 있는 것을 변화시키는 것으로 목표로 하기 때문에 3점 이론을 적용할 수 있다. 프로젝트는 3점을 만들기 힘들지만, 결과가 좋으면 이전 프로젝트와 관련된 새로운 프로젝트(go)를 만들 수도 있다.

고스톱에는 3점을 계산하는 규칙이 있지만 조직 업무에 3점을 계산하는 규칙은 없다. 기획성 업무에서 3점이란 **'성공 또는 실패를 판단할 수 있는 상태'**로 故 정주영 회장의 "임자, 해봤어?"와 유사한 개념이다. 예를 들어 경영층이 "실물기반으로 프로젝트 진척률을 관리할 수 있는 방안을 검토해 보세요."라는 지시를 했을 때 3점의 조건은 무엇일까? 필자가 생각하는 3점은 실물기반의 진척률 관리 방안을 수립하고 실제로 적용하는 것이다. 성과가 있고 없고는 그 다음이다.

기획안이 보고서로 끝나지 않고 현실 적용으로 이어졌다면 실행한 사람의 입장에서는 3점이 났다고 평가해도 된다. 현실에 적용 후 원래 의도했던 성공을 거둘 수도 있지만, 실패할 수도 있다. **그렇지만 실패할 권리도 3점을 획득한 사람에게만 주어진다.** 설사 실패했다고 해도 기획안을 지시하고 승인한 경영층의 책임도 크다. 많은 기획안이 현실에 적용되지 못하고 실행하는 시늉만 내다 끝난다. 따라서 프로젝트에서 의도했던 대부분의 기능을 개발하고 적용한다면 3점을 획득한 것이다. 그러나 프로젝트 오픈 후 문제가 많아 운영을 중단한다면 누군가는 고스톱에서 말하는 '독박'을 쓸 수도 있다.

많은 사람들이 본인 관점에서 3점 달성 여부를 평가한다. 현실에 적용하지 못한 여러 가지 이유를 남 탓, 환경 탓으로 돌리고 본인은 최선을 다했고 지시받은 내용에 대해 최소한 3점은 달성했다고 생각한다. 프로젝트뿐만 아니라 기획성 업무에서 관리자가 끝나지 않은 업무에 3점을 부여하는 상황은 다음과 같다.

1 후배가 해당 업무를 실행하기 위해 흘린 땀을 아는 경우

성과와 노력은 구분해 평가해야 하지만, 노력은 성과를 평가하는 데 영향을 미친다. 후배가 업무실행을 위해 헌신하는 것을 옆에서 지켜본 관리자는 성과가 미흡해도 후배의 노력을 인정하기도 한다.

2 여러 가지 제약 때문에 기획안을 현실에 적용하지 못한 경우

실무자가 통제할 수 없는 외부 요인 때문에 기획안을 현실에 적용하지 못하는 경우에는 후배의 노력을 인정할 뿐 아니라 심지어 관리자가 미안해하기도 한다.

업무에서 3점을 달성하기 위해 고려할 사항은 다음과 같다.

1 기획성 업무는 지시한 사람의 욕망을 이해해야 한다.

3점을 얻는 가장 확실한 방법은 업무를 요청한 사람의 욕망을 충족시키는 것이다. 누군가의 욕망을 충족시키기 위해서는 그 사람의 욕망을 정확하게 이해해야 하고, 욕망을 이해하기 위해서는 자주 대화해야 한다. 예를 들어 1개월 동안 기획안을 작성한다고 가정할 때 일주일에 한 번 업무를 지시한 사람과 함께 작업 중인 결과물을 짧게 검토한다면 3점을 획득할 가능성이 높다. 기획안을 검토하는 과정에서 관리자의 의견이 대부분 반영되기 때문이다.

2 실행을 통해 성공이던 실패이던 결과를 확인한다.

보고를 위한 기획은 보고 듣기에는 좋지만 실현가능성이 낮다. 주로 톱다운으로 지시받은 업무를 기획할 때 이런 일이 발생한다. 방법이나 결과가 손에 잡히지 않는 기획안일수록 미사여구만 많고 내용을 이해하기 힘들기 때문에 실행이 힘들다. 말로는 태평양도 끓일 수 있지만, 현실에서는 라면을 끓일 냄비도 없는 경우가 많다.

건강한 조직은 기획의 결과를 챙겨 성공은 보상하고 실패는 학습한다. 그래야 보기만 좋고 실행은 힘든 기획안을 수립하는 나쁜 관행들을 줄일 수 있다.

3점은 실행에서 나오는 것이지 기획에서 나오는 것이 아니다.

실행의 두려움을 줄이는 방법은?

팀원들이 느끼는 두려움은 프로젝트에 나쁜 영향을 미친다. 두려움은 어떤 부작용을 초래하며, 두려움의 부작용을 줄이는 방법은 무엇일까?

야구는 다른 구기 종목보다 선수들이 경기 중에 고민할 시간이 많다. 예를 들어 투수는 어떤 공을 어디로 던질지 고민하고, 타자는 좋은 공을 기다릴지 적극적으로 타격할지 고민한다. 9회 말 2사 만루 3볼 2스트라이크 1점 차 경기, 영웅이 될 수도 있고 역적이 될 수도 있는 순간에 투수와 타자는 상대방과도 싸우지만 자신의 내면에 있는 두려움과도 싸운다.

두려움에 진 투수는 포볼을 주고, 주저하는 타자는 스탠딩 삼진을 당한다. 두려운 마음으로 던지는 공, 두려운 마음으로 휘두르는 스윙으로는 좋은 결과를 만들 수 없다. 2사 만루의 순간 결과는 불확실하지만 실행을 두려워해서는 안 된다. 자신 있게 던지고 자신 있게 스윙한 뒤, 좋은 결과는 즐기고 나쁜 결과는 털어버리면 된다. 피할 수 없다면 즐겨야 한다는 말이 딱 맞다. 적어도 무언가를 해봐야 성공이든 실패든 배운다. 피하면 배울 것이 없다. 2008년부터 2010년까지 롯데 자이언츠의 야구감독을 했던 로이스터는 'No fear'라는 두 단어로 부산을 뜨겁게 달궜다.

회사에서도 두려움에 실행을 주저하는 사람들이 예상외로 많다. 두려움은 부정적인 결과가 예상되거나 부정적인 상황을 직면할 때 느끼는 감정이다. 프로젝트 팀원 또는 프로젝트 관리자가 경험하는 두려움의 결과는 무엇이고 어떻게 대응하는 것이 좋을까?

1 | 두려움의 부정적인 결과

1 심리적 안전감을 확보하지 못한 팀원들은 침묵한다.

구글은 2012년부터 2016년까지 4년에 걸쳐 우수한 팀의 특징을 분석하는 〈아리스토텔레스〉 프로젝트를 수행했는데, 프로젝트에서 도출된 우수한 팀의 다섯 가지 특징 중 1위가 '심리적 안전감'이었다. 심리적 안전감이란 팀원이 본인의 발언이나 행동으로 본인이나 다른 사람들이 피해를 보지 않을 것이라고 믿는 상태를 의미한다. 심리적 안전감이 충족되면 프로젝트 팀원들은 자유롭게 본인의 생각을 표현한다. 반대로 심리적 안전감을 확보하지 못한 프로젝트 팀원들은 침묵하고 관리자의 지시사항만 기록한다.

이러한 상황은 잘하는 것 보다 잘못하지 않으려는 심리와도 관련이 있다. 가만히 있으면 본전은 하지만, 괜히 무슨 말을 했다가 관리자에게 핀잔을 듣거나 말을 했다는 이유로 나의 일이 많아질 수 있다면 입을 닫고 명확하게 주어진 일만 하게 된다.

심리적 안전감은 프로젝트 관리자에게도 적용된다. 심리적 안전감이 없는 프로젝트 관리자는 고객사 또는 회사 내부 경영층을 만나는 것을 부담스러워해서 먼저 경영층을 찾아가서 협의하는 일이 거의 없다. 더 이상 피할 수 없는 상황에 직면해야 경영층을 찾아가서 보고한다. 그러나 **사전 협의는 기회로 연결될 수 있지만, 사후 보고는 위기로 이어지는 경우가 많다**는 것을 기억해야 한다.

심리적 안전감이 없으면 명확하고 솔직한 의사소통 대신 모호하고 이슈를 숨기는 의사소통을 하게 된다. 프로젝트 관리자가 공식 회의에서 현업 사용자의 큰 불편을 사소한 것으로 언급하거나, 자신 없는 답변을 모호하게 표현하는 경우가 이에 해당한다. 그 결과 코끼리 모양의 문제를 코와 다리를 빼고 직육면체로 묘사하게 된다. 심리적 안전감이 있다면 모르는 것은 모른다고 말하고, 중요한 사항은 상세히 설명한다. 프로젝트의 복잡한 이슈를 두리뭉실하게 소통하면 절대 해결되지 않는다.

또한 심리적 안전감이 없으면 모두가 알고 있다고 생각하고 의심나는 것을 묻거나 다시 확인하지 않는다. 의심나는 것을 질문해 문제가 없더라도 다시 확인한 것으로 생각하면 되지만 의심나는 것을 질문하지 않으면 문제를 예방할 수 있는 기회를 놓칠 수도 있다.

2 실수를 두려워하거나 불편해하는 팀원들은 업무를 회피한다.

일을 잘하려는 사람들이 많은 조직과 일을 잘못하지 않으려는 사람들이 많은 조직의 분위기는 다르다. 일을 잘하려는 조직은 활기가 넘치고 팀을 중시한다. 그리고 일을 잘하려는 과정에서 발생하는 실수는 성공을 위해 필요한 시행착오라 생각한다. 반대로 일을 잘못하지 않으려는 조직은 활기가 없고 개인을 중시한다. 팀원들은 업무와 관련해 싫은 소리를 듣는 것에 대해 매우 민감하다. 그 결과 관리자가 지나가는 이야기로 "이런 일은 다음부터 사전에 챙겨봅시다."라고 부드럽게 말하는 것에도 민감하게 반응한다.

야구에 비유하면 수비를 잘하는 팀은 실수를 하더라도 수비를 과감하게 하기 때문에 안타가 될 타구를 호수비로 많이 잡아낸다. 반대로 수비를 못하는 팀은 안전하게 수비하기 때문에 지표상의 에러는 작을지 몰라도 수비의 범위가 매우 좁다. 그 결과 개인의 에러 지표는 좋을지 몰라도 수비 때문에 지는 경기가 많다. 수비 범위를 프로젝트에 비유하면 경계가 애매한 업무에 비유할 수 있다. 프로젝트를 수행하다 보면 책임 경계가 애매한 업무가 많다. 이때 실수에 민감한 프로젝트 팀원들은 실수할 가능성을 줄이기 위해 일을 최대한 적게 맡으려고 한다. 프로젝트 관리자가 업무를 부탁하면 **"이 걸요? 제가요? 왜요?"**와 같은 날 선 답변이 돌아온다.

누군가 빨리 처리해야 하는 일을 서로 미루다가 일이 커지기도 한다. 야구경기에서 외야에 뜬 공을 중견수와 우익수가 서로 상대방에게 미루고 멀뚱멀뚱 바라보는 상황과 비슷하다. 그런 경기를 바라보는 감독의 마음과 위에서 예를 든 프로젝트 관리자의 마음은 크게 다르지 않다. 프로젝트 업무의 기본적인 책임과 역할은 명확해야 하지만 모든 업무를 사전에 명확하게 정의하는 것은 불가능하다. 경계에 있는 사소한 업무는 자발적으로 누군가 하고 큰일은 협의를 통해 담당자를 정해야 팀워크로 프로젝트를 수행할 수 있다.

3 결과가 두려운 프로젝트 관리자는 실행을 미룬다.

프로젝트 팀의 실행에는 사전에 계획된 일을 실행하는 것과 계획 외 이슈를 해결하기 위한 실행이 있다. **이슈를 해결하기 위한 실행은 탐색을 위한 실행과 탐색의 결과를 적용하는 실행으로 구분된다.** 탐색을 위한 실행은 불확실성을 낮추기 위한 것이다. 예를 들어 프로젝트 아키텍처에 영향을 미치는 중요한 정책이나 요건을 최종 확정하기 전에 프로토타입을 만들어 이해관계자들과 검토회의를 하는 것은 탐색을 위한 실행이다. 반면 더 이상 미룰 수 없는 시점까지 검토한 의사결정은 적용을 위한 실행을 해야 한다.

이해관계자들은 비용이나 시간문제로 탐색을 위한 실행을 요구하는 경우는 드물다. 따라서 탐색을 위한 실행은 프로젝트 관리자가 제안해야 한다. 프로젝트 팀이 검증할 사항이 있고 실행해보지 않고는 그것을 알 수 없다면 탐색을 위한 실행을 해야 한다. 탐색을 위한 실행은 빠를수록 좋다. 물론 원하는 교훈을 얻을 정도는 준비한 뒤 실행해야 한다. 탐색을 위한 준비 수준과 탐색 시점이 상충되는 경우에는 사전 검토가 필요한 시점을 우선 고려해야 한다.

탐색을 위한 실행에도 불편이나 불안감이 따른다. '준비가 부족한 상태에서 실행해 창피를 당하지는 않을까? 그렇게 준비하고 실행했는데 원하는 교훈을 얻지 못하면 시간만 낭비한 것이 되지 않을까? 괜히 실행해서 문제만 키우는 것은 아닐까?'와 같은 것이 대표적인 불안감이다. 그러나 탐색을 위한 실행으로 발생하는 부정적인 결과는 프로젝트 관리자가 관리 가능하다. 이해관계자에게 탐색의 취지를 잘 설명한다면 오히려 프로젝트 팀의 노력과 헌신을 인정받을 수 있다. 중요한 의사결정을 내리기 전에 자기에게 사전 검토 받는 것을 싫어할 이해관계자는 없다.

WBS에 있는 실행은 일정이 정해져 있지만 이슈 대응을 위한 실행은 타이밍이 중요하다. 과일을 너무 일찍 따도 안 되고 너무 늦게 따도 안 되듯이 이슈 해결을 위한 실행도 마찬가지다. 정보가 부족한 상태에서 빨리 실행하면 의사결정의 품질이 나빠 이해관계자들의 신뢰를 잃거나 나중에 재작업을 해야 한다. 반대로 완벽을 추구하다 대응할 타이밍을 놓쳐도 비용이 발생한다. 따라서 이슈 대응 시기를 잘 포착해야 한다. 이슈 대응과 관련된 프로젝트 마일스톤이 타이밍이 될 수 있고, 이슈 해결에 대한 공감대 형성이 될 수도 있다.

2 | 두려움에 대응하는 방안

개인의 심리나 성향에 따라 두려움의 강도와 두려움을 대하는 태도가 다르다. 따라서 개인마다 두려움의 부작용도 달라진다. 두려움의 부작용을 줄일 수 있는 일반적인 접근방법은 다음과 같다.

1 불확실의 크기를 줄인다.

프로젝트 관리자가 의사결정을 쉽게 하려면 불확실의 크기를 줄이는 것이 좋다. 예를 들어, 변동이 큰 코인에 전 자산을 투자하는 결정은 어렵지만, 여유자금의 10% 정도를 투자하는 결정은 할 수 있다. 비트코인이 20% 하락해도 여유자금의 2%만 하락하기 때문이다. 분산 투자가 위험을 줄이듯이, 프로젝트 의사결정도 쪼개어 결정하는 것이 좋다. 앞서 설명한 탐색을 위한 실행도 불확실의 크기를 줄이는 방안이다.

작은 불편을 기꺼이 수용하는 마음가짐도 불확실을 줄인다. 예를 들어 전화나 메신저로 할 대화를 직접 찾아가서 대면 회의를 하고, 만나지 않아도 될 이해관계자를 방문해 협의하는 것이 작은 불편을 수용하는 전략이다. 작은 불편을 적극적으로 수용해 잔 펀치를 맞으면 카운트 펀치를 맞을 가능성이 줄어든다. 큰 산불을 예방하기 위해 일부 지역을 일부러 태워 큰 불의 확산을 막는 것과도 비슷한 원리다.

2 팀원들의 심리적 안전감을 높여준다.

팀원들의 심리적 안전감을 높여주면 프로젝트 팀 빌딩을 위해 많은 도움이 된다. 잘하려고 하는 과정에서 발생하는 실수는 기꺼이 수용하고 각종 회의에서 수평적인 의사소통을 할 수 있는 분위기를 만든다. 프로젝트 팀마다 상황은 다르지만 고려할 수 있는 접근 방법은 다음과 같다.

● 회의 때 팀원들이 편하게 의견을 제시하도록 노력한다.

회의 때 크고 작은 의사결정을 하는 경우가 많은데 이때 팀원들의 다양한 의견을 듣고 긍정적인 피드백을 하면 좋다. 의견을 수용하는 것만 긍정적인 피드백이 아니다. 다른 방안으로 의사결정을 해도 "아 그런 점은 나도 생각 못했네요. 그렇게 생각할 수도 있겠습니다."라고 팀원의 의견에 대해 공감해 주면 된다. 절대 하지 말아야 할 것은 다른 팀원의 의견에 대해 틀렸다는 식으로 비난하는 것이다. **다른 의견을 틀린 의견으로 비난하는 행위는 심리적 안전감을 해치는 최대의 적이다.** 이는 프로젝트 관리자뿐만 아니라 회의에 참석하는 모든 팀원들이 지켜야 할 규율로 정해야 한다. 보다 적극적으로 자기 의견을 이야기하도록 유도하기 위해 프로젝트 관리자 또는 다른 리더가 "○○○ 씨의 생각은 어떤가요?"라고 의견을 물어보는 것도 좋은 방안이다.

● 확실하게 할 수 있는 것은 명확하게 정의한다.

불확실한 것을 억지로 확실하게 만들고자 하는 것도 문제지만, 확실하게 정의할 것을 불확실한 상태로 두는 것도 문제다. 대표적인 것이 팀원들의 기본적인 역할은 명확하게 정의하고 경계에 있는 업무는 상황에 따라 조정하는 것이다.

● 팀원들이 자신감을 가지게 한다.

칭찬은 팀원들이 자신감을 가지게 한다. 칭찬을 잘하는 방법은 다음과 같다.

- 칭찬은 구체적이어야 한다. 열심히 한다는 식의 칭찬은 의미가 없다. 작더라도 구체적으로 잘한 일 또는 열심히 헌신한 과정을 칭찬해야 한다. 프로젝트 목표에 기여한 내용을 구체적으로 설명하면 더욱 효과적이다.
- 칭찬할 내용이 발생했을 때 즉각적으로 피드백을 주면 칭찬의 효과가 높아진다. 시간이 지나면 칭찬하는 사람도 마음도 그만큼 식기 때문에 칭찬의 효과가 낮아진다.
- 칭찬은 공개적으로 하는 것이 좋다. 팀원들과 회의 또는 경영층에게 보고하는 자리에서도 좋다. 여의치 않으면 메일을 통해서 공개적으로 팀원의 노력과 기여를 알릴 수도 있다. 칭찬과 함께 프로젝트 팀 경비로 치킨이나 커피 등의 모바일 상품권 같은 작은 선물을 주면 더욱 효과가 좋다.

3 불확실을 대하는 프로젝트 관리자의 멘탈을 관리한다.

프로젝트 관리자는 불확실한 결과가 두려워서 당면한 이슈에 대응하는 것을 주저해서는 안 된다. 결과는 불확실한 것이지 두려운 것이 아니라고 생각하는 것이 좋다. 이슈 대응을 주저해 타이밍을 놓치는 것을 두려워해야 한다.

프로젝트 관리자가 불확실을 대하는 멘탈을 강하게 만드는 데 도움이 되는 방안은 다음과 같다.

- 프로젝트 관리자가 신뢰할 수 있는 팀원 또는 이해관계자에게 고민을 털어놓고 조언을 구한다면 실행에 대한 두려움을 줄일 수 있다.

- 이슈가 프로젝트에 미치는 영향력을 상세하게 분석하면 실행에 대한 확신을 가지는 데 도움이 된다.
- 결정 지연보다는 '완벽하지 않은' 결정에 익숙해져야 한다. 실행 시기를 놓쳤을 때 피해를 생각하고 가용한 정보로 의사결정하고 실행한다. 어느 정도 감당할 수 있는 의사결정을 신속하게 해보는 것이 좋다.
- 운동, 충분한 수면, 친구들과 즐거운 시간을 보내는 것과 같이 잠시나마 프로젝트에서 한걸음 벗어나는 것도 도움이 된다.

이번 주제는 야구 이야기로 시작해서 야구 이야기로 마무리하겠다. 한 야구해설 위원은 도망가는 피칭을 하는 투수에 대해 다음과 같이 이야기했다.

"투수는 공을 던진 뒤의 결과를 두려워해야지, 공을 던지는 과정을 두려워하면 안 됩니다."

프로젝트에서 업무 루틴이 필요한 이유는?

루틴은 개인이 반복적으로 수행하는 활동 또는 습관을 의미한다. 아침에 일어나 가장 먼저 하는 일, 회사 업무를 시작하는 순서 등이 대표적인 루틴이다. 운영 업무뿐만 아니라 프로젝트에도 업무 루틴을 정의해야 한다. 주간회의는 대표적인 업무 루틴이다. 업무 루틴을 정의하면 어떤 장점이 있을까?

프로야구 선수들은 루틴이 많기로 유명한데, 타자들은 타석에서 투수의 공을 기다리면서, 투수들은 공을 던지기 전에 동일한 행동을 반복한다. 이러한 루틴의 장점은 특정 상황에서 무엇을 할지 고민할 필요가 없을 뿐 아니라 심리적인 안정감도 얻을 수 있다는 것이다. 스티브 잡스의 트레이드 마크였던 리바이스 청바지, 뉴발란스 운동화, 검은 터틀넥도 무엇을 입고 신을지 고민을 없애는 일종의 루틴이다.

하루 24시간, '월, 화, 수, 목, 금, 토, 일'은 일상을 지배하는 강력한 루틴이다. 조직에서도 업무 수행의 효율을 높이기 위해 다양한 루틴을 만든다. 사업부 내부 주간회의, 타 사업부와의 정기회의, 사업부 전략 점검회의체를 결정하면 경영층들이 한 해 회사에서 보낼 많은 시간들이 사전에 결정된다. 조직 내 업무 루틴은 두 가지 유형이 있다. 조건과 상관없이 특정 주기별로 반복하는 회의체 같은 루틴과, 완료 보고와 같이 특정 조건을 충족했을 때 수행하는 루틴이다.

운영부서는 업무의 특성상 반복하는 업무가 많다. 예를 들어 은행 지점에서는 하루를 시작하기 위해, 하루를 마감하기 위해, 대출과 같은 특정 업무를 수행하기 위해 같은 업무를 반복한다. 이러한 반복 업무는 최근 로봇을 활용한 업무 자동화의 대상이 되기도 한다. 그러나 운영 업무와 달리 프로젝트는 특성상 매 프로젝트마다 루틴을 정해야 한다.

업무 루틴이 제공하는 장점은 다음과 같다.

1 무엇을 할지, 언제 할지 고민할 시간이 줄어든다.

조직에서 루틴업무가 정착되면 그 업무를 수행하는 당위성이 부여된다. 따라서 개인은 루틴업무로 채워진 시간에 무엇을 할지 고민할 필요가 없다. 예를 들어, ○○ 팀장은 사업부장이 요청한 업무를 언제 보고할지 고민할 필요가 없다. 긴급하지 않은 대면 보고는 주 또는 월 단위로 예정된 회의체에서 보고하면 된다. 특히 여러 임원들에게 공유해야 하는 내용은 정기회의체에서 하는 것이 효율적이다. 그렇지 않다면 업무보고를 위해 여러 임원들의 일정을 힘들게 조율하는 낭비가 발생한다.

작업의 규칙적인 리듬은 작업의 예측 가능성을 높이고 작업 스트레스를 줄이는 데 기여한다. 규칙적인 리듬은 팀원들에게 심리적 편안함을 제공해 전반적인 업무 효율성을 높일 수 있다

2 업무점검 체계를 적용할 수 있다.

프로젝트 품질이나 진행 상황을 점검하기 위한 루틴을 만들 수도 있다. 상품

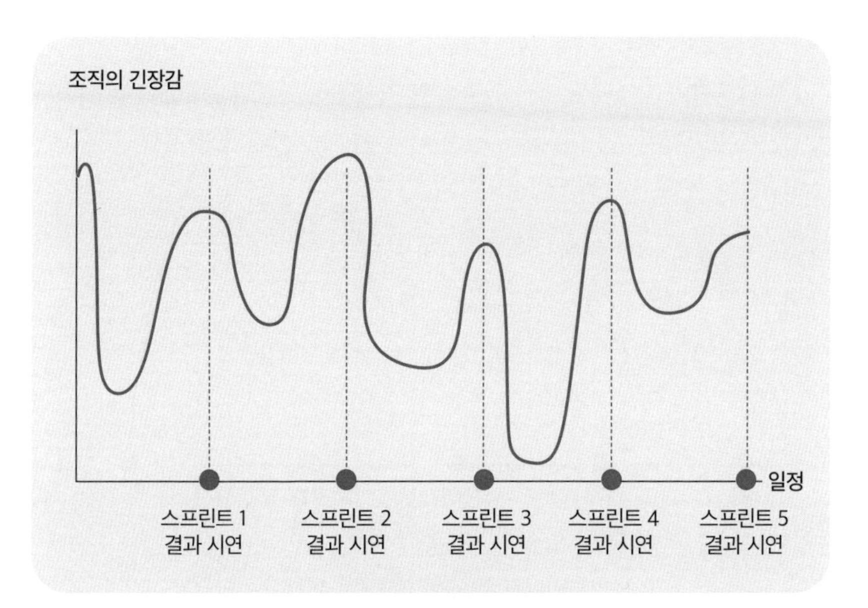

그림 21 업무리듬과 조직의 긴장감 예

개발 프로젝트 수행 시 단계별 검토 활동이 대표적이다. 이러한 프로젝트 점검 루틴을 잘 활용하면 관리의 사각지대를 없애고, 프로젝트의 성공 가능성을 높일 수 있다. '지켜보지 않는 냄비는 빨리 끓는다'는 말처럼, 정기적인 점검 루틴은 프로젝트에서 방치되는 부분을 줄여준다. 다만 점검 루틴이 잘못 운영되면 관료적인 프로세스로 변질될 수 있음을 유의해야 한다. 실효성 없는 형식적인 보고서만 양산하는 점검 루틴은 문제를 예방하는 본래 목적을 잃고, 관료적인 프로세스 준수만 남게 된다.

3 프로젝트 팀의 긴장감을 관리할 수 있다.

그림21에서 가로선은 매월 스프린트 결과를 시연하는 일정이고 세로선은 프로젝트 팀의 긴장감을 의미한다. 스프린트 결과물의 중요도에 따라 긴장감의

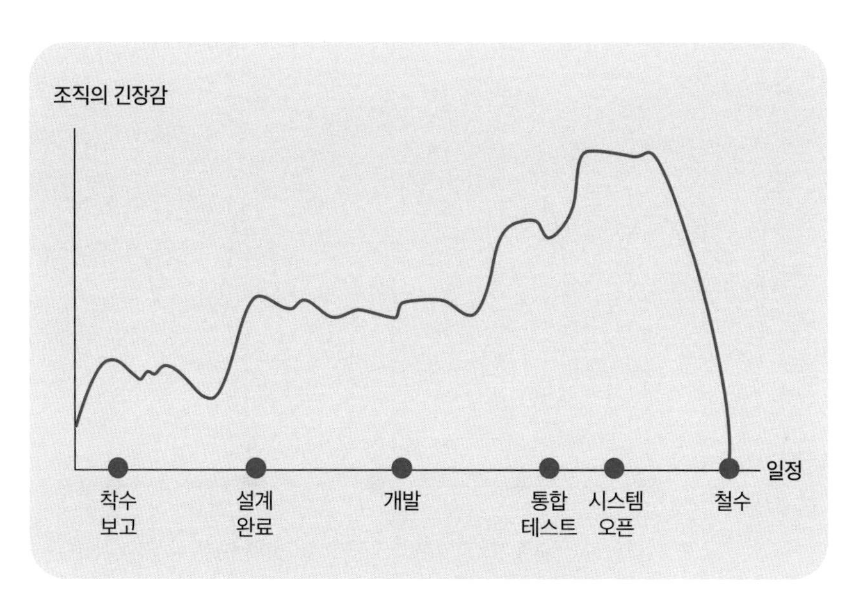

그림 22 폭포수 프로젝트의 긴장감

크기는 매월 달라지지만, 스프린트 시연을 정점으로 프로젝트 팀의 긴장감은 높아졌다가 시연 이후 낮아지는 패턴을 반복하며 이는 곧 조직의 리듬이 된다. 높은 수준의 긴장감을 계속 유지하는 것은 지속 가능하지 않으며, 반대로 낮은 수준의 긴장감이 지속되는 것도 조직의 건강에 해롭다. 적정 수준의 긴장감을 유지하거나, 그림21과 같이 긴장감이 규칙적으로 변하는 것이 바람직하다. 이와 같은 리듬은 조직의 생산성과 건강을 동시에 유지하는 데 기여한다.

폭포수 방식의 프로젝트 긴장감은 이슈가 없다면 그림22와 같이 설계완료 이후 통합 테스트 시작 전까지 긴 시간을 긴장감의 급격한 변화 없이 유지하다, 통합 테스트부터 시스템 오픈 이후 안정화까지 긴장감이 최고에 달한다.

스프린트를 적용하는 애자일 방식의 프로젝트 긴장감은 어떨까? 프로젝트의 긴장감은 일정 준수에 대한 스트레스와 비슷하다. 일정을 준수할 수 있

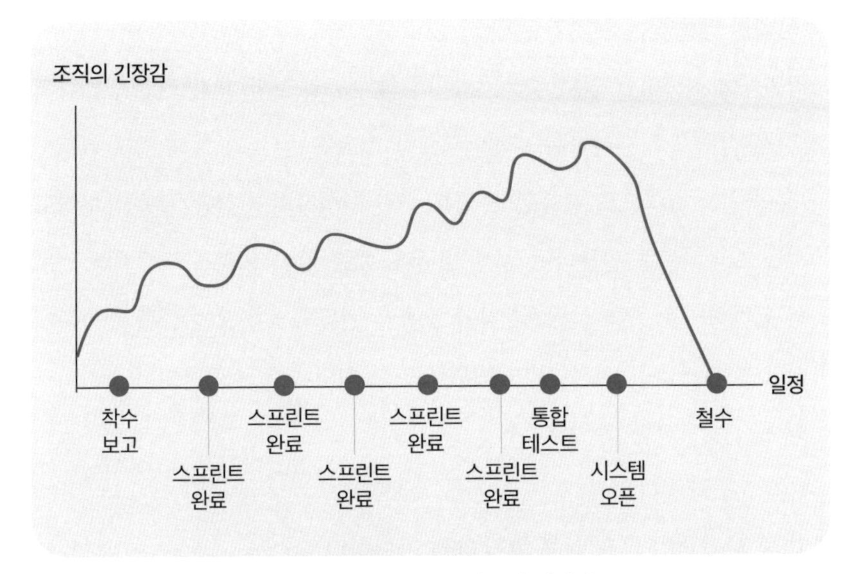

그림 23 애자일 프로젝트의 긴장감

고 품질에 문제가 없으면 긴장감이 높지 않다. 일감이 많아 일정 준수가 염려되고, 몰랐던 품질 이슈가 발생할 때 긴장감은 높아진다. 반대로 프로젝트 팀이 감당하지 못할 수준으로 이슈가 심각하면 포기상태가 돼 긴장감이 줄어든다. 애자일을 제대로 적용하면 몰랐던 프로젝트 이슈가 후반부에 발생할 가능성이 낮기 때문에, 폭포수 방법론을 적용한 프로젝트보다 프로젝트 후반부의 긴장감이나 스트레스가 적을 것이다(그림23). 물론 애자일 프로젝트에서도 통합 테스트나 오픈 시점의 긴장감은 스프린트의 긴장감보다는 높다. 애자일 방법론은 스프린트라는 반복되는 리듬 속에서 긴장감을 나눠 소화하기 때문에 같은 조건이라면 '프로젝트 긴장감 총량'은 폭포수 방법론과 비슷할 것이다.

4 작업을 매듭짓는 계기가 된다.

조직원들이 집중하는 업무 루틴은 대나무의 매듭과도 같다. 각 작업을 매듭짓고 다음 작업으로 넘어가는 과정에서 프로젝트 또는 조직 전체 업무 완성도가 높아지고, 팀워크도 강화된다. 업무 루틴은 성장의 기회만 제공할 뿐이고 그것을 효과적으로 활용하는 것은 별개다. 예를 들어 프로젝트 단계별 검토 또는 월간회의를 통해 이해관계자와 소통을 원활하게 하고 이슈를 신속하게 해결하면 큰 성과를 낼 수 있다. 반면 이러한 회의체를 잘못 운영하면 참석자들의 시간만 낭비할 수 있다.

5 다른 사람들이 무슨 일을 할지 예측 가능하다.

루틴이 있는 업무는 나뿐만 아니라 다른 사람들의 업무도 예측 가능하게 해서, 조직 내 의사소통을 효율적으로 만든다. 예를 들어, 4주 주기로 반복되는 스프린트를 고려해보자. 스프린트 계획 수립, 사용자 스토리 리뷰, 개발, 스프린트 리뷰 등의 과정에서 누가 언제 무엇을 할지 프로젝트 팀원들이 명확히 알고 있으면, 일정 조율에 대한 부담을 덜 수 있다. 이는 협업의 내용에 집중할 수 있게 만들어 전체 프로젝트의 효율성과 성과를 높인다. 예측 가능한 루틴은 모든 팀원이 자신의 역할과 다른 팀원의 역할을 명확히 이해하게 해서 불필요한 혼란과 중복을 줄이고, 목표 달성에 집중할 수 있는 환경을 조성한다.

올바른 의사결정을 하기 위해 유의할 사항은?

프로젝트를 진행하는 도중 계획 대비 차질이 발생하면 프로젝트 관리자는 크고 작은 의사결정을 내려야 한다. 신중하게 의사결정할 시간도 없이 변경된 상황에 대응해야 하는 순간도 많지만, 시간을 두고 팀원들과 협의해 의사결정해야 하는 일도 많다. 올바른 의사결정을 하기 위해 의사결정 단계별로 유의할 사항은 무엇일까?

프로젝트 관리자가 시간을 두고 의사결정 하는 상황은 다음과 같다.

- 프로젝트 요구 사항의 우선순위 조정
- 프로젝트 일정 지연으로 인한 만회 계획 수립
- 이슈 해결을 위한 프로젝트 조직 개편
- 프로젝트 파트너사 변경
- 프로젝트 적용 솔루션 변경
- 프로젝트 오픈 일정 변경

프로젝트 착수 시점에 프로젝트 계획을 수립하고 프로젝트 팀을 구성하는 것은 중요한 의사결정이지만 계획 수립의 방법론이나 템플릿이 있기 때문에 당혹스러운 의사결정은 아니다. 그러나 예시로 든 의사결정 상황은 계획에 없었던 것이기 때문에 프로젝트 관리자에게는 힘들고 외로운 순간들이다. 일반적인 의사결정 프로세스는 다음과 같으며 프로젝트 관리에도 적용 가능하다.

- **문제정의**: 의사결정이 필요한 문제를 식별하고 정의한다.
- **대안개발**: 의사결정의 후보가 되는 대안들을 도출한다.
- **대안평가 및 의사결정**: 대안의 장단점을 분석해 가장 적합한 대안을 선택한다.

올바른 의사결정을 하는 능력은 프로젝트 관리자의 핵심 역량이며 다음에 유의해야 한다.

1 | 문제정의 단계의 의사결정

1 의사결정을 요청받기 전에 이슈를 인식한다.

이해관계자가 프로젝트 이슈를 인지하면 프로젝트 관리자에게 문제 해결을 위한 의사결정을 요구한다. 이러한 상황에서는 프로젝트 관리자의 입지가 좁아져 급하게 의사결정을 내리기 쉽다. 시간에 쫓기면 좋은 결정을 내리기 어려우므로, 프로젝트 관리자는 이슈를 조기에 식별하고 선제적으로 대응해야 한다.

프로젝트 관리자가 이런 상황에 처하는 이유는 계획을 변경하지 않아도 관리 가능한 이슈로 파악했거나 중요한 의사결정을 미뤘기 때문이다. 보통 사람들은 남의 문제라면 심각하게 인식할 사안을, 본인 문제라면 가볍게 여기는 경향이 있다. 베테랑 프로젝트 관리자일수록 더욱 그렇다. 팀원이 프로젝트의 생산성 저하나 공정 진척률 저하와 같은 객관적인 경고 신호를 제기해도, 확신이 강한 프로젝트 관리자는 자신의 판단과 경험에 의존해 문제를 과소평가한다. 예를 들어, 낮은 생산성은 학습 효과로 극복할 수 있다고 생각하거나, 낮은 공정 진척률은 평가 기준이 잘못돼 실제 상황보다 나쁘게 보인다고 현실을 왜곡하는 상황을 들 수 있다.

프로젝트 관리자는 주변 사람들의 문제제기를 객관적으로 받아들여야 한다. 그렇게 해야 프로젝트 관리자는 이슈를 조기에 파악하고 적절하게 대응할 수 있다.

2 되돌릴 수 있는 의사결정과 되돌릴 수 없는 의사결정을 구분한다.

요구 사항 우선순위 결정이나 팀원의 역할 변경과 같은 의사결정은 실행 과정에서 원래 상태로 되돌리기 쉽지는 않지만 가능하다. 반면, 파트너 변경이나 솔루션 변경은 되돌리기 매우 힘들다. 되돌릴 수 있는 의사결정은 신속하게 실행해도 위험이 작기 때문에 팀원에게 위임해도 좋다. 그러나 **되돌릴 수 없는 의사결정은 신중하게 검토하고 더 이상 미룰 수 없는 마지막 순간에 내려야 한다.** 되돌릴 수 없는 의사결정을 위해서는 여러 대안을 도출하고, 다양한 사람들과 토론하며, 발생 가능한 시나리오를 분석해야 한다.

불확실성을 참고 견뎌야 할 때도 있고, 불확실성을 제거하기 위해 노력해야 할 때도 있다. 불확실성은 불과 같아서, 에너지를 제공할 수도 있지만 큰 피해를 초래할 수도 있다.

2 | 대안개발 단계의 의사결정

1 양자택일의 이분법적인 사고에 빠지는 것에 유의한다.

처음부터 이것이냐 저것이냐의 양자택일 구도로 접근하는 것은 바람직하지 않다. 양자택일은 의사결정을 단순하게 만들지만, 문제의 본질을 왜곡할 수 있기 때문이다. 엘리베이터 속도가 느리다는 고객의 불만을 해결할 때, 엘리베이터 속도를 높일지 말지의 양자택일 대신 엘리베이터 내부에 거울을 설치해 문제를 해결한 사례가 있다. 문제의 본질을 '느리다'에서 '지겹다'로 바꾸니 해결책도 달라졌다. 최근에는 거울뿐만 아니라 뉴스 게시판을 설치한 엘리베이터도 많아 엘리베이터 안에 있는 시간을 덜 지루하게 만든다. 이처럼 **잘못된 이분법적 사고는 다양한 문제 인식이나 선택지를 놓치게 만든다.**

프로젝트에서 일정 지연을 만회하기 위한 의사결정도 추가 인력 투입 여부의 양자택일을 하기가 쉽다. 그러나 지연된 일정을 만회하는 방법은 여러 가지가 있을 수 있다. 예를 들어 프로젝트를 두 단계로 나눠 오픈하거나 일정 지연을 인정하는 방법도 고려할 수 있다. 일반적으로 일정 지연을 인정하는 것은 의사결정의 대상이 아니지만, 품질이나 팀원들의 사기를 고려했을 때 일정 만회의 불확실성이 높다면 지연된 일정을 받아들이는 것도 방안이 될 수 있다.

2 정답을 정한 뒤에 짜맞추는 식의 대안을 개발하지 않는다.

시간에 쫓겨 의사결정 할 때 정해진 답을 미리 정해놓고 보고서 작성을 위해 들러리 대안들을 도출할 수 있다. 예를 들어 솔루션 변경이나 파트너사 변경과 같이 작성자나 경영층이 선호하는 대안이 있을 때, 후보 솔루션이나 파트너사보다 미흡한 대안과 비교하는 경우가 있다. 선호하는 대안이 있을 수는 있지만, 객관적이고 합리적인 분석과정을 왜곡해서는 안 된다. 중요도가 낮고 정답에 확신이 있는 의사결정에서 형식적인 요건을 갖추기 위해 들러리 대안을 개발할 수 있지만, 중요한 의사결정에서는 모든 대안을 공정하게 평가해야 한다.

3 쉽게 생각할 수 있는 대안만 개발해서는 안 된다.

대부분의 문제들은 깊이 고민하지 않아도 논리적으로 쉽게 생각할 수 있는 한두 가지 대안이 있다. 예를 들어, 지연된 일정을 만회하기 위해 자원을 추가하거나 잔업을 하는 것은 쉽게 떠오르는 대안이다. 이렇게 평범한 대안만 도출하는 이유는 몰입이나 소통이 부족하기 때문이다. 문제에 대한 몰입이 없으면 좋은 대안이 떠오르지 않는다. 필자의 경험으로는 혼자 걸으면서 생각하는 것이 몰입에 도움이 된다. 중요한 문제는 즉흥적으로 해결하기보다는 며칠 시간을 두고 다양한 의견을 청취하면 더 나은 해결책이 나온다. 충분한 시간을 두고 생각하면 문제의 본질을 이해하고 다양한 해결책을 탐구할 수 있다.

3 | 대안평가 및 의사결정 단계의 의사결정

1 대안들의 장단점 비교에 유의한다.

주어진 대안들의 장점과 단점 비교는 직관적으로 대안을 평가하기 쉬운 방법이다. 하지만, 장단점 비교는 장점과 단점의 수에 따라 의사결정을 내리기 쉬운 단점이 있다. 예를 들어, 한 가지 장점과 네 가지 단점이 있는 대안은 단점이 더 부각될 수 있다. 그러나 하나의 중요한 장점이 여러 사소한 단점보다 더 중요할 수 있다.

2 의사결정은 정답이 있는 수학 문제를 푸는 것이 아니다.

100% 정량적 데이터에 기반한 의사결정은 어려울 뿐만 아니라, 정량적 평가만을 고집하다 보면 혁신적인 대안을 놓치기 쉽다. 정량적 데이터에 의존해 의사결정을 내리는 것은 과학적이고 객관적일 수 있지만, 이는 종종 책임을 회피하려는 의도가 숨어 있을 수 있다. 데이터를 참고하되 최종 의사결정은 프로젝트 관리자 또는 상급자의 몫이다.

프로젝트 관리자가 직면하는 의사결정은 대부분 수학 문제를 푸는 것과는 다르다. 다음과 같이 데이터로 분석할 수 없거나 왜곡되기 쉬운 상황이 많기 때문이다.

- 팀의 사기, 프로젝트 관리자의 리더십, 이해관계자와의 궁합 등은 중요하지만 측정하기 힘들다.
- 정량적 데이터는 과거의 데이터를 기반으로 하기 때문에 미래의 불확실성을 완전히 반영하기 어렵다.
- 데이터에 의존한 의사결정은 잘못된 결정의 책임을 데이터나 분석방법에 전가할 수 있다.

따라서, 데이터는 의사결정을 지원하는 도구로 활용하되, 최종 결정은 경험, 직관, 팀의 의견 등을 종합적으로 고려해 내려야 한다.

3 개인의 선호도가 의사결정에 반영되는 것을 최소화해야 한다.

프로젝트 관리자도 의사결정 방식에 대한 개인의 선호도나 취향이 있다. 업무 규모를 과소평가하는 경향이 있거나 반대도 마찬가지다. 툴을 활용한 생산성을 신봉하는 것을 예로 들 수 있다. 히포Highest Paid Person's Opinion는 의사결정에 영향을 미치는 경영층을 은유적으로 표현한 약어다. 경쟁을 통해 성공한 경영층은 하마와 같이 자신의 영역을 침범하는 것에 대해 공격성을 보이는 경우가 많기 때문에 의사결정 할 때 개인의 주장을 관철하는 성향이 강하다.

2024년 프로야구는 볼과 스트라이크를 기계로 판정하는 시스템을 도입했다. 그러나 이 시스템의 도입 후 신인보다 베테랑이 판정에 불리하다는 분석이 나왔다. 심판은 베테랑 투수의 애매한 볼을 스트라이크로 판정하고 신인 투수의 애매한 볼은 볼로 판정하기 쉽지만, 기계는 베테랑 투수와 신인 투수를 구분하지 않기 때문이다. 이는 개인의 경험이나 취향이 개입될 때 발생할 수 있는 문제를 보여준다.

의사결정에서 중요한 것은 아이디어의 출처가 아니라 아이디어의 질이다. 따라서, 정량적인 데이터가 아니더라도 의사결정의 근거가 명확해야 한다. 이를 통해 개인의 편향성을 최소화하고, 더 객관적이고 공정한 의사결정을 내릴 수 있다. 프로젝트 관리자는 자신의 선호도나 취향에 치우치지 않고, 다양한 관점을 고려해 근거에 기반한 결정을 내려야 한다.

4 중요한 의사결정일수록 의사결정 과정에서 상급자와 자주 소통한다.

중요한 의사결정은 어느 한순간에 이뤄지지 않기 때문에, 의사결정 과정에서 상급자와 지속적으로 소통해야 한다. 이렇게 하면 상급자의 의견을 팀원들과 검토할 수 있으며, 이를 통해 프로젝트 팀원, 프로젝트 관리자, 상급자의 의견을 하나의 방향으로 수렴시킬 수 있다.

5 신속한 의사결정과 즉흥적인 의사결정은 다르다.

관리자가 신속한 의사결정을 강조하면서 개인의 선호도에 의존해 즉흥적으로 결정을 내리는 것은 피해야 한다. 즉흥적인 의사결정은 팀원들을 불안하게 만들고, 프로젝트 관리자의 신뢰도를 떨어뜨린다.

6 침묵이 동의를 의미하지 않는다.

의사결정안에 대해 팀원들이 침묵한다고 해서 동의한다고 착각하면 안 된다. 팀원들이 프로젝트 관리자의 의견에 동의하지 않는다고 말하는 것이 부담스러우면 침묵할 가능성이 높다. 침묵을 통해 결정된 사안은 팀원들이 실제로 동의하지 않기 때문에 자발적인 실행력이 낮다. 프로젝트 관리자는 팀원들이 의사결정 사항에 대해 본인의 의견을 자유롭게 이야기할 수 있는 분위기를 만들어야 한다. 특히 '대안이 없으면 말하지 말라'는 식으로 압박해서는 안 된다.

7 이익추구보다 손실회피를 우선으로 고려한다.

아키텍처 변경과 같은 의사결정은 잘될 수도 있지만, 실패할 수도 있다. 동일한 금액의 손실로 인한 고통은 수익의 2.5배로 느껴진다는 연구 결과가 있다. 따라서 단순히 기댓값이 0보다 크다는 이유로 의사결정을 해서는 안 되고, 보수적으로 판단해야 한다.

8 의사결정을 실행할 때 발생 가능한 위험을 점검한다.

의사결정을 최종 확정하기 전에 실행할 때의 위험을 점검해야 한다. 이러한 활동을 사후평가post-mortem에 비유해 사전평가pre-mortem라고 한다. 의사결정 위험을 점검할 항목은 다음과 같다.

- 의사결정안의 실행을 힘들게 만들거나, 실행효과를 약하게 만드는 조직 내외부 요인은 없는가?
- 의사결정안에 대해 조직 내 이해관계자들이 동의할 것인가? 혹시 불안한 요소는 없는가?
- 의사결정의 추진 일정이 합리적이고 실행을 위한 자원을 확보했는가?

9 인과관계와 상관관계를 구분한다.

의사결정에서 중요한 것은 X가 Y를 초래하는 인과관계다. 반면, X와 Y가 비례관계에 있는 것은 상관관계다. 광고와 매출 증가는 인과관계일 수도 있고, 상관관계일 수도 있다. 상관관계를 인과관계로 판단하면 잘못된 결정을 내릴 수 있다.

예를 들어, 2024년 한 정치인이 "젊은이들이 서로 사랑하지 않고 개만 사랑하고 결혼을 하지 않아 애를 안 낳는다."고 발언해서 논란이 됐다. 출산률 저하와 반려견의 증가는 분명히 상관관계가 높다. 그러나 개를 사랑해서 출산률이 낮은 것인지, 출산률이 낮아져서 개를 사랑하는 것인지의 인과관계가 명확하지 않다. 상관관계를 인과관계로 오인하고 의사결정을 한다면 인구절벽 문제 해결을 위해 반려견을 감소시키는 잘못된 정책에 정부의 예산을 집행할 수 있다.

10 디테일하게 파악할 때도 있고 개략적으로 파악해야 될 때도 있다.

프로젝트 초기의 의사결정을 위해 디테일한 데이터를 파악하는 것은 낭비일 가능성이 높다. 올바른 방향을 확인하지 않고 빨리 달려가면 방향이 틀린 경우 달려간 만큼 돌아와야 한다. 정보가 부족한 상황에서 엉성한 백데이터를 수집해 의사결정하면 공상과학 소설을 쓰기 쉽다.

업무의 중요도나 긴급도에 따라 선택과 집중을 하고, 그에 적합한 디테일을 추구해야 한다. 중요하지 않은 업무를 수행하기 위해 디테일한 자료를 분석하고 많은 보고서를 작성하는 것은 대표적인 시간 낭비다.

6장

요구 사항 관리의 핵심

30 요구 사항 우선순위를 정의하는 방법은?

31 문서로 요구 사항을 소통하기 어려운 이유는?

32 요구 사항이 변경되는 이유는?

33 요구 사항 변경을 예방하는 방법은?

34 상생의 요구 사항 변경통제 방법은?

프로젝트는 요구 사항 정의로 시작해서 요구 사항 검수로 끝나기 때문에 요구 사항은 프로젝트의 시작과 끝이다. 요구 사항 관리가 어려운 이유는 이해관계자들이 요구 사항을 정확하게 전달하기 힘들고, 전달받는 프로젝트 팀도 요구 사항을 잘못 이해할 가능성이 높기 때문이다. 그 결과는 요구 사항 변경으로 이어지고 요구 사항 변경은 이해관계자와 프로젝트 팀이 첨예하게 대립하는 요인이 된다. 6장에서는 요구 사항의 우선순위를 결정하는 방법, 문서로 요구 사항을 정의하는 것의 어려움, 요구 사항의 변경이 발생하는 이유, 요구 사항의 변경을 관리하는 방법에 대해 살펴보겠다.

요구 사항 우선순위를 정의하는 방법은?

우선순위가 높은 요구 사항부터 구현하는 것이 자원을 효율적으로 운영하는 방안이다. 그러나 요구 사항의 우선순위를 평가하는 것은 쉽지 않다. 이해관계자와 함께 요구 사항의 우선순위를 결정할 때 도움이 되는 기법들이 있을까?

프로젝트 요구 사항의 우선순위를 정의하는 목적은 두 가지 관점에서 생각할 수 있다. 첫 번째는 이해관계자들의 핵심 요구 사항을 파악해 품질과 사용자 경험을 향상시키는 것이고, 두 번째는 요구 사항들의 개발 우선순위에 따라 개발해 자원 운영의 효율성을 높이는 것이다.

핵심 요구 사항을 파악하는 것은 이해관계자들과 대화를 통해 가능하지만 개발 우선순위를 결정하는 것은 쉽지 않고 복잡하다. 왜냐하면 요구 사항의 중요성, 긴급성에 대한 이해관계자들의 생각이 다르기 때문이다. 특히 폭포수 방법론을 사용하는 SI 프로젝트는 프로젝트 범위를 처음부터 확정하고 시작하기 때문에 우선순위 설정의 필요성이 낮다. 그러나 상품 개발 프로젝트나 조직 내부에서 수행하는 프로젝트는 요구 사항의 우선순위를 명확하게 정의하면 자원을 효율적으로 운영하고 일정 지연에 효과적으로 대응할 수 있다.

1 | 요구 사항 우선순위 정의가 중요한 이유

프로젝트 요구 사항의 우선순위를 정의해야 하는 구체적인 이유는 다음과 같다.

1 자원 배분의 효율성을 높인다.

요구 사항의 우선순위를 정하지 않으면 자원을 비효율적으로 사용하게 된다. 그 결과, 중요한 요구 사항이 제때 완료되지 않거나 덜 중요한 요구 사항에 과도한 자원이 소모될 수 있다.

2 일정 지연의 부정적인 영향력을 최소화한다.

우선순위를 정하지 않으면 어떤 작업을 먼저 수행해야 할지 명확하지 않아 중요하지 않은 요구 사항을 중요한 요구 사항보다 먼저 개발할 수 있다. 프로젝트가 지연될 때 중요한 요구 사항이 지연되면 프로젝트 전체에 큰 영향을 미칠 수 있지만, 덜 중요한 요구 사항이 지연되면 프로젝트에 미치는 부정적인 영향을 최소화할 수 있다.

3 품질도 선택과 집중을 해야 한다.

사용자들이 많이 사용하고 중요한 기능은 보다 좋은 경험을 제공해야 한다. 이를 위해서는 오류가 없어야 할 뿐만 아니라 사용하기 편리해야 한다. 모든 기능이 오류가 없고 사용하기 편리해야 하지만, 현실에서는 선택과 집중이 불가피하다.

4 이해관계자의 기대 수준을 관리한다.

요구 사항의 우선순위는 이해관계자의 기대 수준을 반영한다. 모든 이해관계자는 자신이 중요하게 생각하는 요구 사항이 더 빨리, 더 완벽하게 개발되기를 원한다. 따라서 특정 요구 사항의 우선순위가 이해관계자들 간에 충돌하면 우선순위에 대한 공감대를 형성하기 위해 이해관계자 간의 소통을 유도해야 한다. 만일 이해관계자들의 기대 수준을 분석하지 않고 프로젝트 팀이 판단한 우선순위에 따라 자원을 배분한다면 이해관계자들의 불만이 증가하고 프로젝트 종료가 힘들어질 것이다.

5 위험 대응의 우선순위를 결정할 때 참고한다.

프로젝트 위험 대응의 우선순위를 결정할 때도 요구 사항의 우선순위를 고려할 수 있다. 위험 대응의 우선순위는 '실제 이슈로 발생할 가능성'과 '프로젝트에 미치는 영향력'을 기준으로 결정하는데, 요구 사항의 우선순위가 높을수록 프로젝트에 미치는 영향력도 커진다.

2 | 요구 사항 우선순위 결정이 어려운 이유

요구 사항의 우선순위를 정하는 것은 중요하지만 다음과 같은 이유 때문에 쉽지 않다.

1 요구 사항의 불명확과 가변성

요구 사항이 불명확하거나 불완전하게 정의되면 우선순위를 정확하게 평가할 수 없다. 또한, 시장 상황이나 기술 변화 같은 외부 요인뿐만 아니라 조직 내부 요인에 의해 우선순위가 변경될 때마다 우선순위를 재평가하는 것도 어렵다.

2 다양하고 복잡한 이해관계

서로 상충되는 이해관계가 있으면 우선순위 조정이 어려워진다. 예를 들어, 디자인 팀이 요구하는 내용이 개발 팀 관점에서 보면 개발 비용을 증가시키거나 성능에 문제를 일으킬 수 있다.

3 우선순위 평가의 어려움

프로젝트 요구 사항의 우선순위를 정하는 과정은 복잡하고 정확한 평가가 어렵다. 각 요구 사항의 영향력, 비용, 시간 등을 종합적으로 고려해야 하는데, 평가를 위한 데이터가 부족하면 우선순위 평가가 더 힘들어진다.

3 | 요구 사항 우선순위 평가모델

요구 사항의 우선순위를 평가하는 대표적인 모델은 다음과 같다.

1 MoSCoW 모델

MoSCoW 모델은 이해하기 쉬워서 많이 사용되며 다음과 같이 네 가지 카테고리로 요구 사항의 우선순위를 결정한다.

① 'Must have'는 프로젝트에 반드시 필요한 필수 요구 사항이다. 이 요구 사항이 충족되지 않으면 프로젝트는 실패한 것으로 간주된다.

② 'Should have'는 중요하지만 필수는 아닌 요구 사항이다. 'Must have' 요구 사항이 모두 충족된 후 구현한다.

③ 'Could have'는 있으면 좋지만 없어도 되는 요구 사항이다. 자원이 충분하면 구현한다.

④ 'Won't have'는 현재 프로젝트 범위에는 포함되지 않지만, 다른 프로젝트에서 고려할 수 있는 요구 사항이다.

MoSCoW 모델은 직관적이기 때문에 이해관계자와 소통이 쉽지만 사람에 따라 우선순위 평가에 대한 의견이 달라질 수 있으며 이해관계자들이 대부분의 요구 사항들을 'Must have'또는 'Should have'로 평가하는 것도 평가모델의 실효성을 낮춘다. 이러한 문제를 극복하기 위해서는 워크숍을 실시해 요구 사항에 대한 다양한 관점을 토의한 후 우선순위를 결정하는 것이 바람직하다.

2 가중치 평가모델

가중치 평가모델에서는 평가항목별로 가중치를 부여해 평가한 점수의 합계로 우선순위를 결정하며 평가항목의 예는 다음과 같다.

• 기능의 중요도

기능의 중요도는 고객 가치의 관점에서 요구 사항이 사용자의 불편을 해결하는 정도 또는 조직 비즈니스 관점에서의 수익성으로 평가할 수 있다.

• 개발 비용

상품 개발 요구 사항을 개발하는 데 투입되는 비용(MM)을 고려해 우선순위를 결정한다. 가치대비 개발 비용을 평가할 수도 있고(가격 대비 성능), 주어진 자원으로 어디까지 개발할 수 있을지 평가할 때 사용할 수도 있다.

● 구현가능성(기술 위험)

구현 가능성은 새로운 기술의 도입이나 복잡한 솔루션과의 연계와 같은 상황에서 발생하는 기술적 위험을 의미한다. 만일 기능의 중요도가 동일하다면 일반적으로는 기술적 위험이 낮은 요구 사항을 먼저 개발하는 것이 좋다. 그러나, 위험관리 전략에 따라 기술적 위험이 높은 요구 사항을 먼저 개발해 초기 단계에서 잠재적인 문제를 해결하는 접근법도 고려할 수 있다(그림24).

● 컴플라이언스

개인정보 보호, 해킹으로부터의 보안, 라이선스 활용 규정 준수 등과 같이 반드시 반영해야 하는 요구 사항도 있을 수 있다. 개인정보 보호를 위한 대표적인 법이 2018년부터 시행된 유럽의 개인정보보호법인 GPDR General Data

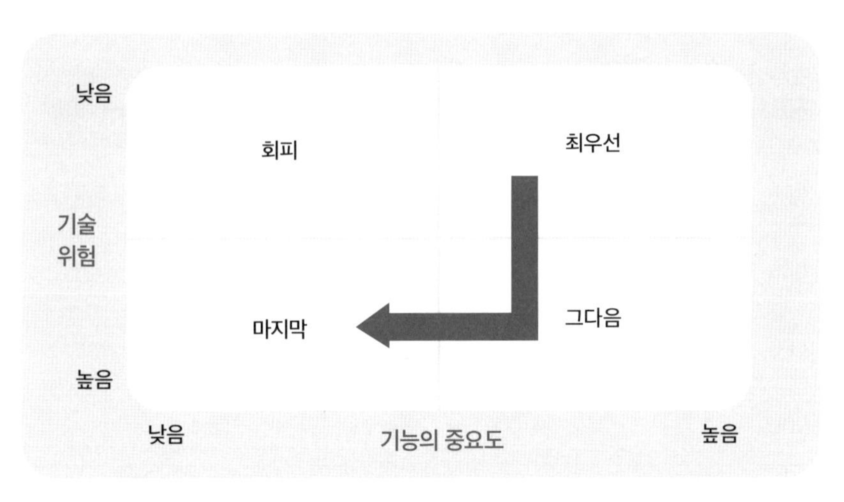

그림 24 고객 가치와 기술 위험을 고려한 요구 사항 우선순위 결정

Protection Regulation이다.

● 경쟁사 상품기능

상품 개발 프로젝트의 경우 상품 개발 우선순위를 결정할 때 경쟁사 상품기능을 고려할 수 있다. 다만, 자사 상품에 없는 경쟁 상품의 기능을 고객 가치 검증 없이 추가하는 것을 유의해야 한다. 특히 기존 시장에 진출하기 위한 상품을 기획할 때, 경쟁사들의 기존 상품기능을 합치고 경쟁사에 없는 기능 몇 개를 추가하는 방식은 위험하다. 상품 기획을 할 때 경쟁 상품의 기능은 참조할 사항일 뿐이다.

이상의 평가 기준을 활용해서 상품 요구 사항의 우선순위를 결정하는 예는 표9와 같다.

요구 사항	요구 사항 유형	요구 사항 출처	고객 가치 (50%)	개발 비용 (30%)	기술 리스크 (20%)	컴플라이언스	총점	우선 순위	릴리즈 버전
AAA	에픽	고객 VOC	8	6	2	N	6.2	2	V1.3
BBB	사용자 스토리	상품 기획	-	-	-	Y	-	1	V1.2
CCC	사용자 스토리	고객 VOC	8	9	2	N	7.1	1	V1.2
DDD	사용자 스토리	고객 VOC	4	8	2	N	4.8	4	

표 9 상품 요구 사항 우선순위 결정 예시

컴플라이언스 항목은 필수 항목이기 때문에 Y에 해당한다면 우선순위가 1이 된다.

3 카노모델

카노 노리아키狩野紀昭는 고객에게 만족을 제공하는 기능과 불만을 초래하는 기능을 다섯 가지로 구분했으며 이를 카노모델이라고 한다.

① 매력적 품질요소 Attractive quality element

제공되지 않아도 고객의 불만이 없지만, 제공되면 고객을 감동시키는 요소를 의미한다. 생성형 AI의 기능이 매력적 품질요소의 대표적인 예다. AI가 동영상을 만들지 않는다고 불만을 가진 사람은 없다. 그러나 나의 요청에 따라 동영상을 만들 때 감탄한다. 물론 사람에 따라 매력적인 정도는 크게 다르다. 매력적인 품질요소가 오랫동안 알려지면 기본이 될 수도 있다. 스마트폰에서 전화뿐만 아니라 음악도 듣고, 인터넷 검색도 하고, 영화를 보는 것은 처음엔 매력적인 품질요소였지만 지금은 아래에서 설명할 일차원적 품질요소가 됐다.

② 일차원적 품질요소 One-dimensional quality element

제공되는 수준에 따라 만족도가 비례해 높아지는 요인을 의미한다. 웹 화면 응답 속도, 음성 인식률, 번역의 정확도 등이 여기에 해당한다. 대부분의 프로젝트에서 집중하는 요구 사항이다.

③ 당위적 품질요소 Must-be quality element

제공된다고 해서 만족하지는 않지만 제공되지 않으면 불만이 발생하는 품질

요소를 의미한다. 쇼핑 사이트의 '구매 상품 장바구니 담기' 기능이 이에 해당한다. 그러나 경쟁사의 제품이나 서비스에서 제공하는 대부분의 기능들을 당위적 품질요소로 판단해서는 안 된다. 프로젝트 결과물에 오류가 없어야 하는 것도 당위적 품질요소다.

④ 무차별 품질요소Indifferent quality element

제공이 되는 것과 안 되는 것의 차이를 느끼지 못하는 품질요소를 의미한다. 사용자에 따라 다르지만 5G 스마트폰의 응답 속도와 같이 과잉 충족된 성능이 여기에 해당한다.

⑤ 역 품질요소Reverse quality element

제공되면 불만을 초래하지만 제공되지 않으면 만족하는 품질요소를 의미한다. 구매 대금을 결제할 때 복잡한 프로그램 설치 및 인증 절차가 대표적인 예다. 고객이 무엇을 해야 할지 모르게 만드는 복잡한 사용자 인터페이스도 역 품질요소다.

다섯 가지 품질요소를 그래프로 정리하면 그림25와 같다.

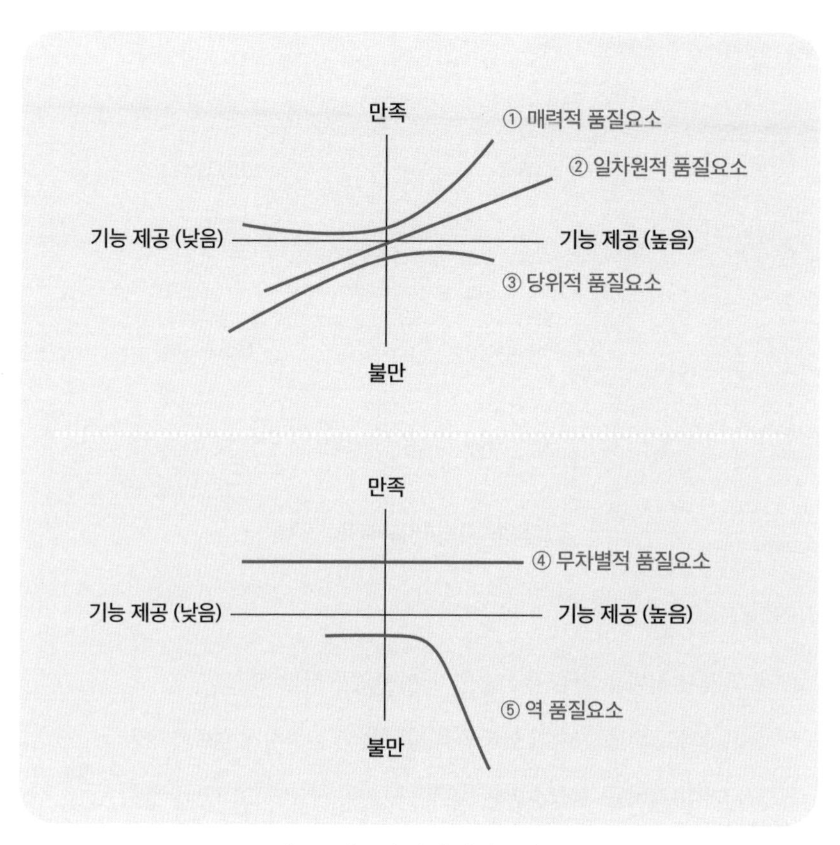

그림 25 카노의 다섯 가지 품질요소

4 가치/비용 매트릭스

요구 사항의 비즈니스 가치와 구현 비용을 매트릭스로 비교해 우선순위를 네 가지로 분류한다. 우선순위를 정하는 방법으로 직관적이기 때문에 설득력이 높은 모델이다.

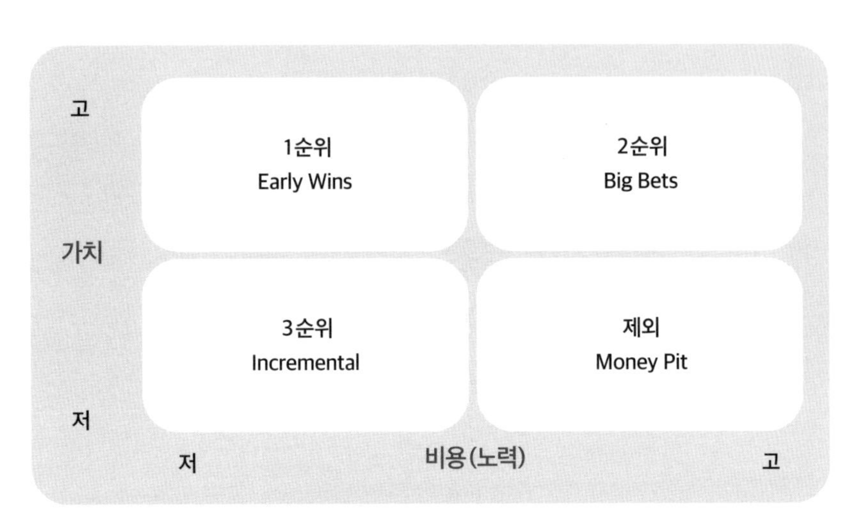

그림 26 가치/비용 매트릭스 예

- **고가치/저비용**: 가장 우선순위가 높은 요구 사항이다.
- **고가치/고비용**: 가치가 높지만 비용도 높아 신중하게 검토해야 한다.
- **저가치/저비용**: 우선순위는 낮지만 자원이 남으면 고려할 수 있다.
- **저가치/고비용**: 우선순위가 낮고 비용도 많아 배제하는 것이 좋다.

문서로 요구 사항을 소통하기 어려운 이유는?

요구 사항을 정의한 문서는 '요구 사항 정의서' '요구 사항 명세서' '사용자 스토리' 등 다양한 이름으로 부른다. 요구 사항 문서는 요구 사항을 소통하고 요구 사항 변경 여부를 판단하기 위해 활용한다. 요구 사항을 정의하는 조직과 요구 사항을 구현하는 조직은 대부분 다르다. 두 조직은 처한 상황과 목표가 다르기 때문에 요구 사항 문서의 내용을 서로 유리한 방향으로 해석한다. 문서로 요구 사항을 소통하기 어려운 이유는 무엇일까?

SI 프로젝트와 같이 고객과 프로젝트 팀이 처음 만나 일을 하는 상황에서는 충분한 소통 없이 작성한 요구 사항 문서를 동일하게 이해하기 어렵다. 이런 상황에서는 요구 사항을 상세하게 정의하는 것만으로는 충분하지 않다. 반면 오랫동안 협업해 온 '상품 기획 팀과 상품 개발 팀' 또는 '현업부서와 전산실 조직'은 요구 사항 문서를 다르게 해석할 가능성이 낮다.

프로젝트를 빨리 진행하고 싶은 상품관리자가 '요구 사항 정의서를 보냈으니 질문 있으면 메일로 의견을 주시기 바랍니다'라는 내용을 상품 개발 팀에 메일로 전송했다고 예를 들어보자. 상품 개발 팀은 헷갈리는 몇 가지를 메일이나 메신저로 물어보고 나머지는 자체적으로 이해해서 상품을 개발할 것이다. 이렇게 시간에 쫓겨 충분한 토론 없이 요구 사항 정의서를 문서로만 소통하는 경우는 흔히 발생한다. 이런 과정을 통해 개발된 결과물은 변경 가능성이 높다. 요구 사항을 변경하는 것이 아니라 잘못 이해한 것을 바로잡는 과정이 생기기 때문이다.

같은 문서라도 상황에 따라 사람에 따라 요구 사항을 다르게 이해할 수 있다. 요구 사항을 동일하게 이해하려면 요구 사항 문서를 명확하고 구체적으로 작성하는 것도 중요하지만, 문서를 작성하기 전에 충분히 소통하는 것이 더 중요하다. 요구 사항을 협의하는 과정에 참여하지 않은 사람과 참여한 사람이 같은 문서를 같은 수준으로 이해하는 것은 불가능하다.

함께 요구 사항을 협의한 사람이라면 화이트보드를 촬영한 사진만 봐도 무엇을 협의했는지 알 수 있지만, 협의에 참여하지 않은 사람은 그 사진만으로는 내용을 이해할 수 없다. 요구 사항 문서는 화이트보드의 내용보다는 상세하고 체계적으로 기술하지만 회의 분위기, 주고받은 찬성 및 반대 의견, 상대방의 미묘한 표정 등을 모두 옮길 수는 없다.

예를 들어, 요구 사항 토론을 통해 내용의 80%를 이해한다고 가정하면 요구 사항 문서를 통해 이해할 수 있는 내용은 20%에 불과하다. 책보다는 인터넷 강의, 인터넷 강의보다는 직접 강의를 듣는 것이 학습에 도움이 되는 원리와 비슷하다. 요구 사항 이해도 이와 다르지 않다.

두 조직이 오랫동안 협업해왔고 충분히 토론했다면 요구 사항 문서를 간략하게 작성해도 프로젝트를 진행하는 데 무리가 없다. **요구 사항에 대해 충분히 소통한 사람들에게 요구 사항 문서는 이해하기 쉽고 오해하기 힘들다.** 반대로 요구 사항 협의가 부족한 사람들은 요구 사항 문서를 이해하기 힘들고 오해하기 쉽다.

요구 사항 문서는 이해를 거들 뿐이다.

요구 사항이 변경되는 이유는?

프로젝트 팀에서 자주 언급하는 요구 사항 변경은 주장하기는 쉬워도 이해관계자에게 인정받기는 어렵다. 요구 사항을 변경하는 이유를 서로 다르게 이해할 수 있기 때문이다. 요구 사항이 변경되는 진짜 이유는 무엇일까?

현실에서 '요구 사항 변경'이라는 단어를 사용하는 상황은 크게 세 가지다. 첫째는 요구 사항을 오해한 상황, 둘째는 요구 사항에 오류가 있는 상황, 셋째는 말 그대로 변심을 한 상황이다. 세 가지 상황을 구체적으로 설명하면 다음과 같다.

1 | 요구 사항 오해로 인한 요구 사항 변경

요구 사항 변경과 관련된 갈등은 대부분 요구 사항을 다르게 이해하는 오해 때문에 발생한다. **프로젝트 팀은 주관적인 관점에서 '변경'이라는 단어를 사용하지만, 실제로는 요구 사항에 대한 오해를 바로잡는 과정이 대부분이다.** 오해로 인한 요구 사항 변경은 입장 차이가 있기 때문에 쌍방이 합의하기 어렵다. 이러한 상황은 요구 사항을 제시하는 이해관계자와 이를 이해하고 구현하는 프로젝트 팀 모두의 책임이다. "당신은 정확히 설명했는데, 내가 부주의해서 잘못 이해했습니다."라고 말하는 사람은 거의 없다.

대부분 한쪽은 잘못 이해할 수 있는 단서를 제공하고, 다른 쪽은 자기 나름대로 쉽게 이해하려다 보니 오해나 착각이 생긴다. 이처럼 요구 사항의 오해는 쌍방과실이지만, 교통사고처럼 과실 책임 비율을 판정할 3자나 대리인이 없어 원만한 해결이 어렵다. 이로 인해 힘의 논리로 문제를 해결하는 경우가 많다. 요구 사항 변경이 문제가 되는 시점은 변경이 실제로 발생한 순간이 아니라, 요구 사항에 대한 프로젝트 팀과 이해관계자의 동상이몽이 깨지는 순간이다.

요구 사항을 오해하는 이유는 다음과 같다.

1 문서로 요구 사항을 정의하는 것은 한계가 있다.

요구 사항 문서를 읽는 사람들이 똑같이 이해할 수 있도록 작성하기는 힘들다. 모든 사람들이 똑같이 이해할 수 있는 메일이나 문서는 회식 계획과 같이 간단한 내용 또는 건축도면과 같이 공학적인 기법으로 작성할 때 가능하다.

구두로 설명할 때에는 논리가 다소 미흡해도, 약간 횡설수설해도 내용 전달에 어려움이 없지만 문서로 작성자의 의도를 전달하는 것은 힘들다. 왜냐하면 글쓰기 자체가 어려울 뿐 아니라 글쓰기는 일방소통이고 대화는 쌍방소통이기 때문이다. 문서나 메일을 읽고 이해하기 힘들 때 작성한 사람에게 "이게 무슨 말인지 잘 이해가 안 됩니다."라고 문의하고 설명을 들으면 대부분 이해할 수 있다. 문서를 작성한 사람이 말로 설명해도 이해가 안 된다면 그것은 작성한 사람의 '요구 사항 표현의 문제'가 아니라 '요구 사항 이해의 문제'이다. 잘 모르는 것을 명확하게 표현하는 비결은 없다. 요구 사항 문서를 작성하기 위해 뛰어난 필력이 필요하지 않지만 요구 사항과 관련된 이해관계자와 프로젝트 팀원이 같은 수준으로 쉽게 이해할 수 있도록 작성하기 위해서는 많은 노력이 필요하다.

요구 사항 문서를 이해하기 힘든 또 다른 이유는 틀린 문장을 작성하거나 너무 긴 문장을 작성하기 때문이다. 틀린 문장은 읽는 사람이 글에 집중하기 힘들게 만들기 때문에 문서를 작성한 사람의 의도를 파악하기 위해서는 읽는데 많은 노력을 해야 한다. 세 줄 이상 이어지는 만연체의 긴 호흡을 가진 문장 또한 읽기 힘들다.

2 요구 사항을 소통하는 과정에서 노이즈가 발생한다.

오해는 전달하는 사람의 잘못 때문에 발생하기도 하지만 전달받는 사람의 잘못 때문에도 발생한다. 앞서 설명한 요구 사항 문서 작성이 어려운 것은 전달하는 사람 때문에 발생하는 오해이다. 반면 소통과정의 노이즈는 전달받는 사람 때문에 발생하는 오해이다. 소통과정에서 발생하는 노이즈의 예는 다음과 같다.

● 요구 사항 문서를 읽는 사람의 관심에 따라 선택적으로 내용을 기억한다.

요구 사항 문서의 내용 중 개인이 관심 있는 주제가 있을 때 나머지 내용은 잊고 관심 있는 주제만 기억하는 현상을 의미한다. 만약 그 내용이 요구 사항 문서의 핵심이라면 문제가 되지 않는다. 하지만 중요하지 않은 부가 기능이나 특정 조건에서만 해당되는 내용을 선택적으로 중요하게 기억했다면 상황은 달라진다. 특히 영향력이 큰 이해관계자가 프로젝트 후반부에 본인이 관심 있었던 내용이 충분히 구현되지 않은 것을 확인하고 이의를 제기한다면, 프로젝트 관리자는 어려움에 직면하게 된다.

● 요구 사항 문서의 내용을 개인이 임의로 가정하고 이해한다.

요구 사항 문서를 받은 사람이 요구 사항 문서를 읽고 궁금증이 생길 수 있다. 아예 모르는 내용이라면 물어보겠지만, 전반적인 내용은 이해할 수 있어도 요구 사항 구현의 구체적인 방안 또는 해당 전제조건에 대해 궁금한 내용이 있을 수 있다. 이때 전화나 메신저를 통해 확인하는 사람도 있지만 본인이 이해하기 쉬운 대로 이해하고 넘어가는 사람도 있다. 이러한 상황은 요구 사항 문서를 전달하는 사람과 전달받는 사람 모두에게 잘못이 있다. 요구 사항 문서를 작성해 전달하는 사람은 소통의 대상이 되는 사람들이 임의로 가정할 여지를 만든 잘못이 있고, 요구 사항 문서를 전달받은 사람은 개인이 임의로 가정한 잘못이 있다. 이러한 오해는 프로젝트 팀 또는 이해관계자 모두에게 흔히 볼 수 있다.

● 요구 사항에 대한 배경지식의 편차가 존재한다.

요구 사항을 전달받는 사람들 간에 배경지식의 차이도 요구 사항 오해의 중요한 원인이다. 이러한 배경지식은 IT 지식일 수도 있고, 업무에 대한 지식일 수도 있다. 배경지식이 부족한 사람에게 요구 사항 문서는 이해하기 어려울 뿐만 아니라, 구체적인 설명이 부족할 때도 많다. 이때 문서를 작성한 사람에게 일일이 질문하는 것도 부담스럽다.

● 개인의 상황에 따라 요구 사항 소통에 집중하는 정도가 달라진다.

요구 사항 문서를 읽거나 요구 사항에 대해 협의할 때 집중하지 않고 다른 생각을 하면 내용을 잘못 이해할 수 있다. 컨디션이 좋지 않거나 심리적으로 힘든 상황에서는 소통에 집중하기 어렵다. 하지만 요구 사항을 전달하는 사람이 모든 개인의 상태까지 고려하면서 소통하기는 어렵다.

● 대면협의 없이 문서나 메일로만 소통한다.

요구 사항 문서는 소통의 결과이지, 소통의 수단이 아니다. 요구 사항을 소통하는 가장 효과적인 수단은 회의실과 화이트보드다. 문서만으로 소통하면서 오해가 없기를 기대하는 것은 지나친 욕심이다. 요구 사항 문서를 작성하는 사람에게는 중요한 내용이지만 요구 사항 문서를 받는 사람에게는 우선순위가 낮아 집중해서 읽지 않을 가능성이 크기 때문이다.

요구 사항 관련자들이 충분히 소통하지 않는 것은 아파트나 다리를 건설할 때 철근이나 시멘트의 양을 줄이는 부실공사와 같다. 충분한 소통 없이 작성된 요구 사항 문서는 오해를 일으켜 프로젝트를 곤경에 빠뜨릴 가능성이 높다.

● 사이로silo 방식으로 협업한다.

프로젝트 조직형태도 소통 오류에 영향을 미친다. 프로젝트 팀원들이 같은 장소에서 근무하고 하나의 프로젝트에 전담으로 투입되는 조직에서는 대면소통이 활발하게 이뤄져 소통 오류가 발생할 가능성이 낮아진다. 또한, 팀원들이 소속 부서의 이해관계에 대한 압박을 덜 받는 것도 소통 오류를 줄인다. 고객이나 이해관계자 대표가 함께 근무하면 소통이 더욱 원활해진다.

반면, 팀원들이 소속 부서의 사무실에서 근무하면서 여러 프로젝트를 동시에 수행하는 매트릭스 또는 기능조직에서는 문서에 의한 소통이 많기 때문에 소통의 질이 낮아진다. 한 사람이 여러 프로젝트를 동시에 수행하면 집중도가 떨어져 소통 오류가 발생할 가능성이 높아진다. 특히 기능조직들은 순차적으로 업무를 수행하고 해당 부서의 관점에서 요구사항을 파악하기 때문에 소통 오류를 뒤늦게 파악하게 되며, 이로 인한 피해도 크다.

3 요구 사항의 구체화가 미흡하면 오해가 많아진다.

요구 사항 구체화가 미흡한 것을 요구 사항 오해로 구분할지, 오류로 구분할지 고민 끝에 오해로 구분했다. 구체화가 미흡한 대표적인 상황은 예외 사항에 대한 대응을 고려하지 않는 것이다. 예외 사항에 대한 고려가 미흡할 때 발생 가능한 문제로는 예외 사항에 대해 임의로 가정하고 요구 사항을 개발하는 것과 예외 사항에 대한 정의가 필요함을 뒤늦게 발견하는 것이 있다. 소프트웨어 요구 사항을 정의할 때 고려해야 할 예외 사항의 예는 다음과 같다.

● 요구 사항을 정의한 사람의 의도대로 프로세스를 수행하지 않는 경우

예를 들어 B2B 고객 지원을 위한 회원가입 시 회사 메일을 등록하도록 요구하는 것은 모든 사용자가 회사 메일을 가지고 있다고 가정한 것이다. 만약 사용자가 회사 메일이 없다면 어떻게 대응해야 할까?

보통 사용자들이 프로세스를 잘 따를 것이라는 성선설의 입장에서 시스템을 기획하고 개발한 뒤 프로세스를 잘 따르지 않는 사람들을 성악설의 입장에서 관리하는 경우가 많은데 반대로 하는 것이 좋다.

- 기 수행한 프로세스를 취소하는 경우

시스템을 기획할 때는 정상적인 상황만 고려하기 쉽다. 예를 들어 결재 프로세스는 일반적으로 '결재 상신 → 결재 → 통보'의 순서로 진행된다. 그러나 결재를 올린 후에 내용을 잘못 기술해 수정해야 하는 상황이 발생할 수 있다. 이와 같이 이미 진행된 단계의 데이터를 변경하거나 삭제해야 하는 상황에 대비해야 한다. 현실에서는 프로세스를 거꾸로 수정해야 하는 경우가 대부분 발생한다.

- 요구 사항을 개략적으로 정의한 경우

요구 사항을 개략적으로 정의할 수는 있어도 설계나 코딩을 개략적으로 할 수는 없다. 요구 사항의 내용이 개략적이어서 설계를 진행하기에 정보가 부족하면, 요구 사항을 전달받은 사람이 임의로 가정해 요구 사항을 구체화하는 오해나 오류가 발생할 수 있다. 이러한 상황은 시간에 쫓겨 전체 요구 사항을 확정해야 하는 폭포수 방법론을 적용할 때 주로 발생한다.

2 | 요구 사항의 잘못된 정의로 인한 요구 사항 변경

오류로 인한 요구 사항 변경은 보통 정보가 부족하거나 요구사항을 개략적으로 정의할 때 발생한다. 이 경우 어느 한쪽이 임의로 잘못된 가정을 하게 되는데, 상대방도 이 잘못된 요구 사항을 제대로 인지하지 못했을 때 발생한다. 예를 들어, 정보시스템을 구축할 때 회사 내부 다른 시스템에서 데이터를 받아 처리한 후 결과를 다시 해당 시스템에 제공할 경우가 많은데 이를 누락한 상황을 생각해볼 수 있다. 요구 사항의 오해와 달리 오류는 잘못된 요구 사항을 관련된 사람들이 동일하게 이해한다. 이러한 상황은 요구 사항이 잘못 정의됐거나, 처음부터 불완전한 정보로 시작된 경우에 발생한다.

반면 변심은 정책이나 개인의 선호도(예: 화면 디자인) 변경으로 인해 발생하므로 오류와는 다르다. 변심은 보통 시간이 지나면서 프로젝트의 우선순위나 추진 방향이 바뀌는 경우에 발생한다.

요구 사항의 오류도 원인제공에 대한 책임이 모호할 경우에는 오류를 수정하기 위한 시간과 비용 부담에 관련된 다툼이 발생한다. 오류에 대한 책임이 모호한 경우는 이해관계자가 상위 수준의 요구 사항을 정의하고, 프로젝트 팀이 상세 요구 사항을 정의할 때 주로 발생한다. 이해관계자는 요구 사항을 잘못 정의한 책임이 프로젝트 팀에 있다고 주장하고, 프로젝트 팀은 이해관계자가 처음부터 요구 사항을 구체화하지 않았기 때문에 상세 요구 사항을 프로젝트 팀이 정의했으며 그 내용을 이해관계자와 협의했기 때문에 요구 사항 오류에 대한 책임은 이해관계자에게 있다고 주장한다.

요구 사항을 틀리게 정의하는 유형은 개략적으로 틀린 경우와 상세하게 틀린 경우가 있다. 개략적으로 틀린 경우는 방향성의 오류이고 상세하게 틀린 경우는 잘못된 요구 사항을 상세하게 정의한 경우다. 요구 사항을 틀리게 정의하는 이유는 요구 사항을 정의하는 사람의 역량이 미흡하거나 너무 빨리 요구 사항을 확정하기 때문이다. 역량이 미흡해 요구 사항을 잘못 정의하는 것은 대응이 힘들지만, 요구 사항을 빨리 확정하는 것은 프로세스나 방법론을 개선하면 해결 가능하다.

요구 사항을 정의하기 위한 정보가 부족하거나 구체화되지 않은 상태에서 요구 사항을 확정하는 오류를 줄이기 위해서는 요구 사항을 확정하는 시점을 늦춰야 한다. 짧은 시간 동안 요구 사항을 급하고 부실하게 정의하는 오류를 줄이기 위해서는 허용 가능한 시간을 최대한 활용해야 한다. 예를 들어 개발자가 요구 사항 문서를 받아 코딩을 시작하기 직전까지 요구 사항을 검토하는 것은 좋지만 코딩을 시작하기 2개월에서 3개월 전에 상세 요구 사항을 확정하면 변경이 발생할 가능성이 크다.

3 | 변심으로 인한 요구 사항 변경

변심은 당사자가 인정할 때만 유효하다. "요구 사항이 어떻게 바뀌나요?"라고 하소연해도 당사자가 인정하지 않으면 변심이 성립되지 않는다. 당사자가 변심을 인정하지 않는 경우는 변심에 대한 명확한 근거가 없을 뿐만 아니라, 변심이라고 주장하는 사람의 오해나 착각일 가능성도 있다.

요구 사항에 대한 마음을 바꾸는 이유는 상황이 변했기 때문이다. 조직 외부의 상황이 바뀔 수도 있고, 조직 내부의 정책이 바뀔 수도 있다. 상황이 변하는 가장 큰 이유는 시간의 경과다. 시간에 강한 것은 진화와 같은 자연의 법칙 또는 모성애와 같이 보편적인 감정이며, 대부분은 시간에 약하다. 사랑, 유행, 프로세스 등 모두 시간이 지날수록 변경 가능성이 높다. 요구 사항은 말할 것도 없다. 요구 사항을 정의하고 개발까지 리드타임이 길어질수록 요구 사항에 대한 마음을 바꿀 가능성이 증가한다. 지금 요구 사항을 정의하고 1년 뒤에 개발한다고 생각해 보면 쉽게 이해할 수 있다.

요구 사항 변경이 발생하기 쉬운 원인과 결과를 요약하면 그림27과 같다.

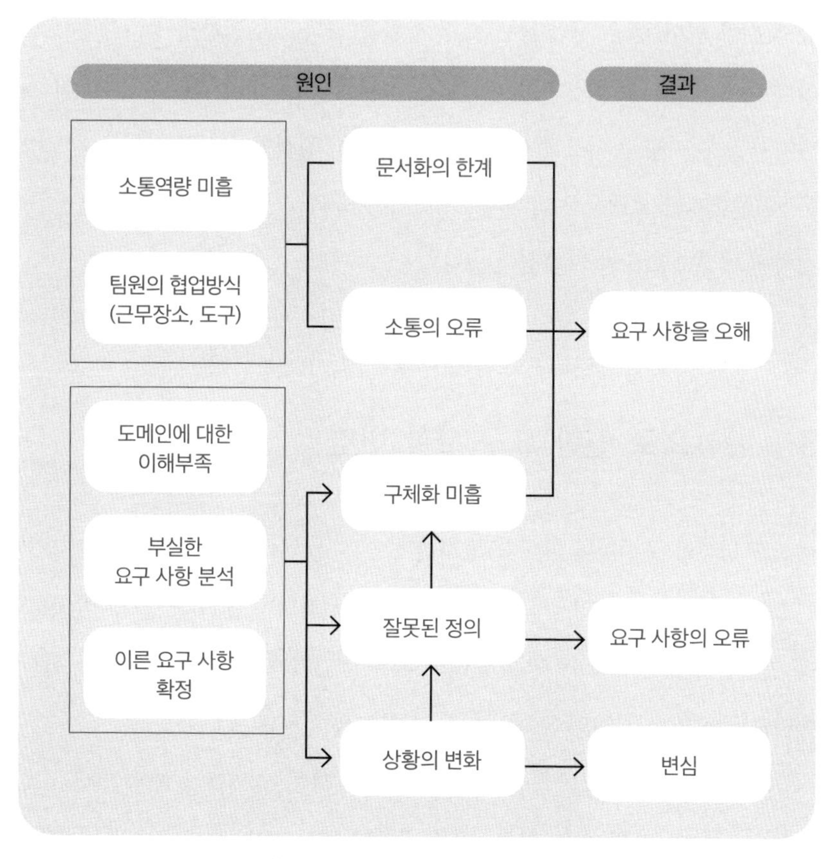

그림 27 요구 사항 변경의 원인과 결과

요구 사항 변경을 예방하는 방법은?

요구 사항이 변하는 것은 생명체의 노화와 같이 자연스러운 현상이다. 비만과 같이 자연스러운 결과를 바꾸려면 다이어트와 운동 같이 부자연스러운 노력을 해야 한다. 요구 사항 변경도 예방하려면 많은 시간을 투입하고, 많은 노력을 해야 한다. 요구 사항 변경이 발생할 가능성을 조금이라도 줄여줄 방법은 무엇일까?

요구 사항 변경이 발생할 가능성을 조금이라도 줄여주는 여섯 가지 방법은 다음과 같다.

① 요구 사항 도출 또는 협의를 위해 대면소통을 자주 한다.

② 중요한 이해관계자의 피드백에 공을 들인다.

③ 모든 팀원들이 한 장소에서 함께 작업한다.

④ 요구 사항을 정의하는 템플릿과 기법을 적용한다.

⑤ 요구 사항 정의 후 릴리즈까지의 리드타임을 짧게 한다.

⑥ 불편 사항 또는 문제를 정확하게 파악한다.

1 요구 사항 도출 또는 협의를 위해 대면소통을 자주 한다.

요구 사항은 한 사람의 머릿속에 잘 정제된 형태로 존재하지 않는다. 그러므로 한 사람이 문서로 정리한 것을 그대로 받아들이면 안 된다. 나무에 열린 과

일을 따듯이 요구 사항을 쉽게 얻을 수 없다. 요구 사항을 정의하는 과정은 다이아몬드 채굴 과정과 유사하다. 다이아몬드 1캐럿을 만들려면 흙과 암석 250만 톤을 캐내야 한다. 흙과 암석에서 다이아몬드를 분리하는 과정은 여러 이해관계자와 프로젝트 팀이 요구 사항을 협의하는 과정에 비유할 수 있다.

회의실에서 얼굴을 마주 보고 요구 사항을 협의하면 오해할 가능성을 줄일 수 있다. 모두가 그 사실을 알고 있지만 많은 사람들이 한 장소에 모이기 힘들고, 시간에 쫓기다 보니 대면소통을 생략하거나 형식적으로 수행할 뿐이다. **귀찮거나 힘들어 편한 방법을 선택하면 요구 사항 변경의 부작용을 받아들여야 한다.**

2 중요한 이해관계자의 요구 사항 검토에 공을 들인다.

요구 사항 도출 워크숍 이전 또는 이후에 프로젝트에 큰 영향을 주는 중요한 이해관계자의 검토를 자주 받으면 요구 사항 변경 위험을 줄일 수 있다. 다음은 중요한 이해관계자의 검토를 잘 받기 위한 방법이다.

● 작게 자주 검토 받을수록 요구 사항 변경의 위험이 줄어든다.

고위 경영층에게 보고하고 피드백 받을 때는 보고 시간을 잘 사용해야 한다. 긴 시간 동안 준비해 보고할 시간을 1시간 확보했지만 예상하지 못한 질문에 대한 답변에 30분을 사용해버리면 경황도 없고, 남은 30분 동안 준비한 내용을 모두 보고하기 어렵다. 따라서 첫 번째 보고에서는 세부 내용보다는 보고주제와 개략적인 방향을 설명하고, 보고주제에 대해 경영층의 주요 관심사를 청취하는 것이 중요하다. 간혹 보고주제와 상세 방안을 빨리 파악하는 경영층도 있지만, 경영층이 보고주제에 흥미를 느끼고 검토의견을 제시하는 데 부담이 없도록 하는 것이 가장 좋다. 상세 방안까지 모두 수립해 보고하면 경영층이 내용 파악도 힘들고, 검토의견을 제시하는 것에 부담을 느낄 수 있다. 경영층은 여러분들이 보고하는 프로젝트 내용보다 더 심각한 현안들을 고민 중이기 때문이다.

따라서 **경영층에게는 길고 드문 업데이트보다 짧고 잦은 업데이트 보고가 효과적이다.** 이전 보고에서 실행한 내용을 조금씩 업데이트하는 형식으로 보고하면, 보고 받는 사람은 이해하기 쉽고, 보고하는 사람의 입장에서도 변경의 가능성을 줄일 수 있다. 이러한 형태의 보고는 30분이면 충분하기 때문에 보고하는 사람과 보고받는 사람 모두 부담이 적다.

최악의 상황은 긴 시간 준비해 보고했는데 경영층의 생각과 다른 경우이다. 작은 업데이트로 자주 소통해야지, 한 번에 큰 충격을 받을 수 있는 보고는 피해야 한다. **잽jab을 맞아야지 카운트 펀치를 맞으면 안 된다.** 잽을 맞고 이를 만회하는 리액션을 보여주면 된다. 자주 소통하면서 상황에 맞게 반응해야 한다. 카운트 펀치를 맞으면 자신감이 낮아져서 다음에도 카운트 펀치를 맞기 쉽다. 카운트 펀치 두 방이면 극복하기 힘들어진다.

● 경영층의 검토의견은 빼먹지 말고 피드백한다.

경영층의 검토의견에 대해서는 반드시 피드백해야 한다. 프로젝트 팀이 반영할 수 있는 검토의견 뿐만 아니라 반영하기 힘든 검토의견도 빠짐없이 보고해야 한다. 지시를 받은 사람은 잊어버릴 수 있지만, 지시를 한 사람은 지시한 내용을 잊지 않는다. 반영하기 힘든 사유를 명확하게 보고한다면, 경영층이 이를 납득하거나 중요한 사항일 경우 대안을 제시할 수도 있다.

물론, 경영층의 검토의견을 프로젝트 팀이 반영했더라도 그 결과에 대한 추가 의견을 받을 수 있다. 이러한 활동은 힘들지만, 프로젝트 종료 시점에 만기가 도래하는 적금과 같다고 생각하고 정기예금 하듯이 경영층과 소통해야 한다.

● 한 사람씩 검토의견을 받는다.

검토시간을 줄이고자 여러 이해관계자들을 모아서 한 번에 보고하는 것도 유의해야 한다. 여러 이해관계자들이 모이면 가장 직급이 높은 사람의 눈치를 보느라 본인의 생각을 표현하지 않는 경우가 많다.

그렇다고 그러한 이해관계자들이 끝까지 아무 말도 하지 않는 것은 아니다. 프로젝트 종료를 판단하는 의사결정에 관련된 이해관계자라면 언젠가는 본인의 생각을 강하게 주장한다. 개별 이해관계자의 요구 사항을 듣기 위해서는 개별로 심층적인 소통을 해야 한다. 각 이해관계자의 이야기를 별도로 들어주기만 해도 긍정적인 프로젝트 참여를 유도할 수 있다. 이해관계자별로 소통하는 것은 단기적으로 비효율적인 것처럼 보일 수 있지만, 장기적으로는 프로젝트 팀의 시간을 절약해준다.

3 모든 팀원들이 한 장소에서 함께 작업한다.

근무장소와 프로젝트 조직구조는 소통에 큰 영향을 미친다. 근무장소가 떨어져 있고 기능조직의 형태로 프로젝트를 진행할수록 소통은 어려워진다. 소통의 관점에서 이상적인 것은 모든 팀원들이 한 장소에서 프로젝트 착수부터 종료까지 함께 작업하는 것이다. 이러한 조직형태를 애자일에서는 홀 팀whole team이라고 한다.

홀 팀을 운영하기는 쉽지 않다. 한 사람이 한 프로젝트에 전담하는 것보다 여러 개의 프로젝트를 동시에 수행하는 것이 효율적이라고 생각할 수도 있고, 프로젝트 사무실을 확보하기도 힘들기 때문이다. 또한 재택근무의 확산도 홀 팀 운영을 어렵게 만든다. 그러나 조직에 큰 영향을 미치는 중요한 프로젝트를 수행하는 데 성공의 확신이 없을 때 프로젝트 관리자는 홀 팀 운영을 적극적으로 주장해야 한다.

4 요구 사항을 정의하는 템플릿과 기법을 적용한다.

요구 사항 정의서(또는 사용자 스토리)는 요구 사항을 협의한 결과다. 결과를 구체적으로 정리해야 사람마다 다르게 기억하거나 선택적으로 기억하는 문제를 줄일 수 있다. 요구 사항 템플릿은 요구 사항 정의서가 갖춰야 할 최소한의 수준을 제공한다. 템플릿의 한계를 극복하기 위해서는 다음에 유의해야 한다.

● 다양한 유형의 요구 사항을 누락 없이 파악한다.

보통 요구 사항이라 하면 기능 요구 사항만 생각하기 쉬운데 요구 사항을 파악하기 위해서는 아래와 같이 다양한 관점을 고려해야 한다.

- 프로젝트 수행을 통해 얻고자 하는 비즈니스 가치
- 비즈니스 프로세스, 기술적 요구 사항
- 서비스 수준, 안전성, 보안, 기술 지원과 같은 비기능적 요구 사항
- 품질 요구 사항과 품질 검수 기준
- 요구 사항의 가정, 제약 조건
- 운영을 위한 인수인계 요구 사항
- 교육 요구 사항, 지원 요구 사항

● 좋은 요구 사항의 특징은 다음과 같다.

상품 개발 프로젝트를 예로 요구 사항 문서가 갖춰야 할 조건은 다음과 같다.

- 가치가 명확한 요구 사항

해당 요구 사항이 고객의 어떤 불편을 해결하는지 또는 어떤 혜택을 제공하는지 명확해야 한다. SI 프로젝트의 요구 사항은 고객사 이해관계자가 가치를 확인하지만, 상품 개발 요구 사항은 상품관리자가 VOC 분석을 통해 고객 가치를 확인해야 한다.

- 기한 내 구현이 가능한 요구 사항

요구 사항의 구현 가능성은 주어진 시간과 비용에 따라 달라진다. 무한대의 시간과 비용이 주어진다면 구현 못할 요구 사항은 없다. 따라서 요구 사항은 프로젝트에 주어진 예산, 자원, 개발 기간 내에 구현 가능해야 한다.

- 우선순위를 평가할 수 있는 요구 사항

제한된 자원을 효율적으로 활용하기 위해서는 상품 요구 사항 우선순위를 고려해 자원을 투입해야 한다. 그러기 위해서는 상품 요구 사항의 우선순위 평가가 가능해야 한다.

- 추정 가능한 요구 사항

상품 요구 사항의 규모, 개발 기간, 투입공수를 추정할 수 있어야 한다.

- 적정한 크기의 요구 사항

요구 사항이 너무 크면 추정이 힘들고 요구 사항을 너무 작게 분할하면 관리비용이 증가한다. 적정한 크기는 개발 팀의 역량, 사용기술에 따라 달라진다.

- 상호 독립적인 요구 사항

요구 사항 간에 의존성이 있으면 공통기능이 있을 수 있고 그 결과 중복 개발의 위험이 존재한다. 공통기능은 하나의 요구 사항 규모 추정에만 반영해야 한다. 또한 의존성이 있는 요구 사항은 관련 요구 사항을 고려해 우선순위를 부여해야 한다.

- 명확한 요구 사항

모든 사람들이 요구 사항 내용을 동일하게 이해하기 위해서는 사람에 따라 해석이 달라질 수 있는 모호한 형용사가 아닌 명확한 단어를 사용해야 한다. 프로젝트 결과물의 우수함을 설명하기 위해 콘셉트 수준에서 형용사를 사용할 수는 있지만 요구 사항 문서에서 형용사 사용은 부작용만 발생한다. 요구 사항은 '사용자는 조회한 상품을 쉽게 주문할 수 있어야 한다'대신 '사용자는 조회한 상품을 3초 내에 주문 완료할 수 있어야 한다'는 식으로 정의해야 한다. 요구 사항을 정의할 때 유의해야 할 모호한 표현 및 대응 방안은 표10과 같다.

- 완료를 확인할 수 있는 요구 사항

사람에 따라 여러 의미를 생각할 수 있는 요구 사항은 완료를 판단하기 힘들다. 회사에서 자주 사용하는 '관리'라는 동사가 대표적이다. 예를 들

모호한 용어	명확하게 표현하는 방법
가능한, 현실적으로	현실적인 기준을 정의
효율적인	시스템이 자원을 얼마나 효율적으로 사용하는지 정의
유연하게	시스템이 변화하는 조건 또는 비즈니스 요구에 대해 변경돼야 하는 방식을 설명
일반적으로, 이상적으로	바람직하지 않거나 적합하지 않은 조건 하에서의 시스템 동작을 설명
신뢰성 있는	시스템이 예상하지 못한 운영 환경에 어떻게 대응하고 예외를 어떻게 처리할지 정의
친숙한, 간단한, 쉬운	고객의 요구와 기대를 충족시키는 시스템 특징을 설명

표 10 요구 사항 정의 시 유의해야 할 모호한 표현과 대응 방안

출처: 《소프트웨어 요구 사항》 칼 위거스Karl Wiegers, 2003

어 고객 지원 웹사이트를 개발할 때 '기술지원을 요청할 수 있는 권한을 관리해야 한다'라는 요구 사항은 완료를 확인할 수 없는 열린 요구 사항이다. 이를 의미가 명확한 닫힌 요구 사항으로 바꾸려면 다음의 예처럼 바꿔야 한다.

계약이 해지된 고객사의 사용자는 기술 지원을 요청할 수 없어야 한다.

- 다양한 사용자 유형을 감안한 요구 사항

소프트웨어 상품이나 시스템을 사용하는 사용자 유형은 다양하다. 사용자 유형에 따라 사용빈도, 사용목적, 소프트웨어에 대한 지식 등이 달라진다. 모든 사용자 유형을 고려해 요구 사항을 정의할 수는 없지만, 주요 사용자 또는 특이한 사용자의 요구 사항을 감안해야 주요 요구 사항을 누락 없이 정의할 수 있다.

- 추적 가능한 요구 사항

요구 사항이 최종 상품에 정확하게 반영됐는지 확인할 수 있어야 한다

5 요구 사항 정의 후 릴리즈까지의 리드타임을 짧게 한다.

요구 사항을 정의하고 릴리즈할 때까지 리드타임이 길수록 요구 사항 변경의 가능성이 높아진다. 새로운 정보를 파악하고 주변 상황이 바뀌면 이해관계자의 생각이 변할 가능성도 커지기 때문이다. 요구 사항을 릴리즈한 후에는 변경이 발생하더라도 고객의 목소리(VOC) 기반으로 검증된 변경만 이뤄지기 때문에 잘못된 요구 사항을 반영할 가능성이 낮다. 무엇보다 릴리즈 후에는 프로젝트 팀이 변경에 대한 책임에서 많이 자유로워진다.

작게 분할해 자주 릴리즈하는 것은 현실에서 적용하기 힘든 상황이 많다. 그러나 쉽지 않더라도 프로젝트 업무를 분할해 요구 사항을 정의하고 릴리즈하는 것이 요구 사항 변경 가능성을 줄일 수 있다.

6 불편 사항 또는 문제를 정확하게 파악한다.

요구 사항은 문제를 해결하거나 혜택을 제공하기 위해 정의한다. 문제를 명확하게 검증하지 않은 상태에서 문제 해결을 위한 요구 사항을 정의하거나, 문제는 명확하지만 잘못된 해결책을 정의하면 요구 사항이 변경될 가능성이 높아진다. 프로젝트 팀은 요구 사항을 제시하는 사람에게 이 요구 사항이 어떤 사용자의 어떤 문제를 해결하는지 질문하고 토의해야 한다. 문제를 정확하게 이해한 뒤, 더 나은 해결 방법이 없는지 검증해야 요구 사항이 견고해진다.

상생의 요구 사항 변경통제 방법은?

프로젝트 팀이 요구 사항 변경에 대응할 때 흔히 하는 실수는 변경의 책임 규명에 집착하는 것이다. 상대방이 인정할 수 있는 객관적인 근거 없이 주관적인 관점에서 상대방의 귀책을 주장하면, 프로젝트 팀이 원하는 것을 얻기 힘들뿐 아니라 부작용만 발생할 뿐이다. 상생의 요구 사항 변경통제 방법은 무엇일까?

SI 프로젝트에서 요구 사항 변경에 잘못 대응하면 조직에 큰 손실을 초래하기 때문에 변경에 민감하게 반응하는 프로젝트 관리자들이 많다. 요구 사항 변경에 대한 논쟁이 심해지면 양측은 서로 다시 보지 않을 것처럼 상대방의 귀책을 주장한다. 고객사 관리자는 변경이 아니라고 주장하고 프로젝트 관리자는 변경이라고 하는 상황이 대부분이다.

실무 관리자 선에서 타협점을 찾기 어려우면, 양사의 법무 인력이 만나서 각 사의 책임을 최소화하기 위한 논쟁을 한다. 이 상황까지 가면 쌍방 모두 패자가 된다. 고객사는 비용을 들여 발주한 프로젝트가 지연되고 목표 달성이 어려워진다. 프로젝트를 수행하는 회사는 더 큰 타격을 받는다. 프로젝트 지연에 따른 추가 원가를 부담할 뿐 아니라, 팀원들은 변경으로 인한 영향력을 최소화하기 위해 정신적, 육체적으로 힘들어진다.

SI 프로젝트보다는 덜 하지만, 조직 내부 프로젝트의 변경에 대응하는 것도 힘들다. 다만, 조직 내부 프로젝트의 요청부서와 프로젝트 개발 팀은 같은 회사에서 근무하기 때문에 극한의 갈등은 피할 수 있다. 그러나 그러한 갈등이 축적되면 조직의 생산성에 부정적인 영향을 미치기 때문에 요구 사항 변경으로 인한 갈등을 줄여야 한다.

실패하는 변경통제와 성공하는 변경통제의 차이는 다음과 같다.

- 실패하는 변경통제는 변경에 대한 책임 규명에 집착하기 때문에 과거지향적이지만, 성공하는 변경통제는 요구 사항의 가치를 기반으로 개발의 우선순위에 집중하기 때문에 미래지향적이다.
- 실패하는 변경통제는 주관적 관점에서 이기고 지고win lose에 집착하지만, 성공하는 변경통제는 객관적 관점에서 절충 가능한 방안을 찾는다.
- 실패하는 변경통제는 상대방에게 책임을 넘기기 위해 논쟁하지만, 성공하는 변경통제는 역지사지로 상대방의 입장에 공감한다.
- 실패하는 변경통제는 문제 해결을 위한 에스컬레이션이 늦지만, 성공하는 변경통제는 적기에 문제를 에스컬레이션한다(표11).

구분	실패하는 변경통제	성공하는 변경통제
관심 사항	변경에 대한 책임(과거)	요구 사항의 가치와 우선순위(미래)
갈등 해결 방식	상대방을 이기는 것에 집중	상대방과 절충하는 것에 집중
변경에 대한 관점	주관적	객관적
소통방식	논쟁	공감
에스컬레이션	늦은 에스컬레이션	적기에 에스컬레이션

표 11 실패하는 변경통제와 성공하는 변경통제

요구 사항 변경에 대해 쌍방의 이해관계를 절충할 기회를 잃어버리고 감정이 대립되는 상황까지 가면 큰 대가를 치르기 때문에 요구 사항 변경에 대해 슬기롭게 대응하기 위해서는 다음의 순서대로 대응해야 한다.

① 변경하고자 하는 요구 사항의 가치를 먼저 판단한다.

원인이 무엇이든 요구 사항 변경이 발생하면, 변경하고자 하는 요구 사항이 누구에게 어떤 가치를 제공하는지 먼저 확인해야 한다. 요구 사항의 가치를 확인하기 전에 "이번 요구 사항을 반영하려면 일정 연장과 추가 원가가 필요합니다."라는 말부터 하는 것은 프로젝트 관리자의 도리가 아니다. 상대방의 입장에서 변경 요구 사항(또는 오해한 요구 사항)의 내용과 가치를 먼저 확인하고, 공감하는 것이 바람직한 자세다.

프로젝트 관리자가 프로젝트 팀의 이익만 챙긴다고 상대방이 느끼면 프로젝트는 성공하기 어렵다. 이해관계자가 프로젝트를 잘 되게 하기는 어렵지만 프로젝트를 힘들게 하는 것은 쉽다.

② 요구 사항의 오해인지, 오류인지, 변심인지를 객관적으로 판단한다.

요구 사항 변경의 발생원인을 정확하게 판단해야 향후 논의가 수월해진다. 프로젝트 관리자 입장에서는 고객이나 이해관계자의 변심이지만 실제로는 오해나 오류가 많다. "의사소통 미흡으로 인해 요구 사항을 잘못 이해했습니다."라고 말하는 것과 "당신이 요구 사항을 바꿨기 때문에 문제가 생겼습니다."라고 말하는 것은 큰 차이가 있다. 프로젝트에서의 소통은 말 한마디로 천냥의 빚을 갚을 수도 있지만, 반대로 불필요한 천냥의 빚을 만들 수도 있다. 요구 사항 변경의 원인을 객관적으로 판단하기 위해서는 상대방의 입장을 이해해야 하고, 이를 위해서는 열린 마음으로 상대방의 이야기를 청취해야 한다.

③ 개발하지 않은 요구 사항의 우선순위를 판단한다.

변경하고자 하는 요구 사항이 사용자들에게 유용한 가치를 제공한다면 우선순위를 조정할 필요가 있는지 검토해야 한다. 이때 비슷한 규모의 요구 사항을 제외하려고 주장해서는 안 된다. 요구 사항의 가치는 이해관계자가 판단해야 하며, 이를 위해 우선순위를 결정하는 기법을 활용하는 것이 중요하다.

예를 들어, 10MM 규모의 변경 사항을 반영하기 위해 같은 규모의 요구 사항을 제외하기는 쉽지 않다. 대신, 요구 사항의 우선순위를 정하고 조정하는 방법을 통해 보다 나은 의사결정을 할 수 있다. 요구 사항의 가치를 평가하는 것은 이해관계자의 몫이므로, 프로젝트 관리자는 그 판단을 존중해야 한다.

④ 상생 또는 절충방안을 토의한다.

지금까지 파악했던 내용을 바탕으로 이해관계자와 함께 요구 사항 변경의 반영 여부를 결정하고 반영에 대한 대응 방안을 협의한다. 예를 들어 다음과 같다.

- 금번에 협의 중인 요구 사항의 내용을 분석해 보니 사용자에게 유용한 가치를 제공하기 때문에 요구 사항 변경의 필요성에 공감합니다.
- 요구 사항이 변경이 발생한 원인을 살펴보니 요구 사항을 협의하는 과정에서 오해가 있었습니다. ○○ 요구 사항에 대한 협의를 하는 과정에서 프로젝트 팀과 고객사 조직이 전제조건을 명확히 소통하지 못한 것이 원인이었습니다.
- 변경된 요구 사항을 반영하기 위해서는 1개월이 지연되고, 20MM가 추가로 필요한데 아쉽게도 프로젝트 팀에서 감당하기 힘듭니다. 기존 요구 사항

중 우선순위가 낮은 A와 B 기능을 다음에 개발하면 납기와 예산의 변동 없이 반영 가능합니다. 특히 A와 B 기능은 새로운 기술이 적용되면 더 이상 필요하지 않을 수도 있습니다.

- 기존 요구 사항의 우선순위 조정 없이 변경된 요구 사항을 모두 수용하는 것은 안타깝게도 제 권한 밖의 일입니다. 저는 요구 사항 변경의 필요성에 공감하지만 본사 경영층의 입장은 다를 수 있습니다. 저의 입장으로서는 본사 경영층의 지시에 따를 수밖에 없음을 이해 부탁드립니다(악역은 경영층에게 위임하는 것이 좋다).

지금까지 요구 사항 변경통제의 순서를 설명했다. 요구 사항 변경통제가 파국으로 치닫는 것을 예방하는 데 도움이 되는 추가적인 팁은 다음과 같다.

1 급하게 결정하지 않는다. 시간이 약이 될 수 있다.

프로젝트를 진행하는 도중 고객과 협의하는 과정에서 고객이 갑작스럽게 아이디어를 제시할 수 있다. 예를 들어 "○○ 씨 내가 어젯밤에 고민해 봤는데, 설계를 이렇게 변경하고 이 기능을 추가하는 것이 좋겠어요."와 같은 의견을 흥분하며 내놓는 것이다. 고객으로부터 요구 사항 변경에 대한 내용을 들은 프로젝트 관리자는 등에 식은땀이 흐를지도 모른다. 고객이 내놓은 의견이 전체 프로젝트를 힘들게 만들 수 있는 아이디어이기 때문이다.

요구 사항 변경 요청을 듣고 아무런 답 없이 시간을 보내면 상대방의 의견을 수용하는 것처럼 보일 수 있다. 그래서 빨리 프로젝트 팀에 피해가 없는 의사결정으로 상대방을 설득하고 싶은 유혹을 느낄 수 있다. 그러나 요구 사항 변경을 확정하기 위해서는 일정 기간 아이디어 숙성 기간을 가지는 것이 좋다. 고객이 번뜩이는 아이디어를 제시했을 때 그 자리에서 프로젝트 팀이 방어적인 논리를 강하게 펼친다면 고객은 자신을 변호하기 위해 더 튼튼한 논리를 만들 수 있다. 뿐만 아니라, 논리적 대화에서 상대방을 이기고 싶은 욕구를 자극해서 상황이 더욱 복잡해질 수 있다. 따라서 "좋은 아이디어입니다. 다양한 측면을 고려해 보겠습니다."라고 긍정도 부정도 하지 않고 가볍게 넘어가는 것이 좋은 방법이다.

시간이 지나 고객이 다른 업무로 바빠서 그 이야기를 다시 꺼내지 않는 것이 가장 좋다. 혹시 다시 논의하더라도 고객은 이전보다 차분하게 이야기할 것이고, 프로젝트 관리자도 그동안 준비한 슬기로운 대응 방안을 고객에게 설명하면 된다.

2 상대방도 나만큼 합리적이라고 생각한다.

스스로 '나는 비합리적이야'라고 생각하는 사람이 있을까? 모든 사람들은 스스로 합리적이라 생각하고 상대방에게는 엄격한 잣대를 적용한다. 상대방을 나만큼 합리적이라고 생각하면 내가 놓쳤던 관점들이 보인다. 상대방의 행동에 대해 나의 행동을 이해하는 것의 절반만이라도 이해한다면 많은 것들이 달라질 것이다.

3 요구 사항 변경을 이해관계자들의 이해관계 또는 조직 내 정치의 맥락에서 이해한다.

요구 사항의 이면에는 조직의 비즈니스 니즈와 이해관계자의 정치적인 니즈가 존재할 수 있다. 표면적으로 보이는 요구 사항 변경의 이유 뒤에는 숨겨진 이유가 있을 수 있다. 따라서 요구 사항 변경과 관련해 이해관계자의 실제 이해관계를 정확하게 파악하는 것이 중요하다. 특히 개인의 승진이나 퇴사의 위협에 직면한 임원들이 관심을 갖는 요구 사항 변경은 협상의 대상이 되기 어렵다. 오히려 이러한 이해관계자들에게 다른 요구 사항을 제외시키는 설득은 상대적으로 쉽다.

7장

이해관계자의 협력을 이끌어내는 소통의 기술

35 핵심 이해관계자의 요구 사항 관리가 중요한 이유는?

36 이해관계자 설득의 실효성을 높이는 방법은?

37 메일을 활용한 의사소통을 잘하는 방법은?

38 프로젝트에서 갈등이 발생하는 원인과 대응방법은?

39 프로젝트에 결정적인 영향을 미치는 순간에 대화를 풀어가는 방법은?

프로젝트 규모가 크면 이해관계자가 많아지고 이해관계도 복잡해지기 때문에 정치가로서 프로젝트 관리자의 역할이 중요하다. '정치'라는 말에 거부감을 느끼거나 부정적으로 생각할 수 있는데, 다양한 이해관계자의 이해관계를 조정하는 역할이 프로젝트 관리자에게 주어져 있기에 정치는 피할 수 없다. 정치는 멀쩡한 프로젝트를 죽일 수도 있고, 다 죽어가는 프로젝트를 살릴 수도 있다. 7장에서는 이해관계자의 부정적인 영향을 최소화하는 방법, 이해관계자의 기대 수준을 관리해 프로젝트 참여도를 높이는 방법, 이해관계자를 설득하는 방법, 이해관계자와의 갈등에 대응하는 방법을 살펴보겠다.

핵심 이해관계자의 요구 사항 관리가 중요한 이유는?

프로젝트 관리자에게 중요한 요구 사항은 무엇일까? 프로젝트 완료를 결정하는데 핵심 이해관계자가 중요하게 생각하는 요구 사항일 것이다. 핵심 이해관계자의 요구 사항이 중요한 구체적인 이유는 무엇일까?

핵심 이해관계자의 핵심 가치를 파악하지 못하거나 엉뚱하게 파악하는 프로젝트 관리자는 프로젝트의 핵심을 제대로 이해하지 못하는 것이다. 일반 사용자의 가치와 핵심 이해관계자의 가치가 다를 때, 일반 사용자의 가치를 우선하려면 핵심 이해관계자를 설득해야 한다. 핵심 이해관계자를 설득하지 못하면 설득당해야 한다. 고집을 부리면 낭패를 본다.

프로젝트 팀이 '핵심 이해관계자의 핵심 가치'를 정확하게 이해해 품질 이슈 없이 일정 내에 구현하면, 그 프로젝트는 뿌리가 튼튼한 나무처럼 외부 요인에 덜 영향을 받는다. 핵심 이해관계자가 프로젝트 팀의 우산 역할을 하기 때문이다.

계약서나 프로젝트 계획서의 모든 요구 사항이 중요하다고 생각해서는 안 된다. 또한, **프로젝트 관리자의 가치관으로 우선순위를 판단해서도 안 된**

다. 핵심 이해관계자를 식별하고 그들이 무엇을 원하는지 프로젝트 관리자가 직접 소통해야 '핵심 이해관계자의 핵심 가치'를 정확하게 파악할 수 있다.

이해관계자들의 관심 사항이 복잡하게 얽힌 정치적인 프로젝트의 핵심 가치는 문서로 표현하기 힘든 민감한 내용이 많기 때문에 프로젝트 관리자는 신중하게 판단해야 한다. 핵심 이해관계자의 핵심 가치를 관리하는 것이 중요한 이유를 정리하면 다음과 같다.

1 핵심 이해관계자의 우호적인 참여도를 높일 수 있다.

프로젝트에 미치는 영향력이 큰 핵심 이해관계자의 지지는 매우 중요하다. 프로젝트 팀에 대한 핵심 이해관계자의 평가의견은 다른 이해관계자들에게 암묵적인 시그널을 제공하기 때문이다. 힘 있는 이해관계자가 공식적인 자리에서 프로젝트를 지지하는 발언을 하면 적대적인 이해관계자는 중립으로 바뀌고, 중립적인 이해관계자는 우호적인 관계로 바뀐다.

2 중요한 요구 사항에 집중해 요구 사항 변경 가능성을 줄일 수 있다.

핵심 이해관계자의 핵심 가치는 조기에 명확하게 정의해야 한다. 핵심 이해관계자는 바쁘기 때문에 인터뷰를 소홀하게 하거나 프로젝트 팀과 핵심 이해관계자 사이에 중간 계층을 통해 간접적으로 요구 사항을 전달받으면 위험하다. 중간 계층이 많아질수록 이런저런 기능들이 추가되기 때문이다. 핵심 이해관계자의 요구 사항이라고 해서 많은 공수를 투입해 개발해야 하는 것은 아니다. 중간 관리자들이 본인의 생각으로 활용도 낮은 기능을 추가하지 않도록 유의해야 한다.

프로젝트 팀은 핵심 이해관계자의 요구 사항 변경을 최소화해야 한다. 핵심 이해관계자의 요구 사항은 협상의 대상이 될 수 없기 때문에 처음부터 집중해 구체적으로 파악해야 한다. 그 과정에서 프로젝트 팀은 이해관계자들의 신뢰를 얻고, 재작업 위험도 줄일 수 있다.

3 프로젝트 후반부에 발생하는 요구 사항 변경에 효과적으로 대응할 수 있다.

요구 사항 변경을 예방하는 교과서의 이야기는 현실에서는 실질적인 도움이 되지 않는 경우가 많다. 폭포수 방법론은 프로젝트를 착수하기 전에 모든 업무 범위를 명확하게 정의하고 이에 기반해 계획을 수립하라고 한다. 그러나 고객이나 이해관계자조차도 모든 업무 범위를 명확히 알지 못하는 경우가 많아 프로젝트 팀이 이를 명확하게 정의하기는 불가능하다. 애자일 방법론은 고객과 협업해 변화하는 요구 사항에 대응하라고 하지만, 현실에서는 납기와 예산의 제약이 있는 프로젝트에서 이를 적용하는 것이 쉽지 않다. 특히, 일부 고객은 요구 사항 변경이 쉽다는 이유로 애자일 방법론을 적용하려 해서 프로젝트 관리자를 곤혹스럽게 만든다.

현실에서 실질적인 도움이 되는 것은 중요한 요구 사항에 집중하는 것이다. 계약서나 프로젝트 계획서에 있는 모든 요구 사항의 중요도가 동일하지 않기 때문이다. 프로젝트 마무리 시점에서 협상의 대상이 될 수 있는 요구 사항이 있는 반면, 절대 협상의 대상이 될 수 없는 중요한 요구 사항도 있다.

예를 들어, 프로젝트의 핵심 업무가 아니지만 신기술을 적용한 업무의 홍보를 통해 승진의 기회를 삼고자 하는 이해관계자에게 그 기능은 '있으면 좋은 기능'이 아니라 '없으면 안 되는 기능'이다. 이처럼 요구 사항의 중요도는 각 이해관계자의 입장에 따라 달라진다.

핵심 이해관계자의 요구 사항을 충족시키면 우선순위가 낮은 요구 사항에 대한 협상이 가능할 수 있다. 외부 SI 프로젝트에서는 계약서에 명시된 요구 사항을 빼기는 어렵지만 투입 공수를 줄여서 구현하는 협상은 가능할 수 있다. **신뢰가 없을 때는 원칙과 규정대로를 말하지만 신뢰가 있다면 해결 방안을 같이 모색하는 것이 보통 사람들의 인지상정이다.**

이해관계자 설득의 실효성을 높이는 방법은?

프로젝트 관리자는 다양한 이해관계자들의 상충되는 이해관계를 조정하고 긍정적인 프로젝트 참여를 유도해야 한다. 이해관계자들의 이해관계가 상충될수록 프로젝트 관리는 힘들어진다. 권력을 가진 경영층 또는 협업해야 하는 유관부서를 설득할 때 도움이 되는 방법은 무엇일까?

이해관계자는 영어로 'stakeholder'라고 한다. 'stake'는 도박이나 내기에 건 판돈을 의미하며, 'stakeholder'는 도박이나 내기에 판돈을 건 사람이다. 주주를 'stakeholder'라고 하는 이유가 여기에 있다. 프로젝트를 주식회사에 비유하면 이해관계자가 프로젝트에 기여하는 비중에 따라 지분이 달라질 것이다. 프로젝트에 필요한 예산을 집행하는 스폰서의 지분이 가장 많고, 프로젝트 결과를 책임지는 프로젝트 관리자의 지분이 그 다음으로 많을 것이다. 프로젝트를 수행하는 역할자들은 기여도, 시간과 노력의 투입비율에 따라 지분이 달라질 것이다.

이해관계자는 프로젝트 수행 결과에 따라 이익이나 손해를 볼 수 있는 개인이나 그룹을 의미한다. 주식회사의 주주들은 주가 상승이라는 공통된 목표를 가지고 있지만, 프로젝트의 이해관계자들은 다양한 목표를 가질 수 있다. 예를 들어, 스폰서, 상품관리자, 마케터, 프로젝트 관리자, 개발자, 디자이너, 품질 담당자, 법무 담당자, 재무 담당자, 사용자 등은 각기 다른 관심사와 목표를 가지고 있으며, 이들의 목표는 종종 상충되기도 한다.

일반 주주들은 주가 상승을 원하지만, 주가에 직접적인 영향을 미칠 수 없다. 그러나 프로젝트 이해관계자들은 각자의 이해관계를 달성하기 위해 프로젝트에 직접적인 영향력을 행사할 수 있다. 히트 상품을 개발하고자 하는 상품관리자는 당연히 프로젝트의 성공을 원하고, 품질 부서장은 품질에 사소한 문제가 있어도 상품 출시를 막으려고 할 수 있다. 대기업일수록 전문 조직이 많아 프로젝트의 이해관계는 더욱 복잡해진다. 이해관계자의 유형에 상관없이 이해관계자를 설득할 때 유의할 사항은 다음과 같다.

1 프로젝트 관리자는 프로젝트가 창출하고자 하는 가치에 집중한다.

프로젝트 관리자는 요구 사항이 상세하고 정확한 문서로 제공되고, 변경이 없기를 원한다. 그러나 현실은 프로젝트 관리자의 희망과 반대다. 힘든 현실에서 살아남기 위해 프로젝트 관리자는 이해관계자들의 관심 사항에 공감하고 배려해야 한다. 물론 프로젝트 관리자가 무조건적인 희생을 할 수는 없다. 그러나 본인의 이기적인 이해관계는 쉽게 드러나기 때문에 주변 이해관계자들의 공감을 이끌어내기 힘들며 결과적으로 프로젝트 관리자를 더 힘들게 한다.

얄팍하고 이기적인 마음으로는 프로젝트를 성공시킬 수 없다. 프로젝트 관리자가 프로젝트 진행 도중 의사결정을 할 때 한 가지 유효한 기준이 있다면 그것은 **'이번 프로젝트는 누구에게 어떤 가치를 제공할 것인가?'**일 것이다.

프로젝트 결과물이 제공할 가치를 고민하는 프로젝트 관리자의 언어는 편하게 프로젝트를 끝내고 싶은 이기적인 프로젝트 관리자의 언어와 달리 이해관계자들에게 공감 받고 지지받는다. 프로젝트 관리자의 이런 생각이 팀원들까지 확산된 프로젝트 팀은 이해관계자들에게 축복이 된다.

2. 설득에 앞서 이해관계자의 상황에 공감한다.

프로젝트를 진행하다 보면 프로젝트 관리자의 생각과 상반되는 의견을 제시하는 이해관계자를 설득해야 하는 상황에 직면할 수 있다. 이때 프로젝트 관리자가 본인의 목표에 몰입해 상대방을 고려하지 않으면 일을 그르치기 쉽다. 상대방의 협조를 받으려면 상대방을 힘들게 만들지 않는 것은 기본이고, 상대방이 원하는 것을 줘야 한다. 원하는 것을 줄 수 없는 상황이라면 상대방의 입장에 진심으로 공감하는 것을 느끼게 해야 한다. 이해관계자에게 지시할 권한이 없는 프로젝트 관리자는 이해관계자의 상황을 공감하고 배려해야 이해관계자의 마음을 움직일 수 있다.

3. 이해관계자의 마음을 얻기 위해서는 평소에 발품을 팔아야 한다.

이해관계자를 자주 만난다고 해서 프로젝트의 지지자로 만드는 것은 아니지만, 부정적인 이해관계자로 변할 가능성은 줄일 수 있다. 특히 프로젝트 초기 이슈가 없는 시점에서 발품을 파는 것이 중요하다. 프로젝트 관리자는 중요한 이해관계자 명단을 정리하고 매주 또는 격주로 해당 이해관계자와 만나 프로젝트 현황을 공유하고 관심 사항을 파악해야 한다. 이러한 미팅은 프로젝트 전체 기간 지속할 필요는 없으며, 프로젝트 초기 1개월에서 2개월 동안 집중적으로 실시하면 충분하다.

4. 부정적인 이해관계자를 만들지 않도록 노력한다.

오랜 친구가 자주 했던 말이 있다. "난 나를 싫어하는 '놈'에게는 '놈'의 대접을 하고, 나를 좋아하는 '분'에게는 '분'의 대접을 한다." 함무라비 법전의 '눈에는 눈' 원칙과 유사한 이 말은 대부분의 사람에게 적용되는 말이다. 나를 좋아하는 사람에게 나쁜 대접을 하기는 어렵고, 나를 싫어하는 사람에게 좋은 대접을 하기도 어렵다.

공식적인 자리에서 누군가의 생각이 틀렸다고 말하면 그 사람에게 나는 '놈'이 된다. 특정 이해관계자의 의견에 프로젝트 관리자가 논리적으로 반대하면, 그 이해관계자는 많은 사람들 앞에서 무안을 당했다고 느끼고 더 강한 반대 논리를 주장하기 쉽다. 프로젝트 관리자가 이러한 상황에서 물러서지 않으면 논쟁이 지속되며 문제가 커진다. 프로젝트 관리자는 이해관계자를 이길 수 없다. 이해관계자를 이기는 방법은 그 이해관계자의 상사의 지원을 얻는 것 외에는 없다. 그러나 이 방법을 사용해도 그 이해관계자의 마음은 이미 돌아선 상태다.

그런 이해관계자는 다른 자리에서 다른 현안으로 프로젝트 관리자와 충돌할 가능성이 높다. 부정적인 이해관계자가 제기한 현안은 잠시 수면 아래로 가라앉을 뿐, 다른 이슈가 생기면 언제든지 부활할 수 있다. 이렇게 부담스러운 상황을 예방하려면 회의 전에 논의할 내용을 사전에 의논하고 이견이나 이슈를 조정하는 것이 중요하다.

프로젝트 팀 외부의 이해관계자는 '권력을 가진 경영층'과 '협업을 해야 하는 유관부서'로 구분할 수 있다. 두 가지 유형의 이해관계자를 설득해 협조를 이끌어 내는 방안은 다음과 같다.

1 | 권력을 가진 경영층을 설득하는 방법

어릴 때 동네에서 지하수를 끌어 올리기 위해 펌프질을 했던 기억이 있다. 펌프질을 하기 전에는 한 바가지 정도의 물을 펌프에 부어야 하는데 이 물을 마중물이라 한다. 펌프질을 할 때 올라오는 물을 마중 나간다는 뜻이다. 일단 물이 나오기 시작하면 더 이상의 마중물은 필요 없다.

경영층이 프로젝트 관리자에게 가지는 신뢰도 마중물과 같다. 경영층이 프로젝트 관리자를 신뢰하고, 프로젝트 관리자가 그 신뢰에 응답하는 선순환이 형성되면 경영층은 프로젝트를 지원하는 든든한 아군이 된다.

경영층이 프로젝트 관리자에게 특정 주제에 대한 보고를 요청했다면 이미 타이밍이 늦었다. 보고를 요청했다면 뭔가 궁금한 것이 있거나 요청할 것이 있다는 것이다. 그런 상황에서는 나쁜 인상을 남길 가능성이 높다. 경영층이 찾기 전에 프로젝트 현황을 공유하고 경영층의 의견을 물어보는 자리를 만드는 것이 좋다. 경영층은 요청하지도 않았는데 찾아온 프로젝트 관리자에게 호감을 가지기 쉽다. 설사 좋은 인상을 남기지 못해도 나쁜 인상을 남길 가능성은 적다.

프로젝트 관리자는 경영층을 어려워해서는 안 된다. 수동적인 자세로는 신뢰를 얻기 힘들다. 능동적인 자세가 중요하다. 경영층보다 한 걸음 정도만 앞서면 된다. 경영층을 설득하기 위한 보고 시 유의할 두 가지를 설명하겠다.

1 완성하기 전에 찾아간다.

경영층을 찾아가기 전에 보고서의 완성도를 최대한 높이려는 프로젝트 관리자가 있다. 아마도 완성되지 않은 내용을 경영층에게 보고하는 것에 대한 부담감 때문일 것이다. 그러나 결과를 보고하기보다 프로젝트 추진 방향을 의논하는 것이 더 효과적이다. 대부분의 경영층은 이를 선호한다.

경영층은 본인의 생각과 다른 방향으로 진행된 프로젝트를 보고 받으면 프로젝트 관리자를 신뢰하기 어렵다. 피드백을 주기도 부담스럽고, 지금까지 엉뚱한 작업으로 조직의 자원이 낭비된 것도 속상할 것이다. 따라서 프로젝트 관리자는 **경영층이 본인의 의견을 부담 없이 피드백할 수 있도록 해야 한다.**

피드백을 받기 좋은 시기는 프로젝트 추진 방향을 설정하는 초기다. 이 시점에서 경영층이 부담 없이 피드백하고 프로젝트 관리자가 이를 반영하는 데 시간이 오래 걸리지 않는다면, 경영층의 신뢰는 더욱 두터워질 것이다.

2 작게 자주 업데이트한다.

작게 자주 업데이트하는 것은 요구 사항 관리에서 설명했지만 중요한 내용이라 다시 한번 강조하겠다. 경영층은 여러 가지 현안을 처리해야 하기 때문에 매우 바쁘며, 많은 정보를 처리해야 하기 때문에 짧고 집중된 보고가 효과적이다. 매번 보고할 때 마다 새로운 주제를 보고받는 것 보다 이전에 보고했던 주제에서 바뀌거나 추가한 내용을 업데이트하는 보고는 상대방을 편하게 해준다.

예를 들어 다음과 같이 부드럽게 보고를 시작할 수 있다.

> **"지난 O월 O일에 프로젝트 계획에 대한 보고를 드렸고 그때 추진 방향에 대한 피드백을 받았습니다. 그 이후 첫 번째 스프린트를 진행했는데 주요 결과 및 현안에 대한 보고를 드리겠습니다."**

경영층에게 보고하는 것을 부담스러워하지 말고 즐기면 프로젝트를 잘 진행할 수 있을 뿐 아니라 프로젝트 관리자의 좋은 평판을 만드는 데 큰 도움이 된다.

2 | 협업해야 하는 유관부서를 설득하는 방법

프로젝트 관리자는 프로젝트 외부의 이해관계자에게 업무를 요청할 권한이 없고 부탁만 할 수 있다. 반대로 외부 이해관계자가 프로젝트 팀에게 업무를 요청할 권한이 있다. 이런 상황에서 외부 이해관계자의 협업을 유도하는 방안은 다음과 같다.

1 이해관계자를 논리로 이기려고 하지 않는다.

대부분의 이해관계자에게 논리적인 설득은 효과가 없다. 상대방의 생각이나 논리가 틀렸음을 설득하려고 하지만, 설득은 힘들고 언성만 높아지기 쉽다. 언성이 높아지면 논리는 사라지고 감정적인 승패에 집중하게 돼 이성적인 판단이 흐려진다. 논쟁에서 상대방이 할 말이 없는 주장을 했다고 해서 상대방이 수긍한 것은 아니다. 그럴수록 '그래, 두고 보자'라는 식으로 부정적인 감정의 골이 깊어질 뿐이다. 상대방의 상황을 이해하고 부탁하는 것이 훨씬 효과적이다.

2 내가 하고 싶은 이야기보다 상대방이 듣고 싶은 이야기를 먼저 한다.

프로젝트 관리자는 이해관계자를 설득하기 위해 하고 싶은 이야기가 많다. 그러나 상대방이 나에게 궁금해하는 이야기를 하지 않은 상태에서 자기의 주장을 먼저 이야기하면 설득력을 가지기 힘들다. 상대방이 궁금해하는 내용을 충분히 설명한 뒤 내가 하고 싶은 이야기를 하는 것이 바람직하다.

3 작고 쉬운 일을 부탁한다.

프로젝트 팀에서 부탁하는 업무를 이해관계자가 부담스러워할 때, 작고 쉬운 일을 먼저 부탁해 일단 발을 담그게 하는 것이 효과적이다. 프로젝트 팀이 원하는 방향으로 이해관계자가 한 걸음이라도 움직이면, 반대의 강도가 약해질 수 있다.

본인이 수행한 업무에 대해서는 긍정적인 관심이 생길 가능성이 높기 때문에 생각을 바꾸는 계기가 될 수도 있다. 신규 업무를 전면적으로 적용하는 대신 일부 조직을 대상으로 파일럿을 적용하거나, 새로운 프로세스를 프로젝트의 일부 업무에 적용하는 것을 예로 들 수 있다.

4 선택지를 제공한다.

이해관계자에게 하나의 방안만 요청하지 않고, 선택 가능한 대안들을 제시하고 이해관계자가 대안 중에서 하나를 결정하게 하는 것도 효과적이다. 대안들이 비슷해도 이해관계자가 선택하게 하면 본인이 배려받는다는 느낌을 줄 수 있다. 다만 대안들을 제시할 때는 그것이 프로젝트 팀에서 선택할 수 있는 전부라는 믿음을 제공하는 것이 중요하다.

예를 들어 고객이 추가 요구 사항을 제안할 때 '기존 요구 사항 우선순위 조정, 일정 변경, 단계별 오픈, 인력 추가 투입, 비효율적인 프로세스 간소화' 등 선택 가능한 대안을 고객에게 제시한다.

5 문제에 대한 해결 방안을 의논한다.

문제에 대한 해결 방안을 의논하는 것도 이해관계자의 협조를 이끌어낼 수 있다. 이 방법은 평소에 우호적인 이해관계자에게 적용하면 효과적이다. 대신 프로젝트 팀이 직면한 문제의 상황과 제약 조건을 잘 설명해 이해관계자가 프로젝트 관리자의 입장에서 의사결정 하도록 유도하는 것이 중요하다. 예를 들어 프로젝트 관리자가 처한 상황을 다음과 같이 설명할 수 있다.

> "경영층이 ~~ 지시를 했는데 추진하다 보니 여러 가지 어려움이 있어 난처한 상황입니다. 경영층 지시를 무시할 수도 없고, 그대로 하자고 하니 OO님에게 무리한 부탁을 해야 하는 상황이라 어떻게 하면 좋을지 고민입니다. 좋은 방안이 없을까요?"

6 중도층의 지지를 확보한다.

조직의 프로세스를 혁신하는 프로젝트를 수행할 때에는 이해관계자의 스펙트럼이 다양하다. 보통 혁신안을 지지하는 이해관계자는 없고 극단적으로 반대하는 이해관계자, 소극적으로 반대하는 이해관계자, 중도층의 이해관계자만 있다. 그런 상황에서 설득이 상대적으로 용이한 중도층의 지지를 얻을 수 있다면 프로젝트 진행에 도움이 된다. 적극적으로 반대하는 이해관계자를 단기간에 설득하는 것은 불가능에 가깝다. 그러한 이해관계자는 이해관계가 더 악화되지 않도록 유지하고, 중도층의 지지의견을 프로젝트 진행 동력으로 활용할 수 있다.

7 필요하다면 이전으로 돌아갈 수 없도록 변경한다.

이전으로 돌아갈 수 없는 상태를 '비가역적'이라고 한다. 비가역은 핵무기 생산을 중단하는 근본적인 조치를 의미할 때 자주 사용되는 용어다. 이해관계자들의 반발이 크고 신속한 의사결정을 해야 하는 상황에서 경영층의 지지가 있다면, 이전의 상태로 돌아갈 수 없는 비가역적 의사결정을 검토할 수 있다. 이는 경영층이 프로세스 또는 시스템 변경을 강력하게 지지하고 공식화할 때 가능하다.

8 이해관계자와 싸워야할 때는 스폰서에게 부탁한다.

프로젝트 관리자가 수평적인 이해관계자들과 다투는 것은 바람직하지 않다. 악역은 스폰서의 역할을 담당하는 경영층에게 부탁하는 것이 좋다. 고객사에서 SI 프로젝트를 수행하는 프로젝트 관리자라면 본사의 경영층에게 고객의 부탁을 거절하는 악역을 맞기는 것이 바람직하다. 예를 들어 프로젝트 팀에서 수용하기 힘든 고객의 요구 사항 변경에 대해 다음과 같이 답변하는 것이다.

> **"저는 요구 사항 변경에 대한 고객의 입장을 이해하지만 본사의 경영층이 이를 반대해 수용이 어렵습니다. 고객사 경영층이 본사 경영층에게 직접 말씀해주시면 좋겠습니다."**

메일을 활용한 의사소통을 잘하는 방법은?

대부분의 사람들은 메일을 작성할 때의 마음과 메일을 읽을 때의 마음이 다르다. 메일을 작성할 때는 메일을 읽을 사람들이 나의 의도를 정확하게 이해하고 나아가 동의하기를 원한다. 그러나 다른 사람이 작성한 메일을 읽을 때는 이야기가 달라진다. 내용이 복잡해 메일 내용에 집중하기 힘들고, 집중해 읽어도 무슨 내용인지 파악하기 힘든 경우가 많다. 많은 첨부를 보면 '이 많은 파일을 모두 읽어야 하나?'라는 생각도 든다. 메일을 활용한 의사소통을 잘하기 위해 유의할 사항은 무엇일까?

내가 보낸 메일을 상대방이 모두 이해할 것이라고 기대하면 실수하기 쉽다. 예를 들어, 회의 중에 프로젝트 관리자가 "지금 질문하신 내용은 제가 보낸 메일에 모두 포함돼 있습니다."라고 말하면, 회의 참석자들은 그 관리자를 '이기적이고 공감 능력이 부족한 사람'으로 인식할 것이다. 더 나아가 "메일도 읽지 않고 회의에 참석하셨습니까?"라고 핀잔을 주면 최악의 상황을 초래할 수 있다.

프로젝트 관리자는 90% 이상의 시간을 의사소통에 사용하기 때문에 소통역량이 중요하다. 소통의 수단은 메일, 메신저, 전화, 화상회의, 대면 등 다양하지만 소통의 기본은 같다. **상대방의 마음에서 출발하는 것이다.** 상대방의 마음을 먼저 헤아린 뒤 소통할 메시지와 소통방법을 정하면 전하고 싶은 메시지를 성공적으로 전달할 가능성이 높다. 메일을 활용한 소통을 잘하기 위해서는 두 가지에 유의해야 한다.

1 내가 보낸 메일을 상대방이 잘 읽어보고 이해할 것이라 기대하지 않는다.

스프린트 결과 시연 순서, 일정 계획표와 같이 간단한 내용은 메일로 정확한 내용 전달이 가능하다. 그러나 얼굴을 보고 설명해도 소통이 어려운 상품 요구 사항, 일정 진척관리를 위한 복잡한 엑셀 템플릿을 메일로 전달하고 상대방이 정확하게 이해하길 바라는 것은 이기적인 욕심이다. 메일을 통해 업무 협업을 할 때는 다음과 같이 나쁜 상황을 가정하는 것이 정확한 의사소통의 방법이다.

- 상대방이 메일을 개봉하지 않을 수 있다.

대부분의 사람들은 매일 많은 메일을 수신하고 그 메일을 모두 개봉하지 않는다. 깜빡하고 메일을 읽지 않을 수 있지만, 중요하지 않다고 판단하는 메일은 의도적으로 개봉하지 않기도 한다. 따라서 메일 수신자의 메일 개봉 여부를 확인하고 메일을 꼭 읽어봐야 하는 사람이 메일을 개봉하지 않았다면 메일 개봉을 부탁하는 연락을 해야 한다.

- 메일의 내용은 이해하기 힘들다.

내용이 단순한 메일은 예외이겠지만 많은 메일들이 집중해서 읽기 힘들다. 메일을 읽는 사람은 메일을 보낸 사람의 의도와 상관없이 관심 있는 내용만 스캔하듯이 읽는다. 필자의 경험으로는 업무 설명 또는 협업을 요청하는 내용의 메일을 보냈을 때 메일만으로 내용을 어느 정도 정확하게 이해하는 사람이 30%를 넘지 않았다. 메일로 복잡한 업무 내용을 소통할 때는 업무 협의 후 회의록을 공유하거나 회의 전에 내용을 미리 보낼 때 효과가 있다.

● 상대방은 메일의 내용에 동의하지 않는다.

메일의 내용을 이해하는 것과 동의하는 것은 다르다. 팩트 공유만이 목적이라면 동의까지 필요하지 않지만 업무 협조나 협업을 위한 메일은 동의가 필요하다. 그러나 자기 업무에 몰입하고 경황이 없을 때는 메일 내용의 이해와 동의를 같은 것으로 착각할 수도 있다. 동의가 필요한 업무를 추진할 때는 메일을 보조 수단으로 활용해야 한다.

2 메일로 소통할 때에는 많은 노력을 해야 한다.

상대방이 나의 의도를 잘 이해하고 공감하기를 바란다면 상대방을 고려해 메일을 작성해야 한다. 메일과 일반 보고서의 공통점은 제외하고 메일만이 가지는 특수성을 고려한 유의사항은 다음과 같다.

● 핵심 내용을 간결하게 작성한다.

특수한 경우 메일을 보는 사람이 을의 입장이 되기도 하지만, 대부분 메일은 보내는 사람이 을의 입장이다. 따라서 메일을 읽는 사람의 시간을 절약해 주기 위해 간결하고 읽기 쉽게 작성해야 한다. 간결한 메일을 작성하기 위해서는 노트북 화면에서 메일 본문을 볼 때 스크롤을 내리지 않아도 되는 분량이 좋다. 모바일로도 메일을 많이 보는 추세이기 때문에 메일 내용의 간결함은 정확한 내용 전달에서 매우 중요한 요소다.

메일을 간결하게 작성하기 위해서는 두괄식으로 작성해야 한다. 협조를 요청하는 메일은 요청 내용을 구체적으로, 현황 분석 결과를 공유하는 메일은 분석 결과를 요약해야 한다. 요약을 잘하는 사람이 아니라면 간결한 메일을 작성하기 위해 여러 번 검토해야 한다. 특히 여러 사람에게 보내는 중요한 메일은 더 많은 노력이 필요하다.

메일의 제목은 핵심 내용을 다시 요약한 것이다. 가장 좋은 제목은 구두로 보고할 때의 첫 마디와 같은 것으로 '○○ 프로젝트 일정 지연 만회 대책을 보고 드립니다'와 같은 문장이다. 물론 제목이 길어 잘린다면 '○○ 프로젝트 일정 지연 대책 보고'와 같이 줄일 수도 있다.

● 어제, 내일, 금주와 같은 단어를 사용하지 않는다.

날짜는 숫자로 적어야 오해를 줄일 수 있다. 상대방이 메일을 언제 개봉할지 모르기 때문이다. 메일을 작성하는 사람은 메일 발송일을 기준으로 내일이라고 했지만 메일을 개봉하는 사람에게 내일은 언제인지 헷갈릴 수 있다.

● 읽기 쉽게 작성한다.

메일을 읽을 때 주로 사용하는 디바이스(모바일, 노트북, 태블릿)와 메일 수신자들의 연령대를 고려해 한 줄의 길이와 글자 크기를 결정해야 한다. 메일의 주요 수신자가 모바일을 자주 사용하는 50대의 경영층이라면 메일 발송 전에 본인의 휴대폰으로 내용을 확인하는 것이 좋다. 읽기 쉬운 문장은 구두로 읽었을 때 호흡이 자연스럽다. 메일을 보내기 전에 메일 내용을 소리 내어 읽어 보고 호흡이 부자연스러운 문장은 수정한다.

● 메일로 논쟁하지 않는다.

상대방이 보낸 메일에 논쟁하는 내용을 답장으로 보내는 것은 금기사항이다. 논쟁할 일이 있다면 전화나 대면이 좋다. 말과 달리 글은 근거가 남기 때문에 나의 의도와 다르게 내가 작성한 내용이 편집돼 유통될 수 있기 때문이다. 많은 사람이 수신하는 메일에서 본인의 의견을 비난하는 내용이 있더라도 바로 답장을 하지 않는 것이 좋다. 사람들은 두 사람의 논쟁에 관심이 없다. re:re:re로 시작되는 핑퐁식의 논쟁은 사람들을 피곤하게 할 뿐 아니라 두 사람의 인격이나 리더십을 훼손시킬 뿐이다.

답장을 하지 않고서는 견딜 수 없다면 작성한 내용을 임시 저장하고 하루 정도 뒤에 보내는 것이 좋다. 특히 밤에 작성한 내용은 감정적이 되기 쉽기 때문에 시간이 지난 뒤에 다시 보면 순화해서 표현할 내용이 많다.

● 중요한 이해관계자는 메일 내용에 대한 의견을 청취한다.

메일을 발송한 후 중요한 이해관계자는 전화나 메신저로 메일 내용에 대한 상대방의 의견을 청취해야 한다. 메일로는 받지 못한 피드백을 개별적으로 문의하면 받을 수 있다.

프로젝트에서 갈등이 발생하는 원인과 대응방법은?

갈등葛藤은 서로 얽히고 꼬인 갈나무와 등나무처럼 생각이 다른 개인이나 집단 사이에서 발생한다. 프로젝트를 수행할 때 갈등이 발생하는 이유는 특정 개인 또는 집단의 목표가 다른 개인 또는 집단과 다르기 때문이다. 예를 들어, 고객의 사용성을 중시하는 디자이너와 기술 구현의 용이성과 품질을 중시하는 엔지니어 간의 갈등, 출시일을 맞춰야 하는 상품관리자와 출시보다 품질이 중요한 QA 간의 갈등이 대표적이다. 프로젝트에서 갈등이 발생하는 원인과 갈등의 부작용을 최소화는 방법은 무엇일까?

적정 수준의 갈등은 개선이나 혁신을 촉진하지만, 관리되지 않는 갈등은 파벌 싸움으로 이어져 프로젝트 수행이 어려워진다. 특히 조직문화가 다른 고객사와 수행사가 수행하는 SI 프로젝트에서 고객과 프로젝트 팀의 갈등이 깊어지면 프로젝트는 정상 궤도를 벗어나게 된다.

프로젝트에서 발생하는 갈등을 효과적으로 관리하기 위해 갈등의 발생위치에 따른 구분, 갈등의 발생원인, 갈등에 대한 대응 방안을 살펴보겠다.

1 | 갈등의 발생위치에 따른 갈등의 구분

갈등의 발생위치는 그림28과 같이 개인 간과 집단 간, 프로젝트 내부와 프로젝트 외부로 구분할 수 있다.

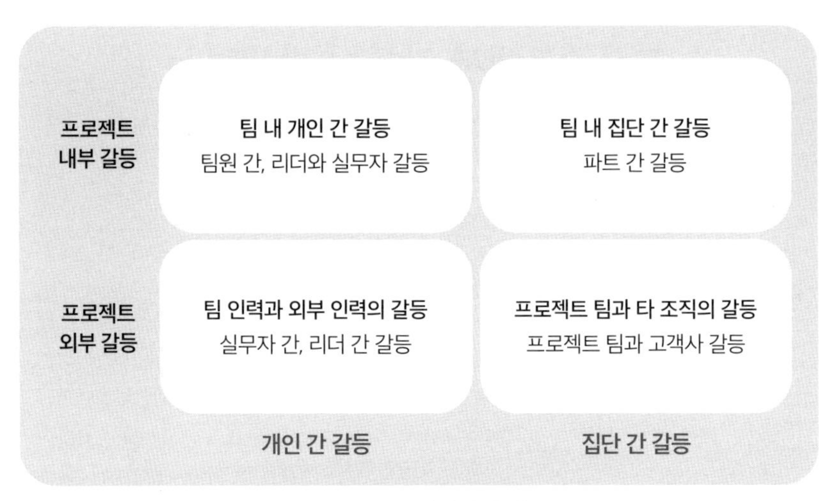

그림 28 갈등의 발생위치에 따른 구분

개인 간 갈등은 주로 업무 의존성이 높은 개인 사이에서 발생한다. 프로젝트 내부에서는 업무를 지시하는 리더와 담당자, 개발자와 테스터 간의 갈등이 대표적이다. 프로젝트 외부에서는 고객사 책임자와 프로젝트 관리자 간의 갈등이 흔하다. 개인 간 갈등은 자주 발생하고 당사자에게는 큰 스트레스를 주지만, 한쪽이 참으면 대부분 표면화되지 않는다. 그러나 갈등을 경험하는 개인이 많아지면 팀워크에 부정적인 영향을 미친다.

집단 간 갈등은 프로젝트 내부보다 외부에서 자주 발생한다. SI 프로젝트에서 프로젝트 팀과 고객사 조직 간의 갈등이 대표적이다. 집단 간에 사소한 갈등은 늘 발생하지만, 그것이 표면화될 정도가 되면 매우 심각하다. 특히 집단 간 갈등은 프로젝트 진행 중 이슈가 발생했을 때 공론화된다. 이때는 집단 간 갈등 때문에 프로젝트 이슈가 발생한 것인지, 이슈가 발생했기 때문에 집단 간 갈등이 생긴 것인지 헷갈린다.

집단 간 갈등은 프로젝트에 치명적이기 때문에 프로젝트 관리자는 집단 간 갈등이 발생하기 전에 예방하거나, 갈등이 발생하는 초기 단계에서 해결해야 한다. 갈등을 예방하기 위해서는 투명한 의사소통을 자주 하는 것이 가장 효과적이다. 간혹 프로젝트 관리자의 독특한 성향이 집단 간 갈등의 원인이 되기도 한다.

2 | 갈등의 발생원인

프로젝트에서 발생하는 갈등의 원인은 다음과 같다.

1 업무 의존성

개인이나 집단 간에 업무 의존성이 없으면 갈등이 발생할 일이 거의 없다. 업무 의존성의 유형은 '순차적 의존성'과 '상호 의존성'으로 나뉜다. 순차적 의존성은 'A → B'의 유형으로, A 업무의 산출물이 B 업무의 투입물이 되는 관계다. 디자인과 코딩의 관계가 대표적이다. 이 유형에서는 주로 B 업무를 수행하는 개인이나 집단이 A 업무의 일정 지연, 품질 저하 등의 이유로 불만을 가지게 된다. 상호 의존성은 'A ↔ B'의 유형으로, A 업무와 B 업무의 산출물을 서로 활용하는 관계다. 상품관리자와 UX(CX) 디자이너의 관계가 대표적이다. 상호 의존성은 높은 수준의 협업을 요구하기 때문에 갈등이 발생할 가능성도 높다.

2 일정

일정은 이해관계자와 프로젝트 팀 간 갈등의 원인이 될 뿐만 아니라, 프로젝트 팀 내부에서도 갈등을 유발할 수 있다. 일정과 관련된 갈등은 주로 프로젝트 팀이 '할 수 있는 일정'과 이해관계자들이 원하는 '해야 하는 일정'의 간극을 극복하지 못할 때 발생한다. 이러한 차이는 프로젝트 내 갈등의 주요 원인 중 하나다.

또는 팀원이 동의하지 않는 일정을 관리자가 일방적으로 밀어붙여 납기를 정한 뒤, 일정 지연에 대한 책임을 팀원에게 전가할 때 갈등은 커진다. 일정에 대한 갈등은 주로 프로젝트 후반부에 표면화되기 쉽다. 프로젝트가 진행되는 동안 팀원들은 현실적인 일정과 요구된 일정을 맞추기 위해 노력하지만, 갈등이 누적되면 증폭돼 표면화된다.

3 요구 사항 변경

요구 사항 변경으로 인한 갈등은 이해관계자와 프로젝트 팀 간에 발생하기도 하고, 프로젝트 팀 내부 소통 미흡으로 발생하기도 한다. 요구 사항 변경과 관련된 갈등은 역기능을 초래하며 대부분 일정 갈등으로 확대된다.

4 자원 배분

자원은 인적 자원, 물적 자원, 예산을 포함한다. 자원 배분에 대한 갈등은 주로 프로젝트 초기에 발생한다. 조직 내 프로젝트 간 자원 배분, 프로젝트 업무와 운영 업무 간 자원 배분, 프로젝트 팀 내부 업무 간 자원 배분 등이 갈등의 요인이다. 대부분 인력, 프로젝트 예산, 프로젝트 수행 장소와 관련된 갈등이다. 자원 배분은 프로젝트 팀원들이 프로젝트 관리자의 조직 내 정치력을 판단하는 기준이 될 뿐만 아니라 프로젝트 성공을 위해 중요하다.

5 업무 수행 방식

업무 수행 방식은 기술문제 또는 관리 프로세스 때문에 발생하는 갈등이다. 기술문제와 관련된 갈등은 목표 달성 또는 문제 해결을 위한 기술적 접근 방법이 다를 때 발생한다. 관리 프로세스와 관련된 갈등은 프로젝트 수행 프로세스, 산출물의 종류 또는 양식에 이견이 있을 때 발생한다. 수평적 의사소통과 토론문화가 정착된 조직에서 업무 수행 방식과 관련된 갈등은 순기능으로 작용할 가능성이 높다.

6 대인관계

대인관계의 갈등은 개인의 성격 차이 또는 위에서 언급한 갈등이 장기화되면서 개인 간에 좋지 못한 감정이 고착화될 때 발생한다. 대인관계의 갈등은 초기 원인과 상관없이 특정 개인이 싫어지는 상태로 발전하기 때문에 조직 생활이 힘들게 되고 극복하기 힘든 마음의 상처를 남기기도 한다.

3 | 갈등을 해결하는 방안

갈등을 해결하기 위해서는 의견차이를 없애거나 최소화해야 한다. 갈등 해결 방안에는 다섯 가지 전략이 있다. 다음의 예는 프로젝트 관리자 관점에서 정리했다.

① 회피

우선순위가 낮은 갈등은 시간에게 맡겨 두고 아무것도 하지 않는 것도 하나의 방안이다. 우선순위가 낮은 갈등은 시간이 해결해 줄 수도 있고, 갈등이 다른 양상으로 발전할 수도 있다. 우선순위가 높더라도 갈등 해결을 위해 필요한 정보가 부족하거나 해결이 힘든 상황에서는 대립되는 의견을 그대로 두는 것도 갈등을 키우지 않는 방법이다. 이는 몸에 종기가 났을 때 곪을 때까지 기다려 치료하는 것과 유사하며, 최종 의사결정까지 시간의 여유가 있을 때 적용할 수 있다.

② 수용

상대의 주장을 수용하는 방안이다. 자신이 합리적이라는 것을 보여주고 상대의 신뢰를 얻고자 할 때 수용 전략을 적용한다. 상품관리자의 의견을 받아들여 상품 요구 사항을 변경하거나 경영층의 요구를 받아들여 일정을 당기는 것이 예다.

③ 강요

수용의 반대로 프로젝트 관리자의 주장을 상대에게 관철시키는 방안이다. 긴급한 의사결정을 해야 하거나, 본인의 판단이 옳다고 판단할 근거가 명확하고 중요한 사안들에 대해 강요 전략을 적용해야 한다. 프로젝트 협업도구, 주간보고 운영방식 등이 예다.

④ 타협

본인도 양보하고 상대방도 양보하는 방안이다. 배타적인 의견을 가진 상대와 권력이 비슷하고, 시간은 없고 설득이 힘들 때 적용한다. 상품관리자와 프로젝트 관리자의 협의해 상품 릴리즈 일정을 중간으로 결정하는 상황이 예다.

⑤ 협업

본인과 상대방 모두 만족할 수 있는 해결책을 찾는 방안이다. 협업을 통해 도출되는 해결책은 쌍방이 주장했던 내용과 다른 새로운 답이 돼야 한다. 매우 중요한 사안에 대해 서로의 주장이 합리적이며 타협을 통해 절충하는 것이 답이 되지 않을 때 적용한다. 타협이 제로섬Zero-sum 협상이라면 협업은 플러스섬Plus-sum 협상이다. 품질이나 성능 제약의 이슈를 해결하기 위한 새로운 소프트웨어 아키텍처를 만드는 것이 예다.

이상 다섯 가지 갈등 해결 전략을 정리하면 그림29와 같다.

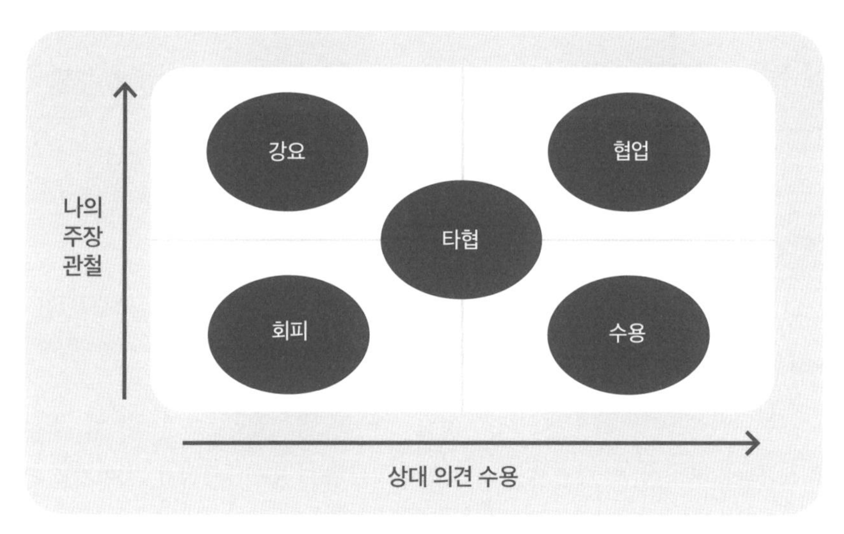

그림 29 갈등 해결 전략

4 | 갈등 해결 방안을 적용할 때 고려할 사항

1 상대방의 신념을 바꾸려고 하지 않고 작은 일에 참여하게 한다.

사람들은 대부분 자신의 업무 수행 방법에 대해 옳다고 믿는 신념을 가지고 있다. 상급자에게는 자기의 신념을 관철하려고 하지 않지만 비슷한 위치의 다른 사람들에게는 자기 신념을 굽히지 않는다. 표현하는 정도의 차이만 있을 뿐이다. 상대방이 틀렸다는 것을 논리적으로 설명할수록 상대방의 신념은 더욱 굳어진다. 그 결과 시간은 낭비되고, 상대방과의 관계도 악화된다. 객관적인 데이터를 제시한다고 해서 상대방이 생각을 바꿀 것이라고 기대해서는 안 된다. 이해관계자를 설득하는 방법에서도 설명했지만 상대와 갈등을 줄이려면 논쟁을 중단하고 상대방을 작은 일부터 참여하게 만드는 것이 좋은 방법이다. 상대가 가지는 거부감은 투입한 시간에 반비례한다.

《설득의 심리학》의 저자인 로버트 치알디니Robert Cialdini는 다음과 같이 말한다.

> "사람들은 아무리 작은 것이라도 일단 행동을 취하면 그 경험이 아주 부담스럽지 않은 한 계속 후속 행동을 취하려 한다."

상대방을 작은 일에 참여하게 하면 점차 더 많은 일에 참여하게 될 가능성이 높다. 이 방법을 사용하면 상대방의 거부감을 줄일 수 있고, 점진적으로 협력을 얻을 수 있다.

2 지식을 자랑하는 사람에게는 내용을 상세하게 설명하게 한다.

영향력 있는 이해관계자가 문제점에 대한 잘못된 해결 방안을 피상적으로 제시할 때 그것을 이해시키기 힘들 때가 있다. 이때 많은 사람들이 참석한 자리에서 "내용을 잘못 이해하고 있습니다."와 같이 말하며 면박을 주면 안 된다. 반대로 그 사람에게 발언권을 넘겨 문제에 대한 해결 방안을 상세하게 설명하게 하면 이해관계자 스스로 본인이 막히는 곳을 느낄 수 있다. 이 방식은 가르치거나 설득하는 것보다 훨씬 효과적이다.

3 상대방에게 지금 또는 미래에 도움이 되는 것이 있다면 설득이 용이하다.

특정 사안이 상대방의 시간을 줄여주거나 평판을 높여줄 수 있다면 그것을 강조하는 것도 유용하다. 반대로 특정 사안이 상대방의 시간을 잡아먹거나 평판을 낮춘다면 설득이 힘들다. 그럴 경우에는 상급자에게 에스컬레이션해야 한다.

4 갈등 발생 시 상위 목표에 집중한다.

개인 간 또는 집단 간에 갈등이 발생할 때 상위 목표에 집중하면 갈등을 건설적으로 해결할 수도 있다. 상품 개발 프로젝트에 고객의 관점에서 고민하고 결정하는 것을 예로 들 수 있다.

5 프로젝트 관리자가 조정하기 힘든 갈등은 상위 관리자의 도움을 요청한다.

프로젝트 관리자가 조정하기 힘든 갈등은 상급자에게 도움을 요청할 수 있다. 너무 일찍 상급자의 도움을 요청하면 프로젝트 관리자의 이미지가 나빠질 뿐만 아니라 프로젝트 팀의 자율성을 해칠 수 있다. 반면, 너무 늦게 요청하면 문제가 더 복잡해질 수 있다. 따라서 적절한 타이밍에 상급자의 도움을 요청하는 것이 중요하다. 상급자에게 도움을 요청할 때는 다음과 같은 정보를 제공해야 한다.

- **갈등의 상황**: 갈등이 발생한 배경과 현재 상황
- **관련된 이해관계자**: 갈등에 연관된 모든 이해관계자, 그들의 입장과 역할
- **진행 경과**: 프로젝트 팀이 갈등 해결을 위해 시도한 방법과 결과
- **예상되는 영향력**: 갈등이 계속될 경우 예상되는 부정적인 영향과 상급자의 개입이 필요한 이유

6 잘못했을 때 사과를 제대로 잘해야 한다.

일을 하다 보면 누구나 실수하거나 잘못을 할 수 있다. 잘못에 대해 사과를 하는 방식에 따라 작은 실수가 크게 확대되기도 하고, 큰 잘못이 잘 수습되기도 한다. 잘못을 수습하려면 상대방이 사과의 진정성을 느껴야 한다. 진정성 있는 사과를 하기 위해서는 다음에 유의해야 한다.

● 사과는 빠를수록 좋다.

문제를 인지했을 때 즉시 사과하면 사과를 하는 사람, 받는 사람 모두가 편하다. 시간이 지나면 사과할 사람은 이야기를 꺼내기 힘들어지고, 사과를 받을 사람은 사과를 받기 전까지 불편한 감정에 마음고생을 할 수 있다.

● 주저하지 않아야 한다.

잘못했다는 말을 하기 힘들어서, 상대방이 어떻게 반응할지 몰라서 주저하다 보면 사과의 시기를 놓치게 된다.

● 잘못한 내용을 구체적으로 인정한다.

상대방 관점에서 불편했을 감정을 구체적으로 표현하는 것이 좋다. 회의에 늦

은 경우 "늦어서 죄송합니다."라고 하는 것보다 "제가 늦어서 여러분들의 소중한 시간을 낭비했네요."라고 하는 것이 효과적이다.

● 사족 없이 깔끔하게 사과한다.

'~ 때문에' '본의 아니게' '혹시 불쾌하셨다면'과 같은 사족은 핑계처럼 보여서 사과의 진정성을 훼손한다.

● 개인 또는 집단 내에서 사과한다.

가능한 한 개인적으로, 또는 작은 그룹 내에서 사과하는 것이 좋다. 대규모 공식 회의에서 사과하는 것보다 개별적으로 접근하는 것이 더 진정성 있게 받아들여진다. 공식 회의에서 사과는 부담이 될 뿐 아니라 건조하고 간결하게 사과하기 쉽기 때문이다.

7 상대방의 부탁을 거절할 때도 요령이 필요하다.

프로젝트를 하다 보면 조직 내부 이해관계자 또는 고객사에서 프로젝트 업무 범위 외 부탁을 받을 수 있다. 이러한 부탁은 개인적인 부탁일 수도 있다. 상대방도 어렵게 부탁했는데 거절당하면 갈등의 불씨가 될 수도 있기 때문에 다음과 같이 요령 있는 거절이 필요하다.

● 부탁을 받았을 때 즉답하지 않는다.

부탁을 받았을 때 즉석에서 수락 또는 거절하지 말고 "내용 검토 후 답변 드리겠습니다."라고 답하는 것이 좋다. 시간을 가지고 검토해야 후회하거나 번복할 가능성이 줄어들고 거절을 해도 상대방이 덜 무안하다.

● **부분적으로 수용할 수 있다.**

상대방이 요청한 내용 중 일부는 수락하고 일부는 거절하는 것도 방법이다. 상대방에게 최선을 다한 것이라는 느낌을 줄 수 있기 때문이다.

● **사람이 거절당했다고 느끼지 않게 해야 한다.**

프로젝트 팀에서 거절한 것은 업무이지 상대방을 거절한 것은 아니다. 사람이 거절당했다고 느끼지 않게 하려면 상대방의 입장을 공감하고 요청을 진지하게 고려했다는 점을 명확히 표현해야 한다. 프로젝트 팀이 이해관계자의 부탁들 들어주기 위해 노력한 일이 있다면 구체적으로 설명하는 것도 설득에 도움이 된다. 거절하는 과정에서 예상 가능한 상대방의 감정적 반응에도 대비해야 한다. 상대방이 실망하거나 화를 내는 것을 미리 상상하고 준비해야 실제 상황에 직면했을 때 당황하지 않고 대응할 수 있다.

프로젝트에 결정적인 영향을 미치는 순간에 대화를 풀어가는 방법은?

프로젝트 관리자는 프로젝트를 진행할 때 결정적인 위기의 순간을 몇 번 마주한다. 그 대상은 이해관계자가 될 수도 있고, 팀원이 될 수도 있다. 그 순간에 대화를 잘못 하면 프로젝트는 나쁜 변곡점으로 전환될 수 있다. 결정적 순간에 대화를 하기 전에 준비할 사항과 대화를 할 때 유의할 사항은 무엇일까?

《결정적 순간의 대화》는 가정 또는 회사에서 상호의 갈등이 커지는 순간, 이를 풀어나가는 방법을 설명하는 책이다. 다음 내용은 《결정적 순간의 대화》의 내용을 프로젝트 관리자 입장에서 정리한 것이다. 프로젝트는 업무의 특성상 갈등이 많이 발생하고 이해관계가 상충되기 때문에 프로젝트 관리자는 이해관계자 또는 팀원과 결정적 순간에 대화를 자주 나누게 된다. 결정적인 순간의 특징, 대화를 하기 전에 준비할 사항, 대화를 할 때 유의할 사항은 다음과 같다.

1 | 프로젝트에 결정적인 영향을 미치는 순간의 특징

1 중요한 상황에 대해 쌍방의 의견이 다르다.

프로젝트 관리자와 이해관계자는 문제가 발생한 근본원인을 다르게 생각하거나, 같은 원인이라도 해결 방법을 다르게 생각할 수 있다. 예를 들어 프로젝트 관리자는 일정 지연의 원인을 고객의 요구 사항 변경으로 판단하고, 고객은 프로젝트 팀의 역량 부족으로 생각할 수 있다.

2 대화 결과에 따라 프로젝트는 전환점을 맞을 수 있다.

결정적 순간에 어떻게 대응하는가에 따라 프로젝트는 더 좋아질 수도, 현상황을 유지할 수도, 나빠질 수도 있다. 예를 들어 일정 지연 대책을 고객과 협의한 결과, 근본 문제를 해결하기 위한 지원을 받을 수 있다면 프로젝트는 더 좋아질 것이다. 반면, 달성 불가능한 일정 목표를 확정하면 상황이 더 나빠진다.

3 어느 한쪽(혹은 모두)은 흥분한 상태이다.

결정적 순간에는 각자의 이해관계가 크기 때문에 목소리가 커지고, 쉽게 양보하지 못한다. 이로 인해 대화에서 불리한 쪽은 더욱 흥분하게 된다. 물론, 흥분을 표현하는 정도는 사람마다 다를 수 있다.

2 | 결정적 순간의 최초 대응 시 프로젝트 관리자가 하면 안 되는 것

1 감정적으로 결론을 내고 대응하지 않는다.

결정적인 순간에 처음 하는 말은 중요하다. 사실을 착각하고 한 말은 수정할 수 있지만, 주장이나 감정을 표현한 말은 번복하기도 힘들고 상대방이 수용하기 어렵다. 예를 들어 팀원이 일정 지연을 보고했을 때 "왜 이렇게 일이 늦어졌어요? 도대체 어떻게 한 것입니까?"라고 하거나, 고객이 프로젝트 변경을 요구할 때 "그건 불가능합니다. 그렇게 할 수 없어요."라고 답하는 경우가 감정적으로 대응하는 사례다.

결정적 순간에 자기감정에 휘둘려 자기주장이나 감정을 여과 없이 말하거나 화를 내면 안 된다. 하지만 말을 여과 없이 내뱉는 것에 익숙해진 사람에게는 그것이 쉽지 않다. 특히 자기와 비슷한 지위에 있거나 자기보다 지위가 낮은 사람들에게는 말을 함부로 하기 쉽다. **결정적 순간을 촉발하는 상황은 순간이지만 해결 과정은 길다.** 따라서 긴 호흡으로 말을 아끼고 상대방의 이야기를 듣는 것이 좋다.

결정적 순간이 일대일 대화가 아니라 공식적인 회의에서 발생하면 상황이 미묘하다. 프로젝트 팀을 공격하거나 곤경에 빠뜨릴 수 있는 상대방의 이야기가 잘못됐거나 사실이 아닐 때 이를 수정하지 않으면 상대방의 주장을 공식적으로 수용하는 것처럼 보일 수 있다. 그래도 상대방을 이기려고 하지 말고 잘못된 사실이 있다면 그것만 바로잡고 이번 사안은 중요하기 때문에 별도로 논의하는 시간을 마련하겠다고 하는 것이 바람직하다.

2 피하지 않는다.

문제에 대한 조치를 피하는 것은 병을 키울 수 있다. 프로젝트에서 채택한 솔루션의 문제로 일정이 지연되고 있다는 팀원들의 보고에 대해 좀 더 시간을 두고 지켜보자거나, 고객의 요구 사항 변경 요청에 대해 검토해보겠다고 한 뒤 적절한 답변을 제공하지 않는 것도 문제를 피하는 상황이다. 문제를 피하는 것과 문제가 명확해질 때까지 기다리는 것은 외형상 비슷하지만 본질은 크게 다르다. 어느 쪽인지를 판단하는 기준은 의사결정을 미뤄도 문제가 없는지를 고민하면 되고 그 판단은 프로젝트 관리자의 몫이다.

3 공격하지 않는다.

결정적 순간을 내가 상대방을 이기지 않으면 지는 상황으로 생각해서는 안 된다. 프로젝트 관리자가 이해관계자를 이긴다는 것은 불가능에 가깝고, 이겼다고 생각한다면 일시적인 착각이다. 팀원들에게는 강압적으로 본인의 요구 사항을 강요할 수 있지만, 문제는 해결되지 않고 의사소통이 왜곡되거나 단절된다.

4 약속은 신중하게 한다.

결정적 순간의 첫 대응으로 상대방의 요청을 수용할 수 있다. 주로 프로젝트 관리자보다 지위가 높은 경영층의 요청에 대해 이런 결정을 할 수 있다. 그러나 충분한 분석이나 팀원들과 협의 없이 내린 결정은 잘못된 결정일 가능성이 높으며, 의사결정의 실행력을 확보하기도 힘들다.

3 | 결정적 순간의 대화를 위한 사전준비

1 전투와 같은 대화상황을 중단하고 비무장지대를 만든다.

생각과 논리는 빨리 바뀔 수 있지만 불편한 감정은 느리게 바뀐다. 흥분한 상태에서 상대방과 부딪혀 결정적 순간의 스파크를 만들었다면 감정이 틀어진 상태이기 때문에 비무장지대로 대화의 장을 옮기는 것이 좋다. 감정이 틀어져 강대강이 부딪히는 상황에서 프로젝트 팀이 얻을 수 있는 것은 거의 없다. 흥분한 상황에서는 국정감사처럼 서로 같은 이야기를 반복하면서 상대방을 공격하기 때문에 문제 해결의 실마리를 찾을 수도 없다.

전투와 같은 대화상황을 중단하고 비무장지대를 만들기 위해서는 먼저 상대의 입장에서 결정적 순간을 바라봐야 한다. 역지사지의 관점에서 상대방의 논리, 이해관계, 손해, 불편, 혜택을 두루 살펴봐야 해결의 실마리를 찾을 수 있다. 상대방의 생각에 동의하지 않더라도 상대방의 생각을 이해했다는 것과 나의 관심이 상대방을 이기기 위한 것이 아니라는 의사를 상대방에게 분명히 전달해야 한다. **역지사지는 비무장지대에서 지켜야 할 가장 중요한 규칙이다.**

2 내가 원하는 것을 이성적으로 판단한다.

프로젝트 관리자는 본인이 무엇을 원하는지 파악해야 한다. 흥분한 상태에서는 상대방을 이기는 것이 목표라고 착각할 수 있다. 프로젝트 관리자의 목표는 프로젝트를 잘 끝내는 것이다. 프로젝트를 잘 끝내기 위해서는 목표를 최대한 달성하거나 실패를 최소화해야 한다. 그런 관점에서 프로젝트 관리자가 진정으로 원하는 것이 무엇인지 이성적으로 판단해야 한다. 예를 들어 이해관계자가 요구 사항 변경을 요청하는 경우, 요구 사항 변경을 거절하거나 요구 사항 변경으로 인한 추가 비용을 모두 보상받는 것을 프로젝트 관리자의 목표로 설정하면 프로젝트 관리자에게 이해관계자는 무찌르지 않으면 내가 죽는 적으로 보일 수밖에 없다. 그러나 프로젝트 관리자의 목표를 요구 사항 우선순위 최적화로 관점을 바꾸면 상생의 방법이 보일 수 있다.

3 공동의 목적이나 목표를 파악한다.

결정적 순간의 갈등과 분노를 긍정적으로 바꾸기 위해서는 논쟁의 관점을 윈, 루즈(win, lose)가 아닌 윈, 윈(win, win)으로 전환해야 한다. 그러나 윈, 윈의 아이디어를 찾는 것은 쉽지 않다. 문제의 상황을 보다 높은 곳에서 보다 멀리 바라보고 판단할 수 있어야 한다. 공동의 목표를 파악하기 위해서는 상대방의 말과 상대방의 상황을 액면 그대로 파악해서는 안 된다. 말하지 않고 보이지 않는 상대방의 진심을 파악하기 위해 고민해야 한다. 상대방의 진심을 파악하기 힘든 경우에는 상대방의 입장을 설명할 수 있는 다른 사람과 대화하는 것도 좋다.

4 | 결정적 순간에 대화하는 방법

1 주장은 배제하고 사실부터 말한다.

결정적인 순간의 대화는 사실을 이야기하는 것부터 시작해야 한다. 프로젝트 관리자는 사실과 판단을 구분해야 한다. '요구 사항을 접수한 것' '추가 요구 사항을 접수한 것' '계약서에 없는 추가 요구 사항을 접수한 것'은 큰 차이가 있다. 상대방이 인정할 수 있는 사실은 '요구 사항을 접수한 것' 일 가능성이 높다. 사실에 대해 상대방이 공감해야 나의 상황, 나의 판단을 이야기할 수 있다. 사실이 아닌 이야기를 할 때에는 대화를 시작하기 전에 '제 생각으로는'과 같이 나의 생각 또는 가능성 있는 이야기임을 먼저 밝혀야 한다.

2 나의 생각을 논리적으로 설명한다.

프로젝트 관리자가 파악한 사실, 그 사실을 해석하기 위한 가정, 그 가정으로부터 얻은 결론 또는 판단을 순차적으로 상대방에게 설명한다. 프로젝트 관리자가 결론을 내리기까지의 과정을 최대한 투명하고 논리적으로 전달하는 것이 중요하다. 과정을 생략하고 결론만 주장하면 상대방이 나의 생각을 이해하기 힘들다. 본인이 생각하고 판단한 경로를 설명하는 과정에서 상대방과 같이 생각하는 접점을 찾을 수도 있고, 상대방의 생각과 다른 지점과 그 이유를 파악할 수 있다.

나의 생각을 설명하기 위해서는 상대방과 내가 비무장 지대에서 안정감을 느낀다는 확신을 가져야 한다. 그러지 않으면 상대방은 내가 한마디 할 때마다 나의 의견을 반박하고 본인의 결론을 주장하게 된다. 나의 생각을 논리적으로 설명하고 상대방의 의견을 청취하면 생각의 차이가 발생해도 상대방이 나의 의견을 이해하거나 공감할 가능성이 높아진다.

3 상대방의 불편, 피해, 욕구를 이해하기 위해 듣는다.

나의 생각을 설명할 때와 마찬가지로 상대방이 어떤 사실을 파악했고, 어떤 가정을 했고, 무엇 때문에 그런 주장을 하는지 이해해야 한다. 상대방을 설득하기 위해서는 상대방이 어떠한 생각의 경로를 거쳐 이런 주장을 하는지 파악해 그중 어느 한 지점을 바꾸는 것이 효과적이다. 의외로 문제의 본질보다 다른 이유로 상반된 주장을 하는 경우가 많다. 예전에 뱉은 말 때문에, 프로젝트 관리자가 본인의 생각을 진지하게 고민하지 않고 무시한다고 느껴서 등과 같이 상대방의 생각이 틀어지게 된 사건이나 사유를 파악한다면 그 지점을 해결하는 것이 우선이다.

4 공통된 생각, 공통된 목표를 확인한다.

비무장 지대에서 대화를 했다고 해서 쌍방이 원하는 결론을 얻기는 쉽지 않다. 시간에 쫓기는 의사결정이라면 특히 어느 한쪽의 마음에 큰 상처를 남길 수 있다. 시간의 여유가 있다면 이해관계자와 프로젝트 관리자가 생각이 같은 부분을 파악해 그곳부터 논의를 시작하는 것이 효과적이다. 이해관계자와 프로젝트 관리자가 모든 생각 또는 모든 가정이 완전히 다르기는 힘들며, 작더라도 생각이 일치하는 부분도 있다. 생각이 일치하는 부분에서 합의점을 찾고 공동의 목표를 설정해 먼저 시행하는 것도 효과적이다. 변경된 프로세스나 시스템을 적용할 때 변화에 대한 반감이 작은 일부 조직 또는 일부 프로세스를 적용하는 것이 대표적인 예다.

8장

프로젝트 위험관리 실전

40 프로젝트 결과의 불확실성을 초래하는 요인과 관리하는 방법은?

41 프로젝트 위험관리를 할 때 유의할 사항은?

42 프로젝트 위험을 식별하기 위한 효과적인 방법은?

43 위험 대응 계획을 수립하고 보고할 때 유의할 사항은?

44 프로젝트 성과지표를 선정할 때 유의할 사항은?

45 프로젝트 진척률을 정확하게 파악하기 어려운 이유는?

46 프로젝트 일정이 지연되기 쉬운 이유는?

47 일정 지연에 효과적으로 대응하는 방법은?

48 궤도를 잃은 이슈 프로젝트를 복구하는 방법은?

프로젝트 관리자는 성공을 꿈꾸며 프로젝트를 시작하지만 예상하지 못했던 많은 난관을 만난다. 난관에 부딪힌 프로젝트 관리자는 성공의 꿈은 접고 실패를 피하고자 애쓴다.

성공의 반대를 실패라 생각하기 쉽지만, 실제 현실에서는 성공도 실패도 아닌 약간 실패한 프로젝트가 많다. 모든 연인들이 행복을 꿈꾸며 결혼하지만, 실제 결혼생활은 아주 행복하거나 아주 불행한 경우보다 행복하지 않은 경우가 많은 것과 비슷하다. 위험관리는 큰 실패와 작은 실패 모두를 예방하기 위한 활동이다. 교과서에서 위험관리는 기회를 창출하는 것도 포함하지만 이 책에서는 프로젝트 이슈를 예방하거나 해결하는 활동에 집중한다.

8장에서는 위험관리 프로세스 적용 시 유의할 사항, 위험 식별, 위험 대응 계획 수립 방안, 프로젝트 성과지표 관리 방안, 일정 지연 이슈에 대응하는 방법을 살펴보겠다.

프로젝트 결과의 불확실성을 초래하는 요인과 관리하는 방법은?

프로젝트의 위험이란 '프로젝트 결과에 긍정적 또는 부정적 영향을 미칠 수 있는 불확실한 사건이나 상황'이다. 불확실한 사건이나 상황을 초래하는 요인은 무엇일까? 또 불확실을 초래하는 요인별로 불확실성을 관리하기 위한 접근 방법은 무엇일까?

위험관리의 핵심은 불확실성 관리에 있고 불확실성을 초래하는 요인은 변동성, 모호성, 복잡성으로 나눠 설명할 수 있다. 이하는 필자가 집필한 《PMBOK》 7판의 해설서인 《PMP PM+P 해설서》의 내용을 보완해 정리했다.

1 불확실성을 초래하는 요인

프로젝트의 결과가 불확실한 이유는 다음과 같이 세 가지로 구분할 수 있다.

① 예측 불가능한 사건 때문에 예상 못한 결과가 발생한다. (변동성)

② 프로젝트 내용을 정확하게 이해하지 못해 예상 못한 결과가 발생한다. (모호성)

③ 프로젝트 구성요소들의 상호작용으로 예상 못한 결과가 발생한다. (복잡성)

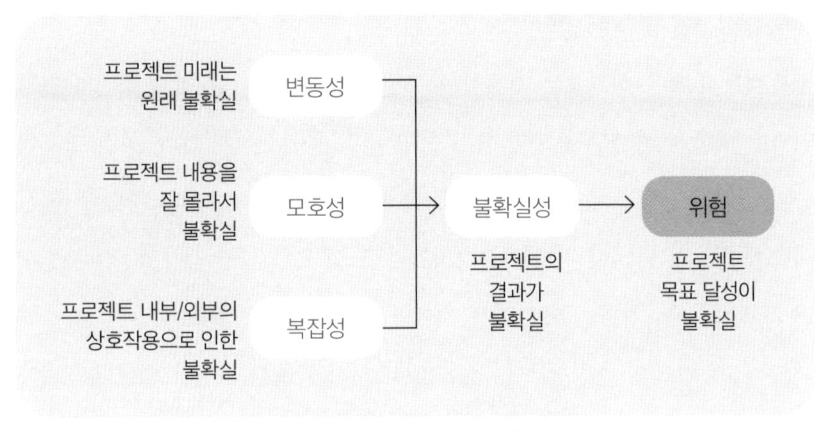

그림 30 불확실성의 원인과 결과

요약하면 변동성, 모호성, 복잡성은 불확실성을 만들고, 불확실성은 위험을 만든다(그림30).

앞서 설명한 용어들은 뷰카VUCA 즉, 변동성Volatility, 불확실성Uncertainty, 복잡성Complexity, 모호성Ambiguity으로 정리할 수 있다. 뷰카는 1990년대 초반 미국육군대학원에서 처음으로 사용했는데, 급변하는 경영 환경의 특성을 설명하는 대표적인 용어이다. 최근에는 AI로 대표되는 소프트웨어 기술이 시장의 뷰카를 더욱 심화시키고 있으며, 혼돈Chaos을 추가해 'VUCCA'라고도 한다.

1 | 불확실성 관리를 위한 접근 방법

불확실성을 관리하는 방안에는 불확실성을 낮추는 것과 불확실성으로 인한 부정적인 피해를 줄이는 것이 있다.

1 불확실성을 낮추는 방안

적용해보지 않은 신기술을 적용하면 구현의 불확실성이 높고, 고객이나 업무 영역에 대한 이해가 부족하면 요구 사항 관련 불확실성이 높다. 이런 경우에는 추가적인 정보를 수집하고 분석해 불확실성을 낮출 수 있다. 예를 들어 신기술을 적용한 파일럿 과제를 수행하거나, 고객 요구 사항 검증을 위한 MVP를 개발해 고객 가치를 확인하는 것이다. 다만, 추가 정보를 수집해 얻는 혜택(불확실성 감소)이 추가 정보 수집을 위한 시간과 예산 투입의 손실보다 커야 한다.

애자일 방법론에서는 이를 스파이크spike 적용이라고 한다. 스파이크는 '기술의 검증 또는 사용자 인터페이스를 검증하기 위해 만든 사용자 스토리'다. 광의로 보면 프로토타입, 개념 증명proof of concept, 와이어프레임wireframe도 스파이크의 유형이다. 스파이크는 특정 스프린트에 포함해 진행할 수도 있지만, 스파이크 적용을 위한 별도의 스프린트를 수행할 수도 있다.

기술 구현 또는 요구 사항의 불확실성이 높을 때는 여러 가지 방안을 동시에 개발해 그중에서 최적의 방안을 선택할 수 있다. 이를 '세트기반 설계Set based design'라고 한다. '세트기반 설계'는 여러 가지 설계안을 만든 뒤 검증과정을 거치면서 최종적으로 하나의 설계안을 선택하는 방법이다. 반대말은 '단일방안 설계point based design'다. 세트기반 설계는 불확실성에 대응하기에 효과적이지만, 복수의 설계 방안을 만들고 검증하기 위해 투입되는 시간과 비용이 문제다. 세트기반 설계의 장점이 추가로 투입되는 시간과 비용을 상쇄하고도 남는다면 세트기반 설계를 적용할 수 있다. SAFeScaled Agile Framework에서 설명하는 세트기반 설계의 개념은 그림31과 같다.

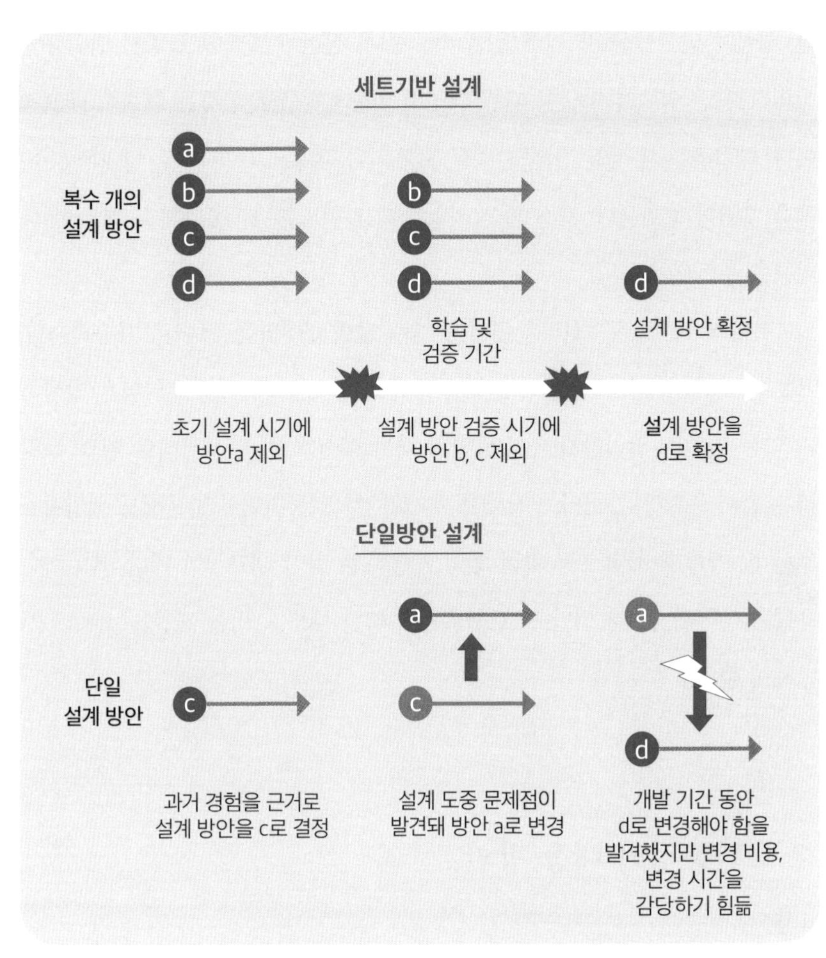

그림 31 세트기반 설계와 단일방안 설계

세트기반 설계의 개념은 도요타에서 창안한 '집합기반 동시공학SBCE, Set-Based Concurrent Engineering'에서 유래했다.

2 불확실성으로 인한 부정적인 피해를 줄이는 방안

불확실성을 낮추는 방안은 위험을 예방하는 것이다. 위험을 예방하기 힘들다면, 위험이 발생했을 때 피해를 줄여야 한다. 정전에 대비한 무정전 전원공급 장치UPS처럼 위험이 발생할 때를 대비해 비상계획을 수립하는 활동이 대표적이다. 불확실한 미래의 경우의 수를 모르거나 경우의 수가 너무 많다면 대비책을 수립하기 힘들다. 가장 발생 가능성이 높은 경우를 분석해 그에 대한 대비책을 수립해야 한다.

복원력resilience은 심리학에서는 '회복탄력성'이라는 용어로 사용하지만, 프로젝트 관리에서는 위험발생에 대응하는 능력을 의미한다. 위험은 발생하지 않는 것이 바람직하지만, 발생했을 때는 이전과 비슷한 상태로 빨리 복원하는 것이 중요하다. 서비스 장애를 초래할 수 있는 위험이 발생해도 백업시스템이 잘 가동돼 서비스를 차질 없이 제공하는 것이 대표적인 예다. 복원력은 운영 업무에서 중요하지만, 프로젝트를 수행할 때도 그러한 개념을 적용해 개발해야 한다.

2 | 변동성의 대응 방안

앞서 프로젝트의 결과가 불확실한 이유를 변동성, 복잡성, 모호성으로 설명했다. 세 가지 내용과 대응 방안을 정확하게 이해하면 불확실성을 좀 더 정확하게 이해할 수 있다. 먼저 변동성으로 인한 불확실성을 살펴보겠다. 변동성은 '예측 불가능한 사건이나 상황'으로 예는 다음과 같다.

- 경쟁사의 신상품 출시
- COVID-19와 같은 새로운 전염병의 확산
- 시장을 판도를 바꾸는 신기술 또는 비즈니스 모델의 탄생

- 핵심 이해관계자의 변경
- 법적 규제 사항 또는 정치적 변수(예: 플랫폼 사업과 관련된 법안 통과)

변동성은 대부분 예측할 수 없고 사전에 대응할 수 없기 때문에 운의 영역에 해당하며, 유일한 대응방법이 예비기간 또는 예비비를 확보하는 것이다. 그러나 어느 정도의 불확실성이 있을지 파악하기 힘들기 때문에 예비기간 또는 예비비를 확보하기도 힘든 것이 현실이다. 변동성과 관련된 위험은 프로젝트 관리자에게 책임을 묻기 힘들기 때문에 조직 차원에서 관리해야 할 위험이다. **변동성은 예방할 수 없기 때문에 위험의 조기식별과 대응이 중요하다.**

3 | 모호성의 대응 방안

모호성은 '여러 가지로 해석되는 상황'으로 '개념의 모호성'과 '상황의 모호성'이 있다. 프로젝트에서 개념의 모호성은 '요구 사항 정의' 또는 '완료정의 Definition of Done'와 관련된 경우가 많다. '개념의 모호성'을 줄이려면 표준 용어를 정의하고, 문서나 메일보다 대면 의사소통을 자주 해야 한다. 문서나 메일을 소통의 주요 수단으로 사용할수록 개념의 모호성은 증가한다.

'상황의 모호성'은 현재의 문제를 해결하기 위한 방안이 여러 가지 있거나, 하나의 상황에 대해 미래의 조건이나 사건들이 여러 가지 발생할 수 있을 때 발생한다. 기술적 구현의 불확실성, 일정 추정의 불확실성이 대표적인 상황의 불확실이다. 상황의 모호성을 줄이기 위해서는 추가 정보를 파악해야 한다. 앞서 설명한 세트기반 설계도 여기에 해당하며 상황의 모호성을 줄일 수 있는 추가적인 방안은 다음과 같다.

1 점진적 구체화Progressive elaboration

점진적 구체화란 프로젝트를 진행할수록 획득하는 정보의 양이 많아지고 구체화되는 것을 의미한다. 프로젝트 계획과 관련된 모호성은 시간이 경과할수록 줄어들어 프로젝트를 완료하는 시점에 프로젝트 계획과 관련된 모호성은 사라진다.

2 실험

실험은 주로 인과관계를 파악하기 위해 사용한다. 대표적인 실험이 고객용 웹사이트를 개발할 때 많이 사용하는 A/B 테스트다. A/B 테스트를 통해 버튼을 어떻게 디자인하면 클릭 수가 많을지, 가격을 어떻게 표시하는 것이 구매 전환률을 높이는지를 확인할 수 있다.

3 프로토타입

프로토타입은 실험과 유사한 개념이다. 실험이 인과관계 규명에 집중한다면 프로토타입은 광범위한 변수들의 관계를 탐색할 때 활용할 수 있다. 하드웨어 제품의 경우 목업mock up 제품을 만들어 디자인, 사용성, 품질 등을 종합적으로 파악하는 것이 예다.

4 | 복잡성의 대응 방안

시스템은 '공동의 목표 달성을 위해 상호작용하는 구성요소의 집합'이다. 프로젝트 결과물 또한 하나의 시스템이며 프로젝트 수행을 위한 사람, 도구, 프로세스, 외부 환경, 경쟁사 등이 시스템 구성요소의 예다. 복잡성은 시스템을 구성하는 상호작용의 수와 상호작용의 영향력으로 평가한다. 시스템을 구성하는 요소가 많고 다양할수록, 구성요소들 간의 상호작용의 수가 많아지고 상호작용의 영향력은 커진다. 다음의 요인들은 프로젝트의 복잡성을 증폭시킬 수 있다.

1 프로젝트의 문화

이해관계자들의 태도, 경험, 가치관은 프로젝트의 주요 의사결정에 영향을 끼친다. 프로젝트의 다양한 이해관계자들이 집합적으로 만드는 태도, 경험, 가치관을 '프로젝트의 문화'라고 정의하면 프로젝트의 문화는 복잡성을 증폭시키거나 반감시키는 촉매가 된다. 예를 들어 SI 프로젝트를 수행할 때 발주사 또는 국가기관과 프로젝트 수행사의 문화적 차이가 클수록 복잡성이 증가한다.

2 개인의 이해관계

개인의 이해관계도 프로젝트 복잡성을 증가시킨다. 예를 들어 특정 이해관계자가 프로젝트 검토회의 시 프로젝트 목표에 심각한 영향을 미치는 안건을 상정하는 것이다.

3 시스템 구성요소들의 상호의존성

프로젝트와 관련된 시스템(기술, 프로세스, 자원 등)이 복잡하고 정교하게 연관될수록 시스템을 구성하는 작은 부문의 문제가 전체의 문제로 확대될 가능성이 높다. 우주선 발사와 같이 규모가 큰 프로젝트도 대부분 사소한 문제 때문에 실패하고, 글로벌 금융시장이 복잡하게 얽혀 있어 미국의 금리가 전세계에 영향을 미치는 것도 같은 이유다.

4 기술혁신 또는 비즈니스 모델혁신

기술혁신은 기존 제품, 서비스, 프로세스, 도구 등에 변화를 초래할 수 있다. 스마트폰의 출현이 사회 문화, 다른 제품, 프로세스에 끼친 영향을 생각해 보면 알 수 있다. 최근에는 기술혁신뿐만 아니라 비즈니스 모델혁신도 기술혁신 못지않게 사회에 큰 영향을 끼친다. 에어비엔비, 우버, 배달의 민족, 아마존 등은 기술기반의 혁신이 아니라 비즈니스 모델의 혁신으로 기업의 생태계를 변화시킨 대표적인 예다.

복잡성이 프로젝트 관리를 힘들게 만드는 이유는 다음과 같다.

- 프로젝트가 복잡할수록 프로젝트 계획 수립이 어렵다.
- 프로젝트가 복잡할수록 성과예측이 힘들어진다.
- 프로젝트가 복잡할수록 변경 가능성이 높아지고, 변경에 대한 대응이 어렵다.

복잡성은 위에서 설명한 것과 같이 다양한 원인으로 발생할 수 있고 다양한 원인들은 상호작용하기 때문에 예측하기 힘들다. 복잡성에 대응하기 위해서는 앞서 설명한 불확실성 대응과 마찬가지로 복잡성의 내용을 이해해 복잡성을 낮추고, 복잡성으로 인한 피해를 줄여야 한다.

프로젝트의 복잡성을 이해하기 위해서는 시스템적 관점에서 프로젝트 내부의 구성요소와 외부 환경을 파악해야 한다. 특히 프로젝트 외부 환경의 변화로 인한 복잡성의 증가는 프로젝트에 미치는 영향이 크기 때문에 유의해야 한다. 기업 외부 환경을 프로젝트 관리자가 분석하고 대응하기 힘들지만, 프로젝트에 영향을 미칠 수 있는 조직의 전략이나 이해관계자의 관심 사항은 주의해 모니터링해야 한다.

프로젝트 복잡성을 낮추는 방안은 다음과 같다.

1 구성요소 간의 상호작용이나 의존관계를 분리

구성요소 간의 연결을 끊으면 상호작용이 줄어들어 변수가 줄어든다. 자체적으로 작동하는 구성요소들이 많을수록 복잡성은 낮아진다.

2 이해관계자의 긍정적인 참여를 유도

프로젝트에 부정적인 영향을 미치는 개인의 이해관계로 인한 복잡성을 줄이는 방안이다. 이해관계자들의 긍정적인 참여를 높이면 예상하지 못한 상황을 줄일 수 있다.

프로젝트 불확실성에 영향을 미치는 세 가지 개념을 살펴봤다. 불확실성을 관리하기 위해서는 불확실성의 수준을 낮추거나 부정적인 결과에 대응할 준비를 해야 한다. 프로젝트 관리자의 노력으로 대응할 수 있는 것은 모호성과 복잡성을 낮추기 위한 활동을 하는 것과 부정적인 결과가 발생했을 때 어느 정도 복원력을 갖출 수 있도록 프로젝트의 아키텍처를 설계하는 것이다.

프로젝트 위험관리를 할 때 유의할 사항은?

프로젝트 위험관리는 실전에서 적용하기 힘들다. 위험관리는 이슈가 발생하기 전에 예방하는 것이 목적인데, 현실에서는 발생한 이슈를 해결하기에도 시간이 부족하기 때문이다. 현실에 위험관리 프로세스를 적용할 때 유의할 사항은 무엇일까?

위험관리 프로세스 적용의 실효성을 높이기 위해 유의할 사항은 다음과 같다.

1 위험관리를 적용하기 힘든 조직도 있다.

각 조직의 프로젝트나 경영층은 나름의 위험관리 문화를 가지고 있다. 위험관리에 대해 다음과 같이 인식하는 조직에서는 실효성 있는 위험관리 활동을 실행하기 힘들다.

- 도전적이지 않는 계획은 질책하면서, 결과는 질책하지 않는다(예를 들어 납기 지연의 위험은 듣기 싫어하지만, 사후 지연은 허용하는 조직문화).
- 프로젝트 하기도 바쁜데 위험관리를 할 시간이 없다고 인식한다.
- 당장 답이 나오지 않는 이야기는 하지 않는다(괜히 이야기해봐야 대책 없는 문제제기를 한다고 비난을 들음).
- 경영층에 위험을 보고하면 위험해결을 위한 지원보다 대책수립만 요구한다.

2 위험관리와 이슈관리를 구분하는 것은 도움이 되지 않는다.

위험이 발생하면 이슈가 된다. 이슈는 발생한 위험이고, 위험은 발생하지 않은 이슈다. 따라서 위험은 예방하는 것이 중요하고, 이슈는 신속하게 해결하는 것이 중요하다. 여기까지 논리적으로 옳고 이해하기도 쉽다. 그러나 현실의 프로젝트에서 위험과 이슈를 구분하기는 쉽지 않다. 위험관리와 이슈관리 모두 무언가를 식별해야 대응할 수 있는데, 그게 이슈인지 위험인지 헷갈리는 경우가 많다. 현실에서 그런 구분을 하는 것은 사치이고, 식별한 문제를 해결하는 것이 중요하다. 당면한 일을 처리하는 것은 프로젝트 관리자의 일상이다. 이는 건강검진에서 당뇨수치가 높게 나왔는데, 이를 건강의 위험신호로 볼 것인지, 이미 건강에 문제가 생겼다는 이슈로 볼 것인지 구분하려는 시도와 비슷하다.

특히 프로젝트의 이슈가 심각하지 않을 때는 위험과 이슈를 구분하기 힘들다. 프로젝트를 시작하기 전에 식별하면 위험이고 프로젝트를 착수한 이후에 식별하면 이슈인 경우가 많다. 예를 들어 프로젝트를 수행하는 도중 핵심 이해관계자가 변경돼 프로젝트 요구 사항의 변동 가능성이 높아졌다면, 이슈일까? 위험일까? 핵심 이해관계자가 변경됐다는 것은 이미 발생한 사건이니 이슈 같기도 하고, 프로젝트 요구 사항은 변경될 가능성이 높지만 확실하지 않기에 위험 같기도 하다. 그런 고민을 할 시간에 변경된 이해관계자를 먼저 찾아가서 프로젝트 방향을 설명하고 이해관계자의 의견을 청취하는 것이 중요하다.

누군가 이슈관리와 위험관리를 구분해 설명하면서 프로젝트 관리자가 이슈관리만 하고 위험관리는 하지 않는다고 말하면 무시해도 좋다. SI 프로젝트의 감리에서 이러한 지적을 받을 수 있는데, 감리인의 의견에 대해 인정하고 다투지 않는 것이 좋다.

산불을 예방하는 것도 중요하지만, 여기저기 산불이 나고 있는 상황에서는 위험과 이슈를 구분하는 것이 공허하다. 불길이 작을 때 빨리 불을 끄는 것이 중요하다. 프로젝트도 마찬가지로 작은 이슈일 때 빨리 해결하는 것이 중요하다.

3 위험관리는 수단이지 목적이 아니다.

위험관리의 목적은 프로젝트를 성공적으로 끝내는 것이다. 그러나 위험관리도 '일일 스탠드 업 미팅'처럼 본래의 목적을 잊고 활동 자체가 목적이 되는 경우가 많다. 고객이나 경영층의 요구로, 또는 제안서에 약속했기 때문에 본질을 잊고 위험관리 활동을 정리하는 문서만 양산할 수도 있다.

효과적인 위험관리 활동을 위해서는 바쁜 일상에서 잠시 벗어나 프로젝트의 현안을 차분하게 고민하는 시간이 필요하다. 이를 위해 비교적 시간의 여유가 있는 금요일 오후에 30분에서 1시간 정도를 활용해 위험관리를 위한 루틴을 갖는 것도 좋다. 이 시간 동안 다음과 같은 질문을 스스로에게 던져보는 것이 중요하다.

- 현재 프로젝트의 주요 현안은 무엇인가?
- 어떤 대응책을 실행하고 있는가?
- 중요하고 큰 문제를 놓치고 있는 것은 없는가?

4 위험관리를 하려면 부정적인 생각을 허용해야 한다.

위험관리는 프로젝트가 실패할 가능성을 미리 고민하고 예방하는 활동이다. 영향력이 높은 고객이나 경영층이 이러한 활동을 부정적으로 보고 비난한다면 위험관리를 효과적으로 수행할 수 없다. **성공하는 프로젝트 관리자는 부정적으로 계획하고 긍정적으로 실행한다.** 반면, 실패하는 프로젝트 관리자는 긍정적으로 계획하고 부정적으로 실행한다. 긍정적으로 계획한다는 것은 상세하게 고민하지 않고 낙관적으로 계획을 세우는 것을 의미하고, 부정적으로 실행한다는 것은 실행을 두려워하고 주저하는 것을 의미한다.

프로젝트의 성공을 위해서는 타임머신을 타고 프로젝트 종료 시점으로 이동했다고 가정하고 프로젝트가 실패하는 상황을 상상해야 한다. 프로젝트가 실패했다면 어떤 이유로 실패했는지, 어떤 문제가 발생했는지를 미리 상상해 보고 그에 대한 대책을 마련하는 활동이 위험관리의 본질이다.

5 프로젝트 착수 전에 식별한 위험의 대응 방안은 프로젝트 계획에 반영한다.

같은 업무라고 해도 프로젝트 계획에 따라 위험할 수도 있고, 위험하지 않을 수도 있다. 시간과 예산이 충분하면 대부분의 위험은 사라지고, 역량이 높고 팀워크가 좋은 프로젝트 팀을 구성하면 많은 위험이 감소한다. 따라서 위험에 대응하기 위한 가장 좋은 방법은 프로젝트 계획을 조정하는 것이다. 프로젝트 계획에 반영하지 못하는 위험은 이슈가 될 가능성이 높다. **이상적인 위험관리 활동은 프로젝트 계획을 확정하기 전에 위험을 식별하고, 식별된 위험을 감당할 수 있는 프로젝트 계획을 수립하는 것이다.**

프로젝트를 시작한 뒤에는 부실한 계획과 프로젝트 팀의 잘못이 복합적으로 작용하기 힘들기 때문에 뒤늦게 위험을 식별해도 프로젝트 계획에 반영하기 힘들다. SI 프로젝트라면 제안서 작성 시점부터 프로젝트 계약을 체결할 때까지 위험을 프로젝트 계약서와 계획서에 반영해야 한다. 상품 개발과 같은 조직 내부 프로젝트라면 경영층에게 프로젝트 계획을 보고하기 전까지 프로젝트 관리자가 비난받지 않고 위험을 프로젝트 계획에 반영할 수 있다.

위험을 프로젝트 계획에 반영한다는 것은 그림32와 같이 달성 가능한 프

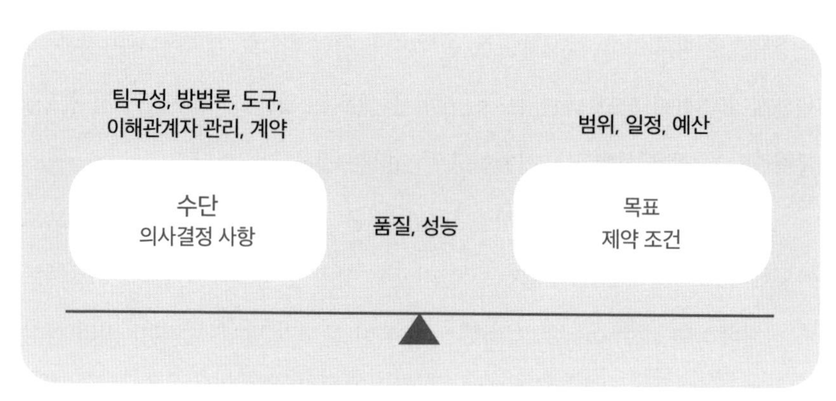

그림 32 위험을 반영한 프로젝트 계획

로젝트 계획을 수립했다는 것을 의미한다.

6 범위, 일정, 예산 모두가 제약 조건이면 위험을 반영한 프로젝트 계획이 아니다.

범위와 일정이 제약 조건이면 예산은 의사결정 항목이 돼야 한다. 왜냐하면 범위와 일정을 준수하기 위해 보다 우수한 팀원 또는 파트너를 활용하면 제약 조건의 예산보다 증가할 수 있기 때문이다. 일정과 예산이 제약 조건이면 범위를 조정할 수 있어야 한다. 범위, 일정, 예산이 제약 조건이면 의사결정 가능한 수단으로는 프로젝트 계획을 달성하기 힘들다.

7 품질과 성능이 제약 조건에 가까우면 프로젝트 위험이 증가한다.

품질과 성능의 목표를 변경할 수 없을 때는 프로젝트에 제약 조건이 하나 더 추가된다. 표면적으로는 모든 프로젝트의 품질과 성능은 타협할 수 없는 제약 조건이다. 그러나 우주선을 발사하는 프로젝트와 챗봇을 개발하는 프로젝트의 품질 기준은 다르다. 챗봇의 답변 정확도는 상황에 따라 90%면 충분하지만, 우주선의 성능은 정확도가 99.9%라도 문제가 될 수 있다.

소프트웨어 개발 프로젝트에서는 기능의 사용 빈도와 중요도를 고려해 허용 가능한 품질 수준을 정할 수 있다. 특히 운영체제(OS)와 디바이스가 다양한 요즘에는 모든 상황을 고려한 품질 관리가 어렵기 때문에 특정 품질 이슈는 알면서도 릴리즈할 수 있다. 시장 점유율이 높은 글로벌 SaaS 기업의 서비스도 100% 완전하지 않으며 이미 알고 있는 문제를 'known issue'로 분류해 고객 지원 사이트에 공개한다. 심지어 언제 이러한 품질 이슈를 해결하겠다는 일정도 없다. 국내 소프트웨어 회사에서 품질 이슈를 공개하고 조치 일정을 알려주지 않는 것은 상상하기 힘들다. 그것은 자신감의 차이다.

품질 목표 수준을 조정해 일정과 범위를 준수하는 방안은 유의해야 한다. 프로젝트 관리자가 품질 이슈를 인지하고 이해관계자와 공유하며, 릴리즈 또는 시스템 오픈 이후 안정화 기간을 통해 품질 이슈를 해결할 수 있는 수준의 품질 이슈여야 한다. 통제되지 않는 품질 이슈를 안고 시스템을 오픈하면 최악의 경우 프로젝트 결과물 자체가 무효가 될 수 있다.

8 대부분의 위험은 수단의 불확실성 때문에 발생한다.

위험이 미치는 영향력은 범위, 일정, 예산과 같은 '프로젝트 목표'이지만 위험이 발생하는 원인은 팀원 역량, 이해관계자 관리, 리더십, 방법론과 같은 '프로젝트 목표 달성수단'이다. 수단의 불확실성이 높을수록 보수적인 목표를 설정하는 것이 프로젝트 계획에 위험을 반영하는 것이다. 예를 들어 프로젝트 팀원의 역량이 낮고, 관료적인 조직문화에서 프로젝트를 수행한다면 프로젝트 생산성을 그만큼 낮게 설정해야 한다.

특정 수단 항목의 위험관리를 위해 다른 수단 항목을 조정할 수 있다. 예를 들어 이해관계자 참여 수준의 불확실성이 높다면 이해관계자 참여 주기와 참여 수준을 높이기 위한 프로젝트 관리 프로세스를 수립할 수 있다. 프로젝트 결과물을 잘게 쪼개 프로젝트 초반에 잦은 쇼케이스를 수행함으로써 프로젝트 팀에 대한 신뢰를 확보하는 것이 그 예다.

프로젝트 위험을 식별하기 위한 효과적인 방법은?

위험관리를 시작하려면 위험을 식별해야 한다. 어떻게 하면 프로젝트 위험을 효과적으로 식별할 수 있을까?

프로젝트 초반에 위험을 식별하는 방법은 여러 가지가 있지만, 계획문서(제안서, 계약서, 프로젝트 계획서)를 검토하거나 팀원 및 이해관계자들과 워크숍 또는 인터뷰를 실시하는 방법이 효과적이다. 특히 워크숍을 통해 위험을 식별하면 참석자들이 프로젝트를 인식하는 관점을 파악할 수 있어 프로젝트 관리자에게 유용하다.

워크숍을 통한 위험 식별 시 유의할 사항은 다음과 같다.

1 참석자들이 부정적인 생각을 토의할 때 부담이 없도록 한다.

워크숍 참석자들이 부정적인 상상을 하고 부담 없이 그 내용을 이야기할 수 있어야 한다. 퍼실리테이터 또는 프로젝트 관리자가 프로젝트 팀원들에게 다음과 같은 이야기로 워크숍을 시작하는 것이 좋다.

"지금은 프로젝트에서 생길 수 있는 나쁜 일들에 관해 이야기하는 시간입니다. 우리가 프로젝트 납기를 지키고 고객 요구 사항을 충족시키면서 예산 내에 끝낼 수 있을까요? 만일 그렇지 않을 수도 있다는 생각이 든다면 무엇 때문에 그렇게 될까요? 모두들 가슴속에 있는 '만에 하나'를 이야기해 주시길 부탁드립니다. 부정적인 상상을 하는 것은 성숙한 사람들의 특징입니다."

프로야구에서 SK의 왕조시대를 만든 김성근 감독은 '마이너스 사고'에 대한 이야기를 한적 있다.

"나는 '이렇게 되면 우승하지 못한다'를 먼저 고민한다. 이어 코치가 '이렇게 되면 경기에서 진다'를 걱정하고, 포수는 '이 타자에겐 이렇게 하면 맞는다'를 근심하는 순서다. 마이너스 사고란 '이렇게 하면 이긴다' 보다 '이렇게 하면 진다'를 생각하는 것이다. 누가 잘 던지고 누가 잘 치면 이긴다의 사고가 아니라 누가 못하면 진다의 개념을 먼저 생각하고 준비하는 것이 SK의 특징이다." 〈이데일리〉(2011년 2월 5일)

프로젝트를 수행하는 내내 '마이너스 사고'로 생각하면 안 되지만, 적어도 프로젝트를 착수하는 시점에서 한 번은 진지하게 이러한 생각을 하는 것이 바람직하다.

2 위험 식별 워크숍을 실시한다.

① 워크숍 계획 수립

● 참석 대상자

프로젝트 팀과 이해관계자 모두가 참석하는 것이 바람직하다. 경영층 참석이 자유로운 토의에 제약이 있다고 판단하면 경영층은 워크숍 대상에서 제외할 수 있다. 가급적 많은 사람이 참석해야 하는 이유는 다양한 위험을 식별할 수 있다는 장점뿐 아니라 위험 식별 회의가 팀 빌딩을 하는 수단이 되기 때문이다. 많은 사람이 참석할수록 식별된 위험에 대한 정당성도 확보할 수 있다.

● 회의 시기

참석 대상자들이 프로젝트 내용을 이해하고 있어 그에 따른 위험을 식별할 수 있는 시기여야 한다. 보통 프로젝트 계획을 시작한 이후부터 착수보고 이전이 이 시기에 해당한다. 착수보고 전에 워크숍을 하면 위험 내용과 대응 계획을 착수보고서에 포함시킬 수 있다. 물론 착수보고서에 위험 워크숍 내용을 포함시키기 위해서는 이해관계자 또는 고객과 사전에 협의해야 한다.

● 준비물

프로젝트 개요 설명자료, 위험 식별 체크리스트, 포트스잇을 준비한다. 프로젝트 개요는 프로젝트 내용을 설명하는 자료이며 위험 식별 체크리스트는 참석자의 위험 식별을 도와준다. 포스트잇은 참석자가 식별한 위험을 기록하는 용도로 활용한다.

② 위험 식별 워크숍 진행 및 결과 정리

● 회의목적 안내

프로젝트 관리자 또는 퍼실리테이터가 참석자에게 회의목적과 회의결과의 활용방안을 설명한다.

● **프로젝트 개요 설명**

참석자의 프로젝트 이해 수준을 고려해 너무 길지 않게 간단하게 설명한다.

● **위험 식별 체크리스트 설명**

체크리스트는 위험 식별을 도와주지만, 참석자의 사고를 제한하는 단점도 있다. 참석자들의 역량을 고려해 체크리스트를 준비하지 않아도 된다.

● **개인별 위험 식별**

미리 준비한 포스트잇을 한 사람에 다섯 장 정도 배포한 뒤, 한 장에 한 가지의 위험을 기록하도록 요청한다. 포스트잇은 나중에 칠판에 붙여서 특성요인도 형태로 정리할 수 있기 때문에 가급적 글씨를 크게 적도록 요청한다. 또한 위험의 내용도 키워드를 중심으로 간략하게 정리해 주도록 부탁한다. 미리 샘플을 준비해 보여주는 것도 좋은 방법이다. 작은 포스트잇은 잘 떨어지기 때문에 접착력이 좋고 조금 큰 포스트잇을 준비한다. '일정 지연 위험'처럼 아무런 의미를 제공하지 않는 위험의 결과를 기술하지 말고 위험의 원인을 기술하도록 안내한다. 너무 긴 시간을 주지 않고 10분 정도만 부여한다.

● **위험 유형 분류**

포스트잇을 취합해 퍼실리테이터가 취합된 포스트잇의 비슷한 유형별로 위험을 그룹핑해 화이트보드나 큰 칠판에 부착한다. 위험 유형 분류의 목적은 향후 의사소통을 위한 것이기 때문에 참석자들의 동의가 중요하지만 토의가 길어지면 퍼실리테이터가 잠정 결론을 내려야 한다. 위험을 분류하는 과정에서 위험 대응 계획에 관한 내용도 언급할 수 있지만 워크숍의 목적은 더 많은 위험을 정확하게 식별하는 것임을 밝혀 위험 식별에 집중한다.

● **향후 일정 설명**

식별된 위험의 대응 계획을 어떤 일정으로 수립할 것인가를 설명한다. 프로젝트에서 적용할 위험관리 프로세스와 양식을 이 자리에서 설명하는 것도 좋다.

● **워크숍 결과를 정리**

화이트보드에 정리한 내용을 노트북으로 옮기거나 사진을 찍은 뒤, 워크숍 결과를 최종 정리한다.

● **불명확한 내용 정리**

다른 사람들이 읽었을 때 무슨 위험인지를 알 수 있도록 문구를 보완한다. 상위 수준의 위험을 개략적으로 기술하지 않는다.

● **중복된 위험항목 제거**

워크숍에서 제거하지 못한 중복된 위험을 식별해 제거한다.

● **최종 정리**

'위험 유형' '위험' '위험 내용'의 형태로 위험을 정리해 참석자에게 배포한다. 위험 내용은 참석자들이 위험을 정확하게 이해할 수 있도록 내용을 보완해도 좋다. 위험 내용을 기록하는 방법은 '~때문에(원인), ~가 발생 가능하며(위험), 그때 프로젝트는 ~ 될 수 있다(영향력)'의 형식이 무난하다.

상황이 허락한다면 식별한 위험에 대한 대응 계획을 수립하는 워크숍을 별도로 진행하는 것도 좋다. 위험 대응 계획 수립은 소수의 인원이 참석해 진행할 수도 있다.

3 위험 식별 체크리스트를 활용한다.

체크리스트는 어떤 항목을 점검하는 도구로 자가 점검뿐만 아니라 다른 사람이 점검할 때도 사용한다. 체크리스트의 주요 목적은 점검자에 상관없이 최소한의 품질수준을 확보하는 것이다. 위험 식별 체크리스트를 활용하면 간단하고, 쉽고, 빠르게 위험을 식별하기 때문에 가성비가 높다. 다양한 사람들이 위험 식별 체크리스트를 활용해 점검하면 프로젝트 관리자가 생각하지 못했던 위험을 발견할 수도 있다.

그러나 체크리스트를 활용하면 위험 식별 범위를 제약하는 단점도 있다. 따라서 체크리스트를 활용해 대부분의 위험을 식별했다고 생각하면 안 된다. 특히 한 명에서 두 명이 체크리스트를 활용해 위험을 식별했다면 더욱 그렇다. 체크리스트는 브레인스토밍 방식의 위험 식별에 함께 사용하면 효과가 좋다. 표12는 SI 프로젝트의 위험 식별 체크리스트의 예다. 각 항목별로 위험 식별 단계는 다르기 때문에 프로젝트 진행시점에 해당되는 체크리스트를 활용하면 된다.

구분	항목	체크리스트
범위	기술협상 및 이면계약	• 협상 시 추가된 업무 혹은 이면계약 업무의 난이도, 원가반영 여부
		• 외부 연계업무의 불확실성
	과업범위 명확성	• 협력업체 및 벤더와의 업무 범위 명확성 (컨소시엄 경우 공동이행, 분담이행에 따른 업무 범위)
		• RFP, 제안서에서 이슈가 될 수 있는 업무 내용 (과업범위 해석에 대한 이슈)
	요구 사항 안정성	• 불안정한 업무(의사결정 지연, 요건 변경 등)
		• 추가된 업무(유상, 무상, 후속 사업 연계 여부)
이해 관계자	이해관계자 성향	• 프로젝트로 인해 부정적인 영향을 받는 이해관계자의 존재 여부
	이해관계자 프로젝트 참여	• 주요 의사결정 및 요건 반영을 위한 한 명의 이해관계자 존재 여부
		• 이해관계자가 수행할 책임과 역할에 대한 공감하는지 여부
		• 고객 측 사용자 대표(파트타임)가 계획대로 프로젝트 참여 여부
		• 핵심 이해관계자의 변경 가능성
인력	인력 운영 계획	• 불확실한 미래 인력 투입 계획(인력 투입 계획 미확정 혹은 변동 가능 인력 운영)
		• 투입이 지연되는 인력
		• 투입공수의 적절성
		• 퇴사, 전배, 건강 등의 사유로 핵심인력 손실 여부
		• 업무 및 기술 관련 핵심 리딩인력 확보 여부
	팀워크	• 팀원 간 갈등의 존재 여부
		• 상호협업하는 분위기(협력사 및 수행사 관계 포함)
협력 업체	협력사 현황	• 협력업체 재무 건전성
		• 협력업체 인력 사기
		• 협력업체 담당 업무의 일정, 품질 관련 이슈 여부

일정	오픈 후 안정화 지원	• 오픈 이후 고객 요구 사항 반영할 안정화 기간의 확보 여부
	외부 연계 (프로젝트)	• 다른 시스템, 다른 프로젝트(공사 포함)의 일정 지연으로 인한 영향력
	납기적정성	• 프로젝트 일정에 영향을 미치는 외부 제약 조건의 존재 여부
		• 최소한의 개발 기간 확보 여부
원가	원가추정	• 공수 및 기타 경비 추정의 적절성 (도구 적용, 교육, 재작업 등 발생 가능한 공수 반영 여부)
		• 향후 집행이 예상되지만 예산이 없는 원가 (업무, 행사, 홍보물, 협력업체 인센티브 등)
		• 환율 변동으로 인한 재료비 변경
품질	감리	• 감리 결과가 프로젝트 수행에 미치는 영향 (감리 지적사항에 대한 고객의 인식 포함)
	납품 산출물 품질	• WBS에서 정의된 산출물과 일치 여부
		• 개발 산출물 품질
	아키텍처	• 성능에 문제가 없도록 아키텍처 검증 여부
		• 프로젝트 범위가 아닌 고객사 아키텍처로 인한 성능의 문제
		• 용량 추정에 대한 근거 및 고객 합의 여부
		• 납품 하드웨어, 소프트웨어의 사양변경 가능성
		• 패키지의 경우 이전 레퍼런스 사이트 존재 여부
		• 개발도구에 대한 프로젝트 팀원의 숙련도 (교육기간 반영 여부 확인)
종료	최종 검수	• 검수조건 특이사항 파악(성능, 테스트 등)
		• 검수자별 검수 전략
		• 인수인계 전략
	종료 전략	• 종료절차에 대한 고객과의 합의 여부
		• 실질적인 업무 종료를 결정하는 고객 측 책임자와 의사소통 여부

표 12 SI 프로젝트의 위험 식별 체크리스트 예

위험 대응 계획을 수립하고 보고할 때 유의할 사항은?

식별된 모든 위험에 대응할 수 없다. 이러한 시도를 한다면 오히려 그것이 더 큰 위험을 초래할 수 있다. 따라서 위험 대응의 우선순위에 따라 대응 계획을 수립해야 한다. 뿐만 아니라 경영층에게 위험을 보고할 시기를 놓치면 프로젝트 관리자가 곤경에 빠질 수 있다. 위험 대응 계획을 수립하고 보고할 때 유의할 사항은 무엇일까?

식별된 위험에 대해 우선순위를 부여해 신중하게 대응할 위험과 그렇지 않은 위험을 구분해야 한다. 그러기 위해서는 식별된 모든 위험에 1, 2, 3과 같은 대응 우선순위를 부여할 필요는 없다. 그런 우선순위 부여는 평가가 복잡할 뿐 아니라 결과를 활용하기 힘들다. 2개 또는 3개의 등급으로 위험을 구분하면 충분하다. 예를 들어 3개 등급으로 관리한다면 1등급은 경영층과 공유할 위험, 2등급은 프로젝트에서 대응 계획을 수립할 위험, 3등급은 별도 조치를 하지 않을 위험으로 구분하면 된다.

위험등급을 평가하는 기준은 '위험의 발생 가능성'과 '위험이 프로젝트에 미치는 영향력'이다. 발생할 가능성이 높고 프로젝트에 미치는 영향력이 클수록 위험의 심각도는 커진다. 위험의 심각도를 계량화하려면 발생 가능성과 영향력을 5점 척도로 계산해 곱하거나 더한 점수를 활용하면 된다. 위험 발생 가능성

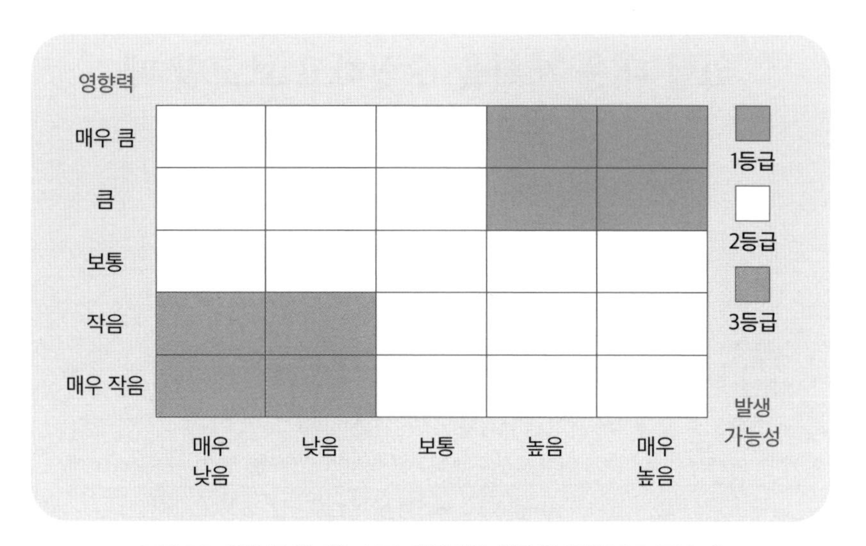

그림 33 위험 발생 가능성과 영향력을 활용한 위험등급 구분 예

과 영향력의 5점 척도를 활용해 위험등급을 구분하는 예는 그림33과 같다.

1 | 위험 대응 계획을 수립할 때 유의할 사항

1 비용 대비 효율적이어야 한다.

위험의 심각도를 고려해 대응 계획을 수립하고 위험 모니터링 활동에 자원(예산, 일정)을 할당해야 한다. 위험관리를 수행하기 위해 또 다른 위험을 만들면 안 된다.

2 대응 계획 수립 시기를 놓쳐서는 안 된다.

위험의 심각도가 커지기 전에 대응 계획을 수립하고 조치해야 한다.

3 실현할 수 있는 현실적인 계획이어야 한다.

실행을 염두에 두지 않고 경영층에게 보여주기 식의 의욕적인 계획을 수립하는 것은 금물이다. 실행 가능한 계획을 수립해야 한다.

4 위험 대응 계획에 대해서 이해관계자들의 합의를 얻어야 한다.

대응 계획의 실행력을 높이기 위해서는 위험을 식별, 분석할 뿐만 아니라 대응 계획을 수립할 때에도 이해관계자들을 참여시켜 공감대를 확보해야 한다.

2 | 위험 대응 전략을 고려한 대응 계획 수립

위험 대응 전략 수립 시 고려할 사항은 다음과 같다.

1 식별된 위험의 정보가 충분하지 않으면 의사결정을 미룬다.

위험에 대한 정보가 충분히 파악되지 않은 상태에서 성급하게 위험에 대응하는 것은 설익은 과일을 따거나 충분히 곪지 않은 상처를 치료하는 것과 같다. 위험에 대한 분석정보가 부족하면 대응 계획 수립이 가능할 때까지 별도의 목록으로만 관리하며 지켜본다.

2 심각한 위험은 발생 가능성을 원천적으로 제거한다.

심각한 위험은 계획 자체를 변경해 발생 가능성을 없애는 방안도 고려해야 한다. 특정 아키텍처로 인한 시스템 다운의 위험이 있다면 기술 아키텍처를 바꿔 시스템 다운의 위험을 원천적으로 제거하는 것이 이에 해당한다. SI 프로젝트에서 제안 참여를 안 하는 것도 발생 가능성을 제거하는 방법이다. 이러한 위험을 'show stopper'라고도 한다.

3 프로젝트 팀에서 위험의 발생 가능성이나 영향력을 줄인다.

위험의 발생 가능성이나 영향력을 줄여서, 허용할 수 있는 수준으로 위험의 심각도를 낮추는 방법으로 위험완화라고 한다. 위험완화는 위험 대응 비용이 커지기 전에 대응하는 것이 중요하다. '테스트 강화' '적격 파트너 선정'과 같이 발생 가능성과 영향력을 동시에 줄이는 방법과 '시스템 장애 발생을 대비한 백업 준비'와 같이 영향력만 줄이는 방법이 있다.

4 일정 수준 이하의 위험은 수용한다.

위험의 심각도가 일정 수준 이하라면 별도의 대응 계획을 수립하지 않고, 위험이 실제로 발생할 때 대응한다.

5 위험 대응을 외부 전문가에게 위임할 수 있다.

프로젝트 팀 외부 전문가가 위험에 대응하는 것이 더 효과적이라면 위험예방 또는 영향력 최소화를 위한 조치를 외부 전문 조직에 위임한다. 보험이 대표적인 예다.

6 경영층에서 대응해야 하는 위험도 있다.

프로젝트 관리자의 통제 범위를 벗어나 경영층이 대응해야 하는 위험도 있다. 이러한 위험은 식별되는 즉시 경영층에게 보고해 경영층이 대응하도록 해야 한다.

3 | 위험 진행 상황 모니터링

프로젝트 위험은 프로젝트와 마찬가지로 시간에 따라 상황에 따라 역동적으로 변한다. 따라서 위험관리는 일회성의 활동이 아니라 프로젝트 착수부터 종료까지 지속적으로 수행하는 것이 바람직하다. 위험을 모니터링하고 통제할 때 유의할 사항은 다음과 같다.

1 위험 대응 계획의 이행 여부를 모니터링한다.

아무리 좋은 대응 계획도 실행하지 않으면 의미가 없다. 복잡하고 바쁜 프로젝트 상황에서는 계획만 수립하고 실행을 소홀히 하기 쉽기 때문에 위험 대응 계획을 이행하는지 정기적으로 모니터링해야 한다.

2 위험 대응 계획의 효과를 파악해야 한다.

위험 대응 계획은 질병에 비유하면 처방이다. 처방대로 이행한 뒤에는 치료 효과가 있는지 파악해야 하듯이 위험도 마찬가지다. 위험 대응 계획의 효과를 파악해야 한다. 발생 가능성이나 영향력이 줄어들지 않거나 오히려 늘어나고 있으면 대응 계획이 잘못됐다는 의미이므로, 새로운 대응 계획 수립을 검토해야 한다.

3 신규 위험의 발생 여부도 모니터링한다.

위험 식별은 프로젝트 착수 때 한 번만 하는 것이 아니다. 언제든지 새로운 위험이 발생할 수 있기 때문에 지속적으로 신규 위험을 모니터링해야 한다.

4 합병위험 또는 파생위험도 고려한다.

특정 위험은 기존의 위험과 합치면 또 다른 합병위험이 있을 수도 있다. 파트너사의 재무상태가 좋지 않은 상태에서 파트너와 관련된 솔루션 구현의 위험이 있다면 두 개의 위험은 합병위험이 된다. 파생위험은 위험을 조치하는 과정에서 또 다른 위험이 발생하는 것을 의미한다. 요구 사항의 불확실성을 관리하기 위해 팀원이 익숙하지 않은 애자일 방법론을 사용하는 것이 파생위험의 예다.

4 | 위험보고

1 위험을 보고해서 손해 볼 일은 별로 없다.

경영층에게 위험을 보고해서 손해 볼 일은 무엇일까? 위험보고서 작성을 위해 시간과 노력을 투자하는 것은 분명히 프로젝트 관리자에게 부담이 된다. 그러나 이보다 더 큰 부담은 위험보고를 했더니 매주 진행 상황을 보고하라는 피드백을 받는 경우다. 조직에서 이와 같은 피드백을 받을 가능성이 없다면, 위험보고가 프로젝트 관리자에게 마이너스가 되는 일은 거의 없다. 프로젝트 후반부에 위험을 보고하면 늦게 보고했다는 질책을 받을 수 있지만, 위험을 보고하지 않는 것보다는 훨씬 낫다. 물론 프로젝트 관리자가 감당 가능한 위험을 보고해서 경영층에게 나쁜 인상을 남길 필요는 없지만 감당 여부가 불확실한 경우에는 위험을 보고하는 것이 바람직하다.

경영층에게 위험을 보고하는 것은 프로젝트 관리자의 중요한 역할 중 하나이며, 이를 통해 프로젝트의 성공 가능성을 높일 수 있다. 특히 프로젝트가 지연되거나 예산을 초과할 가능성이 높다면 조금이라도 빨리 위험을 보고해야 문제를 숨겼다는 오해를 덜 받는다. 만일 이슈가 발생하지 않고 프로젝트가 잘 끝난다 해도 프로젝트 관리자가 위험을 잘 관리했다는 인상을 남길 수 있다.

프로젝트 착수 전 또는 초반이라면 위험을 보고하는 것이 무조건 좋다. 물론 사소하고 자잘한 위험이 아니라 경영층이 볼 때 어느 정도 위험으로 판단할 수 있는 내용이어야 한다. 예를 들어, 프로젝트 일정에 큰 영향을 미칠 수 있는 위험, 예산 초과 가능성이 있는 위험, 주요 이해관계자의 부정적인 의견 등이다. 그러한 내용의 위험이라면 조금이라도 빨리 공식적으로 위험을 보고해야 한다. 착수보고회는 위험을 보고하기 가장 좋은 자리다.

프로젝트 초기에 위험을 보고하는 것은 여러 가지 장점이 있다. 첫째, 경영층의 신뢰를 얻을 수 있다. 초기부터 투명하게 위험을 보고하면 경영층은 프로젝트 관리자를 신뢰하게 되고, 필요 시 추가적인 지원을 받을 수 있다. 둘째, 위험을 조기에 식별하고 대응할 수 있는 기회를 제공한다. 위험을 초기에 식별하면 대응 방안을 마련할 시간이 충분하기 때문에 프로젝트 성공 가능성을 높일 수 있다. 셋째, 프로젝트 팀의 사기를 높일 수 있다. 팀원들이 위험을 미리 인지하고 대비할 수 있다면 불확실성에 대한 스트레스를 줄일 수 있다.

프로젝트 관리자가 설명하지 않으면 경영층은 해당 프로젝트의 어려움을 이해할 수 없다. 본인이 얼마나 어려운 프로젝트를 하는지를 알아주기를 바라기만 해서는 안 된다. 프로젝트가 잘 끝나면 프로젝트 관리자가 위험관리를 잘한 것으로 완료 보고 시에 설명하고, 실제로 문제가 발생해도 사전에 위험을 보고했기 때문에 부담이 덜하다. **위험보고는 프로젝트 관리자가 체계적으로 프로젝트를 관리하고 있다는 역량을 경영층에게 어필할 수 있는 좋은 기**

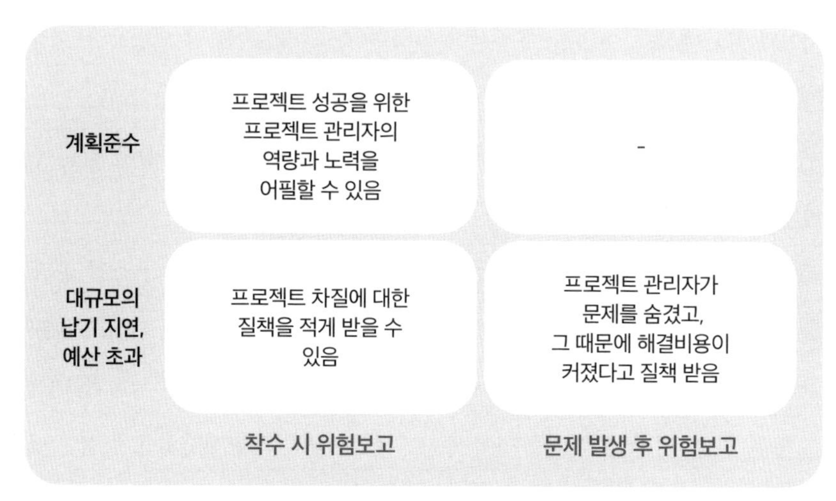

그림 34 프로젝트 위험보고의 유형과 결과

회로 생각해야 한다.

프로젝트 위험보고의 유형과 결과를 정리하면 그림34와 같다.

2 위험의 깃발은 빨리 강하게 흔드는 것이 좋다.

경영층에게 위험을 보고한다는 것은 빨간 깃발(SOS)을 흔드는 것과 같다. 프로젝트 팀에서 대응하기 힘든 위험이라고 판단될 때에는 빨간 깃발을 흔들어야 한다. 빨간 깃발을 흔들면 계획을 변경하고, 팀원을 추가하고, 관리 프로세스를 변경하는 등의 조치를 해야 하기 때문에 프로젝트 분위기가 어수선해진다. 또한 후속 조치를 위한 팀원들의 노력도 필요하기 때문에 깃발을 흔드는 일은 부담이 될 수 있다. 그러나 빨간 깃발을 흔들 시기를 놓치면 병을 키우는 것과 같이 이슈가 커진다. 무엇보다 경영층이 프로젝트 관리자가 이슈를 숨겼다고 판단하게 된다. 경영층의 신뢰를 잃은 프로젝트 관리자는 매우 힘든 상황에 빠지게 된다.

위험을 보고하기로 결심했다면 약간 과장해서 보고하는 것이 좋다. 그래야 경영층이 위험 내용을 인지할 수 있다. 보험 약관처럼 눈에 잘 띄지 않게 보고서의 구석에 위험을 기술한 뒤, 나중에 문제가 발생했을 때 예전에 보고한 위험이라고 주장하면 안 된다. 경영층이 위험을 위험으로 인지할 수 있게 해야 한다. 따라서 위험보고를 다른 보고서에 포함하는 것은 바람직하지 않다. 프로젝트 관리자는 위험하다고 보고했지만, 해당 문서를 읽는 경영층은 위험으로 인지하기 힘들기 때문이다. 대면이 아닌 메일로 의사소통하는 경우라면 특히 유의해야 한다. '과장'이라는 표현을 사용했는데 거짓 보고를 하라는 의미가 아니라 '축소'해서 프로젝트 관리자가 대응 가능한 것처럼 보고하지 말고 경영층이 위험 내용을 정확하게 인지할 수 있게 하라는 의미다.

경영층에게 위험을 보고하기로 결정했다면 해당 위험이 경영층의 머릿속에서 오래 남아 있도록 해야 한다. 곧 잊힐 위험보고를 하면 안 된다.

프로젝트 성과지표를 선정할 때 유의할 사항은?

프로젝트 위험을 식별하고 위험 대응 계획의 효과를 분석하기 위해서는 프로젝트 성과지표를 관리해야 한다. 그러나 성과지표를 잘못 선정하면 지표관리를 위한 노력이 낭비가 될 수도 있다. 프로젝트 성과지표를 선정할 때 유의할 사항은 무엇일까?

프로젝트 성과지표를 관리하는 목적과 성과지표 선정 시 유의사항은 다음과 같다.

1 | 프로젝트 성과지표를 관리하는 목적

프로젝트 팀 또는 PMO가 프로젝트 성과지표를 개발하고 관리하는 목적은 다음과 같다.

1 프로젝트 위험관리를 위해

프로젝트 성과를 관리하는 대표적인 영역은 품질, 일정, 원가이며 이는 위험관리의 영역이기도 하다. 일반적으로 **품질은 일정에 선행하며, 일정은 원가에**

선행한다. 즉 품질 이슈가 발생하면 일정이 지연되고 일정이 지연되면 원가가 증가한다. 품질은 프로젝트 단계에 따라 별도의 지표로 관리하기 때문에 프로젝트 전반에 걸쳐 일관되게 모니터링하는 지표로는 적합하지 않다. 일정과 원가는 프로젝트 전체 단계에서 통합지표로 관리 가능하지만 대부분 일정은 원가에 선행하고 일정과 원가는 비례하는 경우가 많기 때문에 일정지표(계획 달성률)를 위험을 식별하고 모니터링하는 지표로 많이 활용한다.

2 프로젝트 성과예측을 위해

프로젝트 이해관계자는 프로젝트의 미래가 궁금하다. 프로젝트가 언제 끝날지, 투입예산은 얼마나 될지, 프로젝트가 목표로 했던 비즈니스 가치는 달성할 수 있을지 등이 그 예다. 미래의 성과는 과거의 성과측정을 기반으로 미래의 생산성을 예측해야 하기 때문에 프로젝트 관리에서 가장 어려운 주제이기도 하다. 이러한 성과예측은 프로젝트 의사결정을 위해서도 필요하다. 예를 들어 요구 사항 변경 요청에 대한 의사결정을 할 때에는 변경 사항 반영에 따른 추가 원가, 추가 일정과 관련된 예측지표가 필요하다.

3 기간과 자원추정을 위해

프로젝트 진행 도중 일정을 재수립하기 위해서는 프로젝트 팀의 생산성(속도, velocity)을 파악해야 하고, 프로젝트 생산성을 파악하기 위해서는 프로젝트 업무 규모와 팀원의 역량을 측정해야 한다.

4 프로젝트 팀의 학습을 위해

프로젝트 이슈가 발생하면 조직은 물론이고 프로젝트 팀원도 많은 대가를 치른다. 위험해결을 위해 많은 비용을 투입했다면 교훈을 얻는 것이 중요하다. 위험관리에 대한 교훈을 합리적으로 토의하기 위해서는 위험발생의 근본원인과 결과를 데이터로 파악해야 한다. 왜냐하면 위험 발생원인은 책임소재와 관련되기 때문에 객관적인 데이터가 없다면, 공감대를 얻지 못하거나 불필요한 갈등만 유발하기 때문이다.

2 | 프로젝트 성과지표를 선정할 때 유의할 사항

프로젝트 팀 또는 PMO가 프로젝트 성과지표를 선정할 때 유의할 사항은 다음과 같다.

1 측정 지상주의를 경계한다.

테일러의 과학적 관리가 경영 원칙으로 확산되면서, 측정할 수 있어야 관리할 수 있다는 주장이 널리 퍼졌다. 심지어 인간이 신의 본질을 완전히 이해할 수 없다는 의미로 영국의 물리학자 캘빈 경Lord Kelvin이 말한 '측정할 수 없는 것은 관리할 수 없다'를 측정의 중요성을 강조하는 의미로 오해하는 사람도 많다.

물론 측정 가능한 것이 측정할 수 없는 것보다 낫지만, 측정 지상주의는 경계해야 한다. 아인슈타인조차 "**중요하다고 측정할 수 있는 것도 아니고, 측정할 수 있다고 중요한 것도 아니다**Not everything that can be counted counts, and not everything that counts can be counted."라고 했다. 만약 아인슈타인이 실험하거나 관찰할 수 없는 이론은 과학이 아니라고 생각했다면, 상대성 이론은 세상에 나오지 않았을 수 있다. 프로젝트 관리도 마찬가지다. 프로젝트 관리자가 먼저 관심을 가져야 할 중요한 주제가 있어야지, 측정 가능성이 먼저가 아니다. 중요한 내용은 정량적으로 측정할 수 없어도 관심을 가지고 지켜보고 고민하면 통찰을 얻을 수 있고, 그것을 기반으로 의사결정 할 수 있다.

'count'가 '측정하다'는 의미 또는 '중요한'의 의미로 사용되는 것은 우연이 아니다. 중요한 것을 측정해야 할 때는 정량적인 지표와 정성적인 판단을 상호 보완적으로 활용해야 한다. 정량적 지표가 없는 정성적인 판단은 신뢰하기 힘들고, 정성적 분석이 없는 정량적 지표는 2% 부족한 경우가 많다.

특히 팀워크가 프로젝트 생산성에 영향을 미칠 정도로 나빠지는지에 유의해야 한다. 그 상태에서는 팀 분위기를 추스르는 것이 가장 시급하다. 프로젝트가 힘들다고 밀어붙이기만 해서는 프로젝트 성과가 나빠지는 악순환에 빠지기 쉽다. 프로젝트 일정이 지연되는 상황에서 일정을 만회하기 위해 도전적인 일정을 다시 수립할 때 이런 현상을 주로 발견할 수 있다.

2 통제 가능한 과정(원인) 지표를 고민한다.

살을 빼는 프로젝트를 할 때 몸무게는 결과지표이지 직접 통제 가능한 것이 아니다. 통제 가능한 것은 운동 시간과 음식 조절이다. 따라서 몸무게만 측정해서는 안 되고 운동 시간과 음식 종류와 양도 측정해야 살을 빼는 과정을 통제할 수 있다. 프로젝트 관리도 마찬가지다. 일정 진척, 투입 예산, 성능은 결과지표로, 직접 통제 가능한 항목이 아니다. 예를 들어 일정 진척은 다른 변수를 통제한 결과이기 때문에 일정 진척에 영향을 미치는 요인을 파악해야 한다.

WBS Work Breakdown Structure에 근거한 성과지표를 측정하고 있다면 성과가 미흡한 업무를 파악할 수 있다. 특정 업무의 성과지표에 이슈가 있다면 사람의 문제이거나 기술의 문제일 가능성이 높아 문제 파악이 비교적 용이하다.

그러나 프로젝트 대부분의 업무 성과가 미흡한데 그 원인이 명확한 기술 이슈가 아니라면 원인 파악이 어려워진다. 이러한 프로젝트에서는 프로젝트 관리자의 리더십, 이해관계자의 소극적인 참여, 요구 사항의 변경, 팀원의 생산성 저하 등이 복합적으로 작용하는 경우가 많기 때문에 관점에 따라 이슈를 발생시킨 원인을 달리 해석할 수 있다.

결과에 해당하는 일정, 원가, 성능 등은 측정하기 어렵지 않지만 위에 설명한 발생원인은 측정하기 힘든 경우가 많다. 측정 가능성과 상관없이 프로젝트 수행 과정에서 중요한 본질을 파악해야 한다. 중요한 본질은 보고서에 적혀 있는 '프로젝트 진척률 00%'이 아니라 눈에 보이지 않는 프로젝트 팀원과 이해관계자의 마음이다. 프로젝트 관리자는 이러한 보이지 않는 요소들을 파악하고 관리해야 한다.

3 핵심지표에 집중한다.

측정에 몰입하면 모든 것을 측정하고 분석하려는 경향이 생긴다. 이는 사람의 건강상태를 측정하기 위해 과다한 내용을 문진하는 것과 비슷하다. 예를 들어 "지난 30년간 일주일에 술을 어느 정도 마셨습니까? 소주는 몇 cc, 맥주는 몇 cc, 막걸리는 몇 cc, 와인은 몇 cc?"와 같은 문진이 30쪽이 넘어가면, 처음에는 성의껏 답변하다가 나중에는 대충 답변하게 된다. 결국 술을 마시지 않는다고 답변하고 싶은 충동에 넘어가는 사람도 있다.

경영층이 측정에 몰입하면 수많은 지표를 도출해 모니터링하고, 변동이 있을 경우 분석하고 대책을 수립하려고 한다. 수백 개의 지표를 도출해 힘들게 유형 분류를 하는 과정도 겪는다. 10쪽 남짓의 '상세 지표 현황'을 보면 경영 현황을 빠짐없이 한눈에 볼 수 있다는 착각에 빠진다. 경영층은 "이제 모든 것을 빠짐없이 정량화해 대시보드를 구축했으니 기준을 벗어나면 문제가 심각해지기 전에 대책을 수립할 수 있다는 착각에 빠진다. 그러나 그 많은 지표들을 가지고도 "그래서 뭐 어떻다는 거죠? 무엇 때문에 수익성이 나빠지고 있는 거죠?"라는 간단한 질문에 명확한 답을 하지 못하는 경우가 많다. 과다한 지표 분석은 의사결정의 오류 또는 지연을 초래하기 쉽다.

프로젝트 관리자도 마찬가지다. 지표가 너무 많으면 집중력이 떨어지기 때문에 이해관계자와 팀원들이 관심을 가져야 할 소수의 대표 지표를 선정해야 한다. 예를 들어 프로젝트 일정관리를 위해서는 공정 진척을 대표하는 지표를 한두 개 이내로 선정해 의사소통하는 것이 바람직하다. **관리하는 지표가 많아질수록 부분 최적화의 오류에 빠질 가능성이 높아지고, 지표를 관리하기 위한 비용과 시간이 증가한다.**

4 지표실적에 영향을 받는 사람이 많아야 한다.

지표에 영향을 받는 사람이 많을수록 좋은 지표다. 왜냐하면 지표에 영향을 받는 사람들은 지표실적에 관심이 많고 지표의 실적 개선을 위해 노력하기 때문이다. 사람들이 지표에 관심을 가지게 하려면 해당 지표를 조직이나 개인 평가에 반영해야 한다.

5 정밀하고 복잡하게 측정한다고 정확한 지표는 아니다.

복잡하고 정밀하게 측정했지만 완전히 틀릴 수 있고, 대충 측정했지만 얼추 맞을 수도 있다. 정밀도와 정확도는 많은 경우 비례하지만 항상 그렇지는 않다. 이는 디테일의 함정과도 같다. 잘못 설정한 지표를 디테일하게 측정하면 디테일하게 틀릴 뿐이다. 변경 가능성이 매우 높은 요구 사항의 WBS를 상세하게 정의하고 그 기반으로 일정을 측정하는 경우가 대표적인 예이다.

프로젝트 진척률은 보통의 사람들이 직관적으로 판단했을 때 큰 문제가 없으면 된다. 예를 들어, 통합 테스트를 완료한 시점에서 프로젝트 진척률(업무 완성률)이 80%에서 90% 사이면 적정하다. 사람에 따라 80%에 가깝게 느낄 수도 있고, 90%에 가깝게 느낄 수도 있지만 큰 문제는 없다. **중요한 것은 남은 일의 내용이지 남은 일의 %가 아니다.**

진척률을 관리하기 위한 노력 대비 진척률 관리에서 얻는 혜택을 비교해 진척률의 상세화 정도를 결정해야 한다. 진척률 관리의 목적을 분명하게 한 뒤 그 목적을 달성하기 위해 가장 효율적인 방법을 선택해야 한다. 프로젝트 진척률을 정밀하게 측정할수록 프로젝트 팀원들로부터 많은 데이터를 취합하고 통합해야 한다. 정밀한 프로젝트 진척관리를 위해 엑셀이 아닌 상용 도구를 사용한다면 도구 구입 비용과 도구 교육 비용이 발생하는 것도 고려해야 한다.

6 지표의 한계를 이해하고 활용한다.

프로젝트 진행 상태를 모니터링하기 위해서는 일정, 품질, 원가와 관련된 지표를 측정하고 분석해야 한다. 주간보고서나 월간보고서의 1페이지를 프로젝트 성과지표로 채우는 경우도 많다. 그러나 보기에는 그럴 듯하지만 실제 프로젝트 진행 상태 파악에 유용하지 않은 지표가 대부분이다. 그 이유는 대부분의 지표가 지난 과거 성과를 측정하는 후행지표인 반면, 이해관계자들이 원하는 지표는 미래의 성과를 예측하는 선행지표이기 때문이다.

예를 들어 '통합 테스트 결함 조치율'은 통합 테스트에서 발생한 결함을 일별 또는 주별로 수정하는 건수를 측정할 수 있어도, 언제쯤이면 식별된 모든 결함을 모두 조치 가능한지 알기 힘들다. 과거 성과를 측정하는 지표도 허점이 많다. 통합 테스트 결함 조치율의 경우 간단한 결함부터 조치할 수도 있고, 결함을 조치하는 과정에서 발생하는 결함이 누락될 수도 있다. 따라서 지표가 제시하는 숫자의 한계점을 이해하는 것이 중요하다. 예를 들어 팀원들이 간단한 결함부터 해결한다면 초기의 결함 조치 속도가 지속될 것이라고 판단해서는 안 된다.

프로젝트 진행성과 파악에 가장 중요한 일정 성과지표는 '계획 대비 실적 진척률'이다. 방법론이나 조직에 따라 그 지표를 부르는 이름은 달라질 수 있지만 대부분의 프로젝트가 일정 성과지표를 관리한다. 일정 성과지표는 이해하기 쉽고 프로젝트 전체 기간 관리한다. 프로젝트 관리자는 일정 성과지표의 한계점을 분명하게 이해해 이해관계자들에게 전달해야 한다. 일정 성과지표는 진척률이 90% 이상 진행되면 지표로써의 수명이 다하기 때문에 대안도 제시해야 한다.

프로젝트 진척률을 정확하게 파악하기 어려운 이유는?

> 프로젝트 진척률은 거의 모든 프로젝트에서 관리하는 지표다. 진척률이 나쁘면 프로젝트에 이슈가 있는 것이 맞지만 프로젝트 진척률에 문제가 없다고 프로젝트에 이슈가 없는 것은 아니다. 프로젝트 진척률이 파악하기 어려운 이유는 무엇일까?

프로젝트 일정 성과를 판단하는 손쉬운 방법은 마일스톤 준수 여부를 평가하는 것이다. 예를 들어, 수행 기간이 6개월인 프로젝트에서 통합 테스트 완료가 일주일 지연됐다면 큰 문제가 없는 것이고, 통합 테스트 완료가 2개월 지연됐다면 일정에 큰 차질이 있는 상황이다. 그러나 마일스톤만으로 프로젝트 일정 성과를 관리하기 힘들기 때문에 여러 가지 진척 지표를 측정해야 한다.

프로젝트 진척 지표는 사람의 건강에 비유하면 혈압과 비슷하다. 혈압은 개인의 건강을 체크하기 위한 기본적인 지표다. 높은 혈압은 건강의 적신호이지만, 혈압이 정상이라고 해서 건강하다고 할 수 없다. 또한 혈압은 같은 날 측정해도 컨디션에 따라 편차가 크다. 따라서 혈압이 170과 같이 크게 기준치를 벗어나면 문제가 있는 것이 맞지만, 고혈압 수치의 경계인 140 근처라면 일시적인 현상인지 고혈압인지 판단하기 어렵다. 진척 지표도 마찬가지다. **진척 지표가 크게 나쁘면 프로젝트가 궤도를 이탈하고 있다고 판단할 수 있지만, 진**

척 지표가 좋다고 프로젝트가 잘 진행되고 있다고 판단해서는 안 된다.

프로젝트 후반의 공정 진척률은 사막의 신기루처럼 프로젝트 종료가 가까워졌다는 착각을 제공하기 쉽다. 그러한 착각을 심하게 하면 90% 완료했을 때 90%의 업무가 남아 있을 수 있고 그것을 90/90 룰이라고 한다. 프로젝트 진척률이 90%가 넘어가면 거의 완료했다고 안심하지 말고 끝날 때까지 끝난 것이 아니라고 생각하는 것이 안전하다.

프로젝트 진척을 상세하게 관리하기 위해서는 세 가지 질문에 답할 수 있는 진척지표가 필요하다.

① 프로젝트가 계획대로 진행되고 있는지? (계획 달성률)

계획 달성률은 특정 시점까지 계획한 업무를 얼마큼 완료했는지를 측정하는 지표로 100%면 계획된 일을 모두 완료한 상태로 측정식은 다음과 같다.

특정 시점까지 완료한 업무의 크기÷특정 시점까지 계획된 업무의 크기

② 현재까지 프로젝트 전체 업무의 몇 %를 완료했는지? (프로젝트 진척률)

프로젝트 진척률은 특정 시점까지 완료한 업무의 비율을 의미하며 **100%면 프로젝트를 완료한 상태**로 측정식은 다음과 같다.

특정 시점까지 완료한 업무의 크기÷프로젝트 전체 업무의 크기

③ 현시점에서 예상하는 프로젝트 완료일은? (예상 완료일)

예상 완료일은 특정 시점에서 추정한 프로젝트 예상 완료일로 측정식은 다음과 같다.

현재일 + (남은 업무의 크기÷남은 기간의 업무 생산성)

그러나 세 가지 진척지표를 정확하게 파악하는 것은 힘들다. 프로젝트 진척률을 평가하기 어려운 이유는 그림35로 요약할 수 있으며 상세하게 설명하면 다음과 같다.

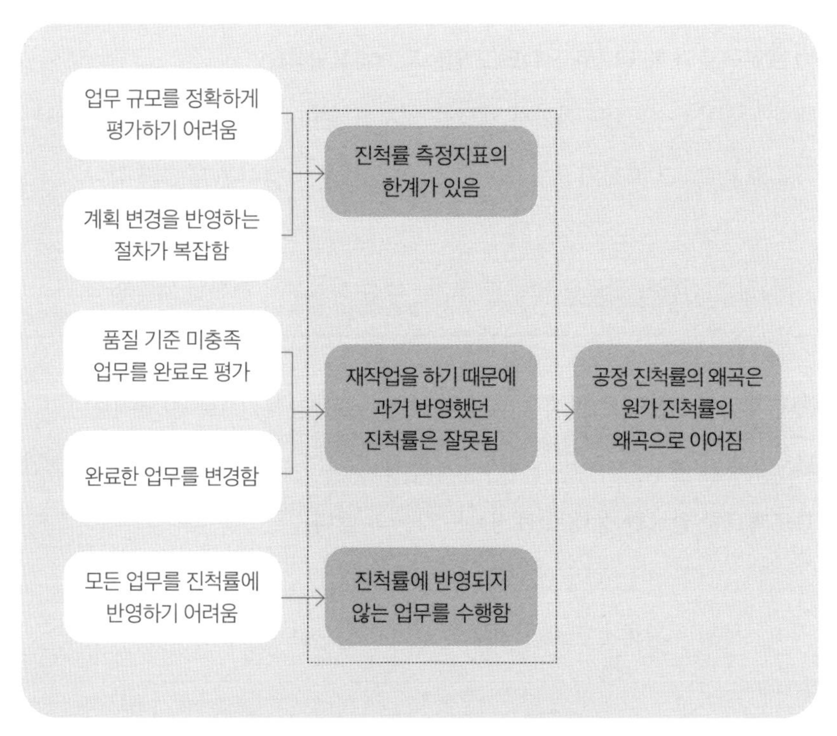

그림 35 프로젝트 진척률 평가가 어려운 이유

WBS	업무 크기 측정단위
프로젝트 계획 수립	기간, 투입MM
아키텍처 설계	기간, 투입MM
UX 표준 정의	기간, 투입MM
백로그 정의	기간, 투입MM
개발 표준 정의	기간, 투입MM
개발 및 테스트	프로그램 건수
통합 테스트	결함 조치건수
인수 테스트	결함 조치건수
데이터 전환	데이터 전환건수

표 13 프로젝트 WBS의 크기를 측정하는 다양한 기준

1 업무의 크기를 측정하기 힘들다.

프로젝트 진척을 평가하는 세 가지 지표 모두 업무의 크기를 측정해야 한다. 진척이라는 개념 자체가 '완료한 일의 크기'이기 때문이다. 그러나 프로젝트 수행업무(WBS)를 구성하는 다양한 개별 업무의 크기를 정확하게 측정하는 것은 힘들다. 예를 들어 프로젝트 계획 수립, 스프린트 수행, 통합 테스트 실행, 데이터 전환의 작업의 크기를 측정하는 기준은 표13과 같이 다르다. 개별 업무의 크기를 정확하게 측정하기 위해서는 다양한 지표를 사용해야 하지만, 다양한 지표를 사용하면 전체 진척률을 통합해 측정할 수 없다.

2 계획을 변경하면 진척률 관리도 복잡해진다.

예를 들어 100개의 업무를 수행하기로 했는데 120개의 업무를 수행하기로 변경하면 60개의 업무를 완료했을 때 최초 계획 기준 프로젝트 진척률은 60%이고, 변경된 계획 기준 프로젝트 진척률은 50%가 된다. 진척률이 줄어드는 문제를 해결하려면 이전의 진척률 추이를 변경된 업무를 기준으로 변경해야 하는 번거로움이 발생한다.

과거 진척률은 변경하지 않고 일정만 연기할 수 있다. 일정을 연기하면 남은 기간의 계획 진척률을 변경해야 한다. 상황이 복잡할수록 '이렇게 복잡하게 진척률을 관리하는 것이 프로젝트를 완료하는 데 무슨 도움이 되지?'라는 의문이 생긴다. 프로젝트 후반부라면 프로젝트 전체 업무를 관리하는 진척률 측정은 중단하고 남은 업무의 일정만 관리하는 것이 현실적인 방안이다.

3 완료된 업무를 재작업하면 진척률이 증가하지 않는다.

완료된 업무의 품질에 문제가 있거나 요구 사항이 변경되면 재작업을 수행해야 한다. 이미 완료로 평가한 업무는 결함 수정을 위해 MM를 투입해도 진척률을 반영할 수 없다. 진척률을 반영하는 방법은 예전의 진척률을 빼는 것이지만 이는 현실적으로 매우 힘들다.

요구 사항을 변경하면 좀 더 복잡해진다. 기존 요구 사항을 약간 수정한 경우는 위에서 설명했던 것처럼 MM를 투입해도 진척률을 반영할 곳이 없다. 기존 요구 사항을 없애고 신규 요구 사항으로 대체할 수도 있는데, 기존에 완료한 진척만큼 빼고 신규 요구 사항을 업무에 추가해 진척률을 계산해야 한다. 그러나 그것도 여러 사람에게 내용을 설명해야 하는 번거로움이 있다. 그래서 일은 열심히 하는데 진척률이 올라가지 않는 상황이 발생한다.

4 WBS에 없는 업무를 수행하면 진척률이 증가하지 않는다.

회사의 관리부서에서 요청하는 업무가 WBS에 없는 대표적인 일이다. 그러한 업무에 투입되는 MM가 크다면 원가는 발생하는데 진척에는 반영되지 않기 때문에 프로젝트 팀의 생산성(속도)이 왜곡된다.

5 업무 완료 기준을 정의하기 힘들다.

완료하지 않은 업무를 완료한 것으로 평가하면 진척률은 실제보다 높아진다. 그 결과 완료로 평가한 업무를 수정하기 위한 노력은 프로젝트 진척률에 반영되지 않는다. 이 때문에 프로젝트 진척률이 일정 수준(예: 90%) 이상이 되면 재작업이 많아 노력 대비 진척률이 더디게 올라간다.

프로젝트 일정이 지연되기 쉬운 이유는?

계획보다 납기를 단축하는 프로젝트를 보기는 힘들어도 계획보다 납기를 지연하는 프로젝트는 흔히 볼 수 있다. 프로젝트 일정을 당기기는 힘들어도 지연되기는 쉬운 이유는 무엇일까?

프로젝트 일정 준수의 실적 그래프는 좌우가 대칭인 정규 분포가 아니고 그림 36과 같이 계획보다 일정을 단축하는 것보다 계획보다 일정을 지연하는 경우가 훨씬 많은 비대칭 분포다. 지연으로 치우친 비대칭 분포는 계획보다 지연되는 프로젝트 수가 많고, 단축하는 기간보다 지연되는 기간이 훨씬 길다.

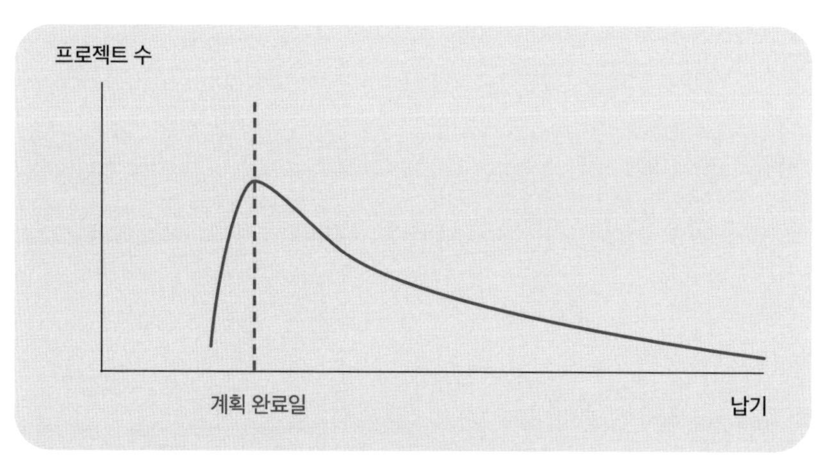

그림 36 납기 준수 프로젝트 분포

이 그래프는 납기가 지연되는 프로젝트는 자주 접하지만 납기를 단축하는 프로젝트는 보기 힘든 것을 설명한다. 프로젝트 관리자는 일정에 겸손해야 한다. **일정을 빨리 끝낼 수 있어도 빨리 끝내지 않는 경우가 많고, 프로젝트 일정이 지연될 이유가 많기 때문이다.**

1 | 빨리 끝낼 수 있어도 빨리 끝내지 않는 이유

맡은 업무를 빨리 끝낼 수 있을 때에도 주어진 일정대로 끝내는 경우가 많은데 그 이유는 다음과 같다.

1 맡은 업무를 빨리 끝냈을 때 보상이 없다.

프로젝트 납기를 단축했을 때 프로젝트 팀에 보상하는 경우는 있어도, 프로젝트 진행 중에 개인이 맡은 업무를 계획보다 빨리 끝낸다고 팀원에게 보상해 주는 경우는 드물다. 계획보다 업무를 빨리 끝내도 보상이 없을 때 대처는 두 가지다. 보상이 없어도 여유를 사용하지 않고 업무를 빨리 끝내거나, 여유를 소진하고 계획대로 끝내는 것이다. 주어진 여유를 소진하지 않고 빨리 끝내는 사람들도 있지만 필자의 경험으로는 그런 사람은 많지 않다.

2 목표에 따라 일하는 것이 습관이 됐다.

회사 후배에게 업무를 부탁할 때, 후배들이 주로 "언제까지 하면 되나요?"라고 물어보는 경우가 많다. 그럴 때 나는 반대로 후배에게 "언제까지 끝낼 수 있나요?"라고 물어보고 싶고 실제로 묻기도 한다. 많은 후배들이 달성 가능한 일정보다 달성해야 하는 일정에 익숙해진 상태다. 내가 원하는 것은 언제까지 가능한지 후배의 의견을 듣고, 문제가 없으면 그 일정에 맞추는 것이다. 만약 후배의 답변이 내가 생각하는 마감일보다 지연된다면 후배와 의논해 범위를 조정하거나 우선순위를 조정할 수도 있다.

내가 후배에게 전달할 수 있는 양심적인 일정은 '최대한 늦출 수 있는 일정'이다. 아니면 "가능한 한 빨리 부탁해요."라는 두리뭉실하고 원론적인 답변을 하거나, '최대한 늦출 수 있는 일정'에서 버퍼를 제외한 일정을 말할 수밖에 없다. 여유 있는 일정에 맞추다 보면 업무 착수가 늦어지거나 업무 강도가 낮아지게 된다. 이는 마치 학창시절 시험일이 임박해야 긴장감을 가지고 시험 공부를 하고, 마감일이 돼서야 리포트를 작성했던 것과 같다.

3 빨리 끝난 사실을 알리지 않는다.

팀원이 계획보다 업무를 빨리 끝냈음에도 그 사실을 외부에 공유하지 않으면 빨리 끝낸 의미가 없다. 특정인이 빨리 끝낸 결과물을 다른 누군가가 계획보다 빨리 활용하지 않으면 빨리 끝낸 효과가 없기 때문이다. 팀원이 계획보다 빨리 끝난 업무를 공유하지 않는 이유는 여러 가지가 있다. 빨리 끝난 업무를 알릴 필요를 못 느낄 수도 있고, 다음번에도 비슷한 업무를 빨리 끝내라고 요청을 받는 것이 부담될 수도 있다. 또한 동시에 많은 일을 진행 중인 것처럼 보이길 원할 수도 있다. 마지막으로 그 일을 완료하고 나면 일시적으로 다른 일이 없는 경우에도 일찍 끝난 일을 알리지 않을 수 있다.

2 | 일정이 지연되기 쉬운 이유

맡은 일을 빨리 끝내는 것을 제외하고 남은 경우의 수는 제때 끝내거나 늦게 끝내는 것이다. 프로젝트가 지연되기 쉬운 이유는 제때 끝나는 경우의 수는 1개이지만, 지연되는 경우의 수는 훨씬 많기 때문이다. **맡은 일을 빨리 끝내지 않는 이유는 능동적이고 주관적이지만, 지연되는 이유는 수동적이고 객관적이다.**

1 선행 작업 중 하나만 지연돼도 후행 작업이 지연된다.

특정 작업을 착수하기 위해 세 개의 작업을 끝내야 한다면 그중 한 개의 작업만 지연돼도 후행 작업은 지연된다. 따라서 선행 작업의 개수가 많을수록 후행 작업이 지연될 가능성이 높아진다. 예를 들어, 통합 테스트를 착수하기 위해서는 모든 프로그램의 개발과 단위 테스트가 끝나야 하기 때문에 개발 물량이 많아질수록 통합 테스트 착수가 지연될 가능성이 높아진다.

선행 작업들이 모두 끝나야 후행 작업을 착수하지만, 선행 작업 중 하나만 지연돼도 후행 작업이 지연된다. 즉 **개별 작업의 빠른 완료가 프로젝트 납기 단축에 미치는 영향력은 낮지만, 개별 작업의 지연이 프로젝트 납기 지연에 미치는 영향력은 높다.** 뿐만 아니라 팀원 간 업무의 상호 의존도가 높을수록 프로젝트가 지연될 가능성은 증가한다. 그 이유는 개인의 작업이 서로 연결돼 한 작업의 지연이 전체 프로젝트 일정에 영향을 미치기 때문이다.

2 불확실한 변동은 나쁜 쪽으로만 작용한다.

비행기 도착 시간에 영향을 미치는 변수로는 기후, 이륙 준비, 공항의 상황 등이 있다. 그러나 비행기가 일찍 도착하는 경우는 대개 1시간 이내로 빨리 도착하는 반면, 지연되는 경우는 하루를 넘기기도 한다. 프로젝트도 마찬가지다. 프로젝트 일정에 영향을 미치는 내부와 외부의 많은 변수들이 있지만, 대부분의 변수들은 일정 지연에 더 자주, 더 큰 영향을 미친다.

3 애초에 프로젝트 계획 달성이 힘들었다.

경영층의 압박이나 프로젝트 관리자의 과도한 의욕으로 무리한 계획을 수립하면 프로젝트 일정이 지연될 수 있다. 무리한 계획은 프로젝트 착수 시 업무 규모를 과소평가하거나 생산성을 과대평가할 때 발생한다. 솔루션 변경이나 성능 이슈로 인한 지연은 영향을 미치는 범위가 한정적이지만, 무리한 계획 수립으로 인한 지연은 프로젝트 전반에 영향을 미친다. 프로젝트 관리자가 프로젝트 착수 전에 달성하기 힘든 무리한 계획이라고 경영층에게 보고했다면, 무리한 계획 때문에 지연됐다고 주장할 수 있지만, 착수할 때 아무 말하지 않았다면 무리한 계획 때문이라고 주장하기 어렵다.

10% 미만의 일정 지연이라면 무리한 계획 때문인지 프로젝트 관리를 잘못했기 때문인지 파악하기 힘들다. 그러나 30% 이상의 일정 지연이 발생했는데 특별한 사유가 없다면 무리한 계획 수립일 가능성이 높다. 무리한 계획 수립은 프로젝트 전반에 걸쳐 발생하기 때문에 착수 시점부터 부작용이 나타난다. 최악의 경우, 하루에 하루씩 일정이 지연되는 무기력한 분위기가 프로젝트 팀 전반에 확산될 수 있다.

4 프로젝트 후반부로 갈수록 어려운 일이 많아진다.

프로젝트 지연 가능성은 프로젝트 후반부로 갈수록 높아진다. 개발 단계까지는 프로젝트가 정상적으로 진행되더라도, 통합 테스트 단계에서는 몰랐던 이슈가 발생하고 이슈 해결이 늦어지기 때문이다. 또한, 간단한 이슈는 즉시 해결하지만, 복잡한 이슈일수록 해결을 미루는 경향이 있다. 이슈 해결을 위해 계획된 업무를 지연시킬 수 없기 때문이다. 그러나 이슈 해결도 적정 시기가 있다. 그 시기를 놓치면 이슈와 관련된 업무가 많아져 이슈 해결이 복잡해지고, 이슈 해결 시간도 오래 걸린다.

3 | 일정 지연의 원인

소프트웨어 개발 프로젝트에서 일정이 지연되는 대표적인 원인은 다음과 같다.

1 프로젝트에서 적용하는 솔루션을 변경하거나 자체 개발로 전환

외부 솔루션을 도입해 조직의 프로세스에 맞게 커스터마이징 하는 프로젝트에서 솔루션을 변경하거나 자체 개발로 전환하면 일정이 지연된다. 솔루션 도입에 비용과 시간 투자가 큰 경우에는 사전에 타당성 검토를 충분히 하기 때문에 도입 솔루션을 거의 변경하지 않는다. 그러나 사전에 충분한 검토 없이 급하게 외부 솔루션을 도입했다면, 처음 판단했던 것과 달리 솔루션이 사용하기 불편하고 조직의 프로세스를 반영하기 어렵거나 매우 힘들게 반영해야 하는 상황이 발생할 수 있다.

이런 상황에서 문제를 해결하는 방법은 두 가지다. 첫째, 조직의 프로세스를 솔루션에 맞추는 방법이다. 둘째, 솔루션을 조직의 프로세스에 맞추는 방법이다. 후자를 강조하다 보면 솔루션을 변경하거나 자체 개발로 전환하는 의사결정을 할 수 있다. 이런 상황에서는 이전 솔루션의 실패 경험 때문에 대부분 자체 개발하는 방안으로 전환한다.

2 특정 기능 또는 성능 이슈 발생

기술적인 제약 때문에 특정 기능을 구현하지 못하거나 성능 목표를 달성하지 못해 일정이 지연될 수 있다. 예를 들어 안면인식 기술을 적용하는 프로젝트에서 안면인식률을 목표 수준까지 높이는 방법을 찾기 위해 일정이 지연될 수 있다. 기술적인 문제로 일정이 지연될 때 일정은 매우 가변적이다. 생각보다 빨리 문제를 해결할 수도 있고, 오랫동안 문제를 해결하지 못할 수도 있다. 프로젝트 관리자는 급한 마음에 언제까지 문제를 해결하겠다고 약속해서는 안 된다. 전문가의 의견을 청취한 후 문제의 원인분석과 해결로 나눠 일정을 약속하는 것이 바람직하다. 다른 대안으로 성능 목표를 낮추기 위한 설득을 고민해야 한다. 안면인식률이 높을수록 좋은 것은 맞지만, 인식률 98%와 99%는 프로젝트 상황에 따라 큰 문제가 아닐 수도 있다. 예를 들어 회사 출입에 안면인식 기술을 적용했다면 사원증을 사용해 출입할 수 있기 때문에 사용자 입장에서는 98%와 99%가 크게 차이 없을 수 있다. 성능 목표를 변경하는 논의를 시작하려면 프로젝트 팀에 대한 이해관계자들의 신뢰가 있을 때 가능하다. 그러한 신뢰가 없다면 논의를 시작하지도 못한다.

3 요구 사항 변경으로 인한 일정 지연

요구 사항 변경도 일정 지연의 원인이 된다. 요구 사항 변경이 프로젝트 후반부에 발생할수록, 변경의 규모가 클수록 일정 지연에 미치는 영향은 커진다.

일정 지연의 원인이 복합적인 경우는 앞서 설명한 일정 지연의 원인이 두 개 이상 동시에 작용하거나, 하나의 원인 때문에 프로젝트 팀워크가 붕괴되거나 프로젝트 관리가 부실해질 때 발생한다. 복합적인 요인으로 일정이 지연되면 대응도 그만큼 힘들어진다.

프로젝트가 지연될 이유는 차고 넘친다. 일정을 대할 때는 겸손해야 한다.

일정 지연에 효과적으로 대응하는 방법은?

일정 지연의 원인에 대해 팀원과 프로젝트 관리자의 생각이 다를 수 있다. 일정 지연에 대해 팀원의 생각은 프로젝트 관리자와 어떻게 다르고 유의할 사항은 무엇일까? 앞서 살펴본 일정 지연의 원인에 효과적으로 대응하는 방법은 무엇일까?

프로젝트 일정 지연은 도심의 교통정체처럼 흔히 발생하지만, 관리하기 어렵다. 교통정체는 발생구간과 시간대를 예측할 수 있어 어느 정도 대처할 수 있지만, 프로젝트 일정 지연은 예측하기 힘들고 대응이 쉽지 않다. 특히 중요한 프로젝트일수록 일정이 촉박해 프로젝트를 관리하기 힘들다. 프로젝트 일정 지연으로 인한 피해를 줄이기 위해 고려할 사항은 다음과 같다.

1 | 일정 지연에 대한 팀원의 관점을 고려

일정이 지연됐을 때 프로젝트 관리자가 경영층에게 부정적인 인상을 최소화하고 싶은 것은 자연스럽다. 본인이 성장하기 위해 경영층에게 좋은 인상을 남기고 싶은 것은 당연하다. 그러나 경영층에게 좋은 인상을 남기기 위해서는 말보다는 성과가 중요하다. 말로 좋은 인상을 남길 수 있는 기간은 아주 짧다.

경영층의 생각을 팀원들에게 그대로 전달해 설득하는 방식으로는 일정 지연에 제대로 대처하기 어렵다. 일정 지연을 효과적으로 관리하려면, 다음과 같이 팀원들과 합의된 방안을 경영층에 설득해야 한다.

1 일정 지연 원인에 대한 팀원의 생각과 관리자의 생각은 다르다.

일정 지연의 원인에 대한 팀원과 관리자의 생각은 다른 경우가 많다. 팀원은 일정 지연이 자신의 게으름이나 능력 부족 때문이라고 생각하지 않는다. 반대로 관리자는 팀원이 일정을 지키지 못할 업무를 부여했다고 생각하지 않는다. 대부분의 사람들은 자기 자신보다 다른 사람을 탓하는 경향이 있다.

만약 일정 목표를 수립할 때 팀원의 의견을 무시하고 하향식top-down으로 일정을 지시했다면, 팀원은 관리자를 탓하는 강도가 클 것이다. 반면 팀원의 의견을 반영해 일정 계획을 수립했다면, 관리자가 팀원을 탓하는 강도가 클 것이다.

일정 지연 원인에 대한 쌍방의 의견이 평행선과 같다면 일정 만회의 속도가 느릴 것이다. 그렇지만 프로젝트를 막장으로 몰고 가는 것은 쌍방 모두에게 부담되는 일이므로 각자의 의견을 절충하게 된다. 프로젝트를 끝내야 다른 업무를 할 수 있기에, 다른 팀원에게 피해를 주는 상황은 피해야 하기에, 관리자는 팀원을 배려한 일정 계획을 수립하고 팀원은 일정 지연을 최소화하기 위해 노력한다.

일정이 지연될 때 팀원에게 불이익이 있거나, 일정을 지연시키지 않겠다는 팀원의 동기부여가 있어야 일정 지연의 피해를 줄일 수 있다. 일정 지연의 원인에 대해 쌍방이 다르게 생각하는 상황에서 관리자의 압박이나 잔소리는 팀원에게 동기부여가 되지 않을 뿐만 아니라 부작용만 초래할 뿐이다.

2 팀원이 동의하지 않는 일정 계획은 지연될 가능성이 높다.

프로젝트 일정 지연을 예방하려면 개별 작업들이 제때 끝나야 한다. 작업 일정에 팀원의 역량과 태도 중 어느 것이 더 큰 영향을 미칠까? 팀원들의 역량 차이가 크고 역량 차이를 고려하지 않은 일정을 계획했다면, 태도보다 역량이 일정 준수에 더 큰 영향을 미칠 것이다. 그러나 개인 역량의 차이가 크지 않거나 개인의 역량을 고려해 작업을 부여하고 일정 계획을 수립했다면, 개인의 태도가 개별 작업의 일정 준수에 더 큰 영향을 미친다.

특히 **예상하지 못했던 상황이 발생했을 때 개인의 태도는 일정 지연에 더 큰 영향을 미친다.** 일정 준수에 영향을 미치는 개인의 태도는 '임에도 불구하고'와 '때문에'로 구분할 수 있다. 예를 들어, 선행 작업이 지연되거나 해당 작업의 요구 사항이 조금 변경됐을 때, '임에도 불구하고' 일정을 준수하기 위해 노력하는 팀원이 있는 반면, 반대로 '때문에' 일정 지연을 기정사실화하고 기존보다 생산성이 낮아지는 팀원도 있다.

타고난 인성과 오랜 사회생활을 통해 굳어진 개인의 태도는 바꾸기 어렵지만, 프로젝트 상황에 따라 달라질 수 있는 개인의 태도는 조절할 수 있다. '임에도 불구하고'의 태도를 가지게 하는 가장 좋은 방법은 프로젝트 계획 수립 시 팀원들이 참여하게 하고 의견을 반영하는 것이다. 물론 팀원들의 의견을 반영할 수 있는 상황도 있고 반영하기 힘든 상황도 있다. 그렇지만 팀원들이 프로젝트 계획에 대해 자유롭게 토의한 후 확정한 프로젝트 계획에 대해서는 팀원들이 프로젝트 계획을 수용하는 정도가 높아진다.

사전 협의 없이 지시하는 방식으로 통보받은 일정에 대해선 거부감부터 생기는 것이 인지상정이다. 특히 **프로젝트가 지연돼 일정을 다시 수립하는 경우에는 반드시 팀원들의 의견을 청취하고 토의해야 한다.** 일정이 지연될 때 무리한 일정을 팀원에게 요구하면 그것은 관리자가 바라는 일정이지 팀원들이 달성 가능한 일정이 아니다.

2 | 일정 지연에 대한 대책 수립시 유의할 사항

지연된 프로젝트 일정을 만회하고자 할 때 유의할 사항은 다음과 같다.

1 과거, 현재, 미래의 일정 지연을 구분한다.

● 과거에 지연된 일정은 미래에 따라잡기 힘들다.

프로젝트 초반에는 일정 지연의 규모가 작고 남은 시간도 많아 일정 지연을 만회하는 것이 상대적으로 용이하다. 그러나 프로젝트가 중반을 넘어가면 일정 지연을 만회하는 확실한 방법은 범위를 줄이는 것 외에는 거의 없다.

인력을 추가해도, 잔업을 해도, 다른 도구나 방법론을 사용해도 전환 비용switching cost 때문에 일정 지연을 만회하는 것은 힘들다. 비용을 추가해 지연된 일정을 만회하려는 전략도 성공하기 어렵다. 조직의 사활이 걸린 일정 목표가 아니라면 현재까지의 생산성을 반영한 일정 지연을 인정하는 것이 비용도 절감하고 프로젝트 팀원의 번아웃도 줄일 수 있다.

● 현재 지연 중인 마일스톤보다 지연 중인 작업을 파악한다.

특정 마일스톤이 지연될 때 마일스톤을 구성하는 작업 중 어떤 작업들이 얼마큼 지연 중이고 무엇 때문에 지연되는지를 파악해야 한다. 현재의 상황을 정확하게 파악해야 미래의 일정을 예측할 수 있다.

예를 들어 2개월 동안 통합 테스트를 수행할 예정이었는데 2개월이 지난 시점에서 전체 작업의 40%를 완료했다면 4개월이 지나도 통합 테스트를 끝내기 힘들 것이다. 만일 논리적 근거 없이 안되면 되게 하라는 식으로 일정을 단축하라고 압박하면 부실한 통합 테스트를 유도하고, 그 결과 이해관계자들의 더 큰 불신을 초래한다.

● 미래의 일정 단축에 대한 압박을 견뎌야 한다.

경영층이 현재 지연된 일정을 최대한 단축해 프로젝트를 완료하라고 압박할 때 프로젝트 관리자는 다음과 같이 말할 수 있어야 한다.

> **"현시점에서 인력을 추가하면 신규 인력의 업무 파악, 기존 인력들이 교육을 위해 투입하는 시간, 의사소통의 복잡성 증가 등으로 프로젝트 팀의 생산성이 낮아지기 때문에 인력을 추가해서 일정을 단축하기는 힘듭니다. 현재 역량이 부족한 부문에 두 명만 충원하는 것이 비용과 일정측면에서 최적의 의사결정입니다."**

다음 해에 승진을 앞두고 있는 프로젝트 관리자라면 도전적인 목표를 제시할 수 있지만, 진실을 이야기한다고 해서 크게 손해를 보는 것도 아니다. 경영층 앞에서 자신감 없고 부정적으로 보이는 것이 두려울 수 있는데, 생각보다 별일이 발생하지 않는다. 합리적인 경영층이라면 말하기 힘든 진실을 논리적으로 설명하는 프로젝트 관리자를 좋게 평가할 것이다. 만일 진실을 이야기하는 프로젝트 관리자를 문책하는 조직이라면 이직을 진지하게 고민해야 한다.

프로젝트 관리자가 진실을 이야기했음에도 불구하고 경영층이 일정을 단축하는 방안을 추진하자고 하면 경영층의 지시를 따르면 된다. 그래야 목표 일정을 달성했을 때 프로젝트 팀의 노력을 인정받을 수 있다. 반대로 목표 일정을 달성하지 못했을 때는 프로젝트 관리자 혼자만 책임지지 않을 수 있다. 정치적으로 표현하면 '보험'에 가입한 것이다.

2 마지막 계획 변경이라는 마음가짐으로 계획을 수립한다.

프로젝트 일정 변경이 이슈가 돼서 경영층에게 보고해야 하는 상황은 프로젝트 관리자에게 큰 부담이 된다. 회사생활에서 모든 것을 내려놓은 사람이 아니라면, 조기에 프로젝트를 정상화하겠다는 약속을 해서 부담스러운 자리를 벗어나고 싶은 충동을 느낀다. 그러나 일정 변경이 이슈가 된 상황에서 경영층은 3개월 지연이나 5개월 지연이나 큰 차이를 못 느낄 수 있다. 물론 비즈니스 관점에서는 큰 차이일 수도 있지만, 일정 지연으로 인한 프로젝트 관리자의 평판에는 둘의 차이가 크지 않다.

그러나 한번 변경한 일정을 지키지 못하면 프로젝트 관리자의 평판은 회복하기 힘든 수준으로 나빠진다. 예를 들어 3개월 연장을 약속하고 4개월에 완료하는 것보다 5개월 연장을 약속하고 5개월에 완료하는 것이 프로젝트 관리자에게 훨씬 좋다.

프로젝트 일정을 변경하지 않았으면 좋겠지만, 기왕에 변경한 것이라면 몇 개월 지연인지는 크게 중요하지 않을 수 있다. 지연된 프로젝트에서 버퍼를 반영하는 것이 비도덕적이라고 생각해서는 안 된다. 일정을 준수하기 위해서는 어느 정도의 버퍼는 반영해야 한다. 물론 그 버퍼를 낭비하지 않도록 프로젝트 관리자는 잘 관리해야 한다.

3 일정 지연의 원인에 따라 대응 전략을 다르게 한다.

일정 지연의 원인별로 일정 변경의 대응 전략은 다음과 같다.

● 프로젝트에서 적용하는 솔루션을 변경하거나 자체 개발로 전환

솔루션을 변경하는 상황은 매우 정치적이다. 이는 프로젝트에 적용할 솔루션을 결정한 사람이 발주자 또는 조직의 이해관계자이기 때문이다. 도입한 솔루션의 기능이나 아키텍처 상의 제약이 명확하다면 프로젝트 팀은 일정 지연의 책임이 거의 없다.

만일 기존 솔루션 적용을 포기하는 의사결정을 내린다면 단계별 오픈 전략을 제안하는 것이 바람직하다. 기존 솔루션 적용을 포기하는 것은 쉬운 결정이 아니기 때문에 이해관계자와 프로젝트 팀 모두 지쳐 있을 것이다. 이런 상황에서는 개발 전략의 변경이 올바른 결정이라는 증거를 빠른 시간 내에 보여주는 것이 중요하다. 이를 위해서는 핵심 업무를 새로운 개발 전략으로 구현해 잘 작동하는 것을 보여줘야 한다. 새로운 개발 전략으로 업무 범위 변경 없이 처음부터 모든 업무를 다시 시작하자는 것은 무모한 결정이다. 일단 핵심 업무를 대상으로 1단계를 성공한 뒤 2단계의 적용 범위를 결정해야 한다. 이러한 결정에 예산을 우선하면 잘못된 결정을 내리기 쉽다. 어떻게 하는 것이 프로젝트 가치를 최적화할 것인가에 집중해야 한다.

● 특정 기능 또는 성능 이슈 발생

기술적인 문제를 해결하지 못해 일정이 지연될 때에는 문제 해결을 위한 업무를 별도의 프로젝트로 진행하는 것을 고려해야 한다. 기술 이슈와 무관한 업무는 먼저 진행하고, 기술 이슈 해결을 위한 업무는 전문가가 별도로 강도 높게 관리하는 것이 좋다. 만일 해당 기술 이슈가 프로젝트에 미치는 범위가 넓다면 해당 이슈를 해결할 때까지 신규 업무 수행은 중단하고 프로젝트를 재정비하는 시간을 보내는 것도 고려해야 한다.

● 달성하기 힘든 무리한 계획 수립

무리한 계획 수립으로 인한 일정 지연은 대응이 어렵다. 이러한 일정 지연은 팀워크 붕괴, 관리 부실과 함께 발생하는 경우가 많기 때문이다. 프로젝트 착수 전에 프로젝트 관리자가 무리한 계획임을 이야기한 적이 없다면, 일정이 지연된 후에 처음부터 무리한 계획이었다고 주장해도 핑계처럼 들리기 쉽다.

경영층이 판단할 때에는 일정 지연의 원인이 명확하지 않기 때문에 프로젝트 관리자의 역량 미흡으로 인한 일정 지연으로 판단해 프로젝트 관리자를 교체하기도 한다. 반면에 프로젝트 팀원들은 프로젝트 관리자의 욕심 또는 무능으로 무리한 계획을 수립해 본인들을 힘들게 만들었다고 생각한다. 이런 상황의 프로젝트 관리자는 경영층과 팀원 모두에게 신뢰를 잃어버렸기 때문에, 스스로 프로젝트 관리자 교체를 요청하는 것도 방안이다. 물론 이때 자기의 무능력 때문에 교체하자고 해서는 안 된다. 국면을 전환하기 위해서는 누군가 책임을 지는 모습을 보여야 하기 때문에 프로젝트를 위해 본인이 희생하는 식으로 설득해야 한다.

잔인하지만 그것이 프로젝트 관리자의 숙명이다. 성적으로 말해야 하는 프로야구 감독과 비슷하다. 성적을 약속한 감독은 결과에 책임을 져야 한다. 선수의 실력 탓을 하거나 구단의 지원 탓을 하면 안 된다.

4 프로젝트 팀에서 관리 가능한 시기를 놓치지 않는다.

요구 사항 변경이나 기술 이슈는 특정 이벤트가 발생하는 시점부터 일정이 지연되기 시작한다. 그러나 무리한 일정 계획 수립은 대부분 일정이 조금씩 지속적으로 지연된다. 가랑비에 옷 젖는 것처럼 일정이 지연되면 프로젝트 팀원들은 일정 지연에 대한 이슈를 식별하지 못할 수 있다. 그러나 외부에서 프로젝트를 방문하면 지속적인 일정 지연의 문제점을 쉽게 파악할 수 있다. 그러므로 프로젝트 관리자는 외부의 시각으로 문제를 파악해야 한다. 냄비의 기포가 많아지는 시점을 놓치면 물이 갑자기 끓기 시작하는 것처럼 보인다.

5 무기력한 일정 지연이 전염되지 않도록 한다.

일정 지연이 확산돼 일상화되면 팀원들이 일정 지연에 대한 부담을 느끼지 않고 당연한 것으로 인식할 수 있다. 이러한 상황에서 팀원들은 일정을 지키기 위해 잔업을 하더라도 프로젝트가 끝나지 않는다는 것을 알고 있고, 열심히 일한 것에 대한 보상이나 인정을 받지 못하기 때문에 동기부여가 떨어진다. **팀워크의 붕괴와 관리의 부실이 동시에 나타나면 무기력한 일정 지연의 분위기가 프로젝트 팀 내부에 빠르게 전염된다.**

프로젝트 일정을 변경할 때에는 이러한 무기력한 분위기가 이미 존재하거나 곧 나타날 조짐을 보이는 경우가 많다. 따라서 프로젝트 관리자는 일정을 변경할 때 조직 분위기를 쇄신해야 한다. 조직 분위기를 쇄신하는 것은 일정 변경의 전제조건이다. 분위기를 쇄신하는 방법은 '이번에 변경한 일정은 반드시 지키자'는 공감대를 얻는 것이다. 이런 공감대는 단순한 구호나 지시로는 얻을 수 없다. 프로젝트 관리자는 팀원들 모두와 개별 면담을 통해 새로운 출발을 설명하고, 스스로 프로젝트에 헌신하는 모습을 보여야 한다.

6 프로젝트 진척현황을 챙길 때는 디테일하게 확인한다.

프로젝트 일정 계획을 변경한 후 다음과 같은 방법으로 프로젝트 진척현황을 디테일하게 점검해야 한다.

- 주간보고 시에 이슈가 있는 업무에 대해 프로젝트 관리자가 직접 세부사항까지 확인해야 한다. 단순히 '다음주에 지연된 일정을 따라잡겠다'라는 보고는 믿기 어려우므로, 구체적인 계획과 실행방안을 확인해야 한다.
- 프로젝트 관리자가 직접 세부사항을 확인하면, 팀원들에게 일정 지연이 더 이상 용납되지 않는다는 메시지를 전달할 수 있다. 또한, 이를 통해 일정 지연의 진짜 원인을 파악할 수 있다. 직접 현황을 확인함으로써 문제의 근본원인을 이해하고, 더 정확한 대응 방안을 마련할 수 있다.
- 지연된 업무는 정상화될 때까지 더 자주 파악하고 관리해야 한다. 그래야 지연된 일정이 추가로 지연되는 것을 방지하고, 빠른 문제 해결을 촉진할 수 있다.
- 일정 지연을 관리할 때는 성선설보다는 성악설의 관점에서 팀원을 관리하는 것이 효과적일 수 있다. 이는 팀원들이 스스로 문제를 해결하려고 노력하도록 자극하고, 관리자가 디테일하게 점검함으로써 팀원들이 긴장감을 유지하도록 한다.

궤도를 잃은 이슈 프로젝트를 복구하는 방법은?

이슈 프로젝트는 사람에 비유하면 암과 같은 중병에 걸린 것과 같다. 암이 사람의 생명을 앗아갈 수 있듯이, 이슈 프로젝트도 잘못 대응하면 특정 부서 또는 기업을 위험에 빠지게 할 수 있다. 가벼운 부상과 암과 같은 중병은 진단과 처방이 달라야 하듯이, 프로젝트도 그에 맞게 접근해야 한다. 궤도를 벗어난 이슈 프로젝트를 복구하는 방법은 무엇일까?

암과 달리 이슈 프로젝트의 점검과 처방(복구방안)은 어렵다. 이는 이슈 프로젝트의 점검과 복구방안의 수립 과정이 객관적인 데이터에 기반해 과학적으로 결정되지 않고, 정치적인 판단이 개입되기 쉽기 때문이다. 정치적인 판단의 대표적인 예는 모든 문제를 프로젝트 관리자 탓으로 돌리고 징벌적 성격으로 프로젝트 관리자를 교체하는 것이다.

이슈 프로젝트를 잘못 대응하면 큰 대가를 치르기 때문에 이슈 프로젝트의 복구는 유의해야 한다. 이슈 프로젝트 복구 프로세스를 '이슈 프로젝트 결정 → 이슈 프로젝트 진단 → 복구방안 수립'으로 나눠 설명하겠다.

1 | 이슈 프로젝트 결정

이슈 프로젝트의 징후는 다음과 같다.

- 프로젝트 진행단계에서 전체 수행 기간의 1/4~1/3 이상 지연되는 프로젝트
- 프로젝트 진행단계에서 전체 원가의 1/3~1/2 이상 초과(예상)되는 프로젝트
- 공식 마일스톤을 3회 이상 변경하는 프로젝트

이슈 프로젝트를 정상궤도로 돌리기 위해서는 복구 프로세스를 적용해야 한다. 그림37과 같이 이슈 프로젝트인데 **복구 프로세스를 적용하지 않거나, 이슈 프로젝트가 아닌데 복구 프로세스를 적용하는 것은 오류다.**

조직에서 이슈 프로젝트로 소문이 나면 프로젝트 팀을 제외한 이해관계자들은 본인의 피해를 줄이기 위해 보수적으로 대응한다. 그래서 축소대응보다는 과잉대응을 많이 선택한다. 과잉대응의 부작용은 필요 이상의 예산 초과와 일정 지연이 발생하는 것이다. 그러나 과잉대응을 하면 대부분 변경된

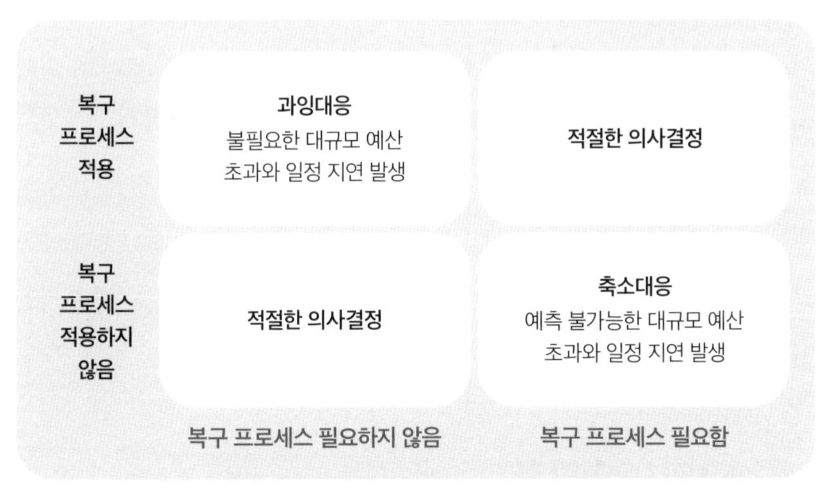

그림 37 이슈 프로젝트 복구 의사결정의 유형

계획을 준수한다.

축소대응의 부작용은 병을 키우는 것과 같다. 적절한 조치를 하면 프로젝트 예산은 초과하고 기간은 연장되겠지만, 안이하게 대처하면 더 큰 대가를 치르게 된다. 축소대응을 주장하는 대표적인 사람은 프로젝트 관리자이다. 프로젝트 관리자는 지금까지는 문제가 많았지만 해결 방안을 찾았고 이번엔 약속을 지킬 수 있다고 주장하는 경우가 많다. 그럴 수도 있고 아닐 수도 있지만 외부에서 이를 판단하기는 어렵다. 그러나 대부분 그런 주장은 카지노에서 돈을 많이 잃고 이제 곧 잭팟이 터질 것이라고 생각하는 것과 같다. 따라서 이슈 프로젝트의 징후가 보일 때는 이슈 프로젝트로 결정하고 복구 프로세스를 적용하는 것이 좋다.

2 | 이슈 프로젝트 진단

이슈 프로젝트의 피해를 줄이기 위해서는 빠른 조치가 중요하다. 그러기 위해서는 누군가는 빨간 깃발을 흔들어야 한다. 쉽지 않겠지만 프로젝트 관리자가 용기를 내면 더욱 좋다. 피곤한 일이 많아지고 싫은 소리를 듣겠지만, 길게 보면 그게 본인과 프로젝트를 위한 결정이다. 이슈 프로젝트로 판단한 뒤에는 프로젝트의 상황과 문제를 진단해야 한다. 이슈 프로젝트를 진단할 때 유의할 사항은 다음과 같다.

1 진단을 위한 TF는 외부 전문가로 구성한다.

프로젝트 팀원들은 프로젝트 상황에 이미 익숙해져서 이슈를 과소평가하기 쉽다. **외부의 사람들은 쉽게 식별할 수 있는 재난과도 같은 상황이 프로젝트 팀원에게는 보이지 않을 수 있다.** 또한 이슈 프로젝트는 대부분 여러 번 계획을 변경했기 때문에 이해관계자들은 프로젝트 팀원들이 진실을 숨기고 있다고 생각한다. 따라서 프로젝트가 궤도를 크게 이탈한 상황에서는 프로젝트와 이해관계가 없고 신뢰할 수 있는 전문가들을 TF로 구성해 프로젝트 이슈를 진단해야 한다.

TF 인원은 프로젝트 규모와 이슈 내용에 따라 다르겠지만, 프로젝트 관리, 업무 도메인, 기술 분야의 전문가를 선발해야 한다. 조직 내부 전문가들을 TF에 투입하는 것은 쉽지 않기 때문에 경영층의 의사결정이 필요하다.

2 진단을 위해서는 프로젝트를 잠깐 중단한다.

이슈 프로젝트의 팀원들은 바쁘고 스트레스가 많다. 프로젝트 상황에 익숙하지 않은 제3자가 프로젝트에 관해 이것저것 물어보면 프로젝트 팀원들은 귀찮기도 하고 대응하는 시간이 아까울 수 있다. 따라서 의사결정을 할 수 있는 경영층이 프로젝트 팀원들에게 수행 중인 업무를 중단하고 프로젝트 진단에 대응하라고 선언해야 한다. 진단 기간은 프로젝트 팀원들에게는 충전의 시간이 될 수도 있다.

3 인터뷰는 프로젝트 관리자, 팀원, 이해관계자를 대상으로 골고루 실시한다.

이슈 프로젝트의 문제와 해결 방안에 대한 인식은 이해관계에 따라 다르다. 따라서 특정 관점에 치우치지 않고 종합적으로 문제를 파악하기 위해서는 여러 이해관계자들의 다양한 의견을 청취해야 한다. 문제 파악을 위한 인터뷰는 그룹 인터뷰 보다 개인 인터뷰가 효과적이다. 그룹 인터뷰에서는 불편한 진실을 이야기하기 힘든 경우가 많기 때문이다.

4 종합진단을 할지 특정 영역만 진단할지 결정한다.

프로젝트 전체 영역을 종합적으로 진단할 수도 있고, 이슈가 된 특정 영역만 진단할 수도 있다. 특정 기술 또는 특정 솔루션 때문에 발생한 이슈라면 특정 영역만 진단하는 것이 바람직하다. 그러나 팀원관리, 파트너 관리, 조직 간의 갈등과 같은 이슈가 크다면 종합진단을 하는 것이 바람직하다. 왜냐하면 기술적인 이슈, 리더십의 이슈, 무리한 계획 등이 관리의 이슈로 변질될 수 있기 때문이다.

5 책임 규명 보다 근본원인 규명이 중요하다.

이슈 프로젝트의 진단은 감사가 아니다. 감사가 필요하다면 급한 불을 끈 뒤에 해야 한다. 누가 무엇을 잘못했는가를 규명하는 것보다 현재 막혀 있거나 풀어야 할 문제의 근본원인을 파악하는 것이 중요하다.

6 바꾸지 못하는 과거 성과보다 바꿀 수 있는 미래 성과에 집중한다.

미래의 프로젝트 성과를 바꿀 수 있는 것은 프로젝트 과거의 활동이 아니라 미래의 활동이다. 따라서 이해관계자들이 더 관심 있는 것은 프로젝트 성과저하의 원인보다 '그래서 어떻게 할 것인가?'라는 질문에 대한 답이다. 프로젝트 관리자는 성과저하의 원인을 외부로 돌리기 위해 과거 데이터를 분석하기보다 미래의 숫자를 좋게 만드는 방안을 찾아야 한다. 과거보다 미래에 집중해야 한다는 것을 논리적으로는 알고 있지만, 많은 조직에서 미래보다 과거에 집중하는 이유는 다음과 같다.

● 실패를 책임질 희생양이 필요하다.

프로젝트가 목표한 궤도에서 크게 이탈했을 때 '누구 때문에 잘못됐지?'에 집착하면 바꾸지 못하는 과거에 집착하는 것이다. 프로젝트 이슈가 발생했을 때 희생양부터 찾는 조직에서는 정치가 일상적이다. 조직 내부에서 희생양이 정해지면 해당 프로젝트와 관련된 다른 사람들이 안정감을 느낀다. SI 프로젝트가 큰 실패를 했을 때 '잘못된 계약'을 실패 원인으로 설정하고 영업조직에 책임을 묻는 것이 대표적인 예다. 신상품 론칭이 실패했을 때 상품 기획, 상품 개발, 마케팅 부서 사이에서 치열한 책임 공방이 발생하는 것도 같은 맥락이다.

물론 실패에 대한 책임을 명확하게 하는 것은 중요하다. 그러나 그보다 중요한 것은 프로젝트 실패를 최소화해 끝내는 것이다. **프로젝트를 끝내기 전에는 '누구 때문에?'보다 '무엇 때문에?'에 집중해야 한다.** '누구 때문에'에 집중하는 순간 문제의 원인을 잘못 파악하게 된다.

● 과거의 숫자는 질책하기 쉽다.

주요 이해관계자가 참여한 주간회의에서 경영층이 다음과 같이 이야기하는 것을 자주 볼 수 있다.

> "OO PM, 지난주 회의에서 지금까지 발견된 결함을 이번 주에 모두 조치할 수 있다고 하지 않았습니까? 이번 프로젝트에 초과 투입된 예산이 도대체 얼마입니까? 약속을 지키지 못한 이유가 무엇입니까?"

안 되면 되게 하라고 숫자만 압박하는 조직의 문화에서는 추한ugly 프로젝트 관리자가 탄생하기 쉽다. 현실과 멀리 있을수록, 현실을 모를수록 '계획 대비 결함조치율' '공정 준수율'과 같은 숫자에 의존하게 된다. 그 결과 대부분의 회의 시간을 과거의 나쁜 숫자에 대한 질책에 소비한다. 미래의 숫자를 좋게 만들기 위해서 프로젝트 팀이 지금 할 수 있는 일에 집중해야 한다. 팀원들을 질책해서 성과를 좋게 만들기는 힘들다.

● 원인보다 결과를 중요하게 생각한다.

성과를 개선하기 위해서는 결과(Y)에 영향을 미치는 원인(X)를 파악해야 한다. 원인을 분석하지 않고 결과만 질책하는 것은 비 오기를 기다리며 기우제를 지내는 것과 다르지 않다. 물론 결과만 질책해도 팀원이 긴장감을 가지고 목표 달성을 위해 노력하는 효과가 있을 수 있지만, 그러한 효과는 프로젝트가 궤도를 이탈하기 전에만 유효하다. 이슈 프로젝트에서 원인보다 결과에 집착하면 스트레스와 거짓말만 양산한다. 계량화하지 못해도 원인을 파악하는 것이 중요하다.

3 | 이슈 프로젝트의 복구방안 수립

이슈 프로젝트는 원래 의도했던 모든 목표를 달성하기는 힘들다. 따라서 이슈 프로젝트가 다시 수립하는 계획은 최초 계획을 수립하는 것과 큰 차이가 있다. 복구방안은 달성 가능 하면서도 '범위, 일정, 예산' 측면에서 피해를 최소화해야 한다. 프로젝트 복구방안 수립 시 유의할 사항은 다음과 같다.

1 이슈 프로젝트의 일정과 예산은 과하다 싶을 정도로 변경한다.

프로젝트가 지연되고 예산도 많이 초과된 상태에서는 추가 일정 지연이나 예산 초과를 소극적으로 할 가능성이 높다. **그러나 이슈 프로젝트에서 중요한**

것은 지킬 수 있는 목표이지 최소의 초과나 지연이 아니다. 암이 재발하지 않도록 암에 걸린 부위를 크게 도려내는 것처럼 이슈 프로젝트도 다시 지연되지 않도록 과하다 싶은 정도의 계획을 수립하는 것이 바람직하다.

특히 과거의 생산성을 남아 있는 업무에 그대로 대입하는 것에 유의해야 한다. 지금까지 끝낸 업무보다 남아 있는 업무의 난이도가 높을 가능성이 크기 때문이다. 특히 80% 이상 진행된 프로젝트의 잔여 업무 속에는 기술적으로 해결하기 힘든 이슈, 여러 조직의 이해관계가 걸려 있는 복잡한 쟁점 사항들이 숨어 있을 가능성이 높다.

2 인력의 추가 투입은 신중하게 결정한다.

이슈 프로젝트가 발생했을 때 경영층은 뭔가를 해야 할 것 같은 압박 때문에 인력 추가를 결정하는 경우가 많다. 그러나 추가 인력의 투입은 일정 만회에 큰 도움이 되지 않는다. 그 이유는 인력 추가로 인해 의사소통이 복잡해지고, 새로운 인력을 위한 교육이 필요하기 때문이다. 처음부터 필요한 인력이 투입되지 않았던 경우에 한해 인력을 추가하는 것이 바람직하다.

3 대형 프로젝트 계획 변경은 TF 팀이 중재하는 것이 좋다.

대형 프로젝트는 이해관계가 복잡해 기간, 원가, 범위의 계획 변경에 대한 합의가 쉽지 않다. 프로젝트 관리자는 이미 신뢰를 잃었고, 경영층에서 목표를 부여하기도 힘들다. 따라서 진단을 담당하는 TF 팀이 프로젝트 계획 변경을 중재하도록 하는 것이 바람직하다. 물론 TF 팀도 이후 프로젝트를 수행할 사람들이 수용할 계획을 도출해야 한다. TF 팀이 상위 수준의 프로젝트 정상화 방안을 도출한 뒤 상세 실행방안은 프로젝트를 수행할 팀이 수립하는 것이 바람직하다.

4 프로젝트 범위를 줄인다.

이슈 프로젝트에서는 어떤 요구 사항을 제외할 것인가를 고민하는 것보다 어떤 요구 사항들을 포함시킬 것인가를 고민하는 것이 바람직하다. 요구 사항을 너무 많이 제외하면 프로젝트를 수행할 의미가 없어지고, 요구 사항을 너무 적게 빼면 프로젝트에 부담이 돼서 실패할 가능성이 높다.

5 프로젝트 계획 변경 후 팀원, 이해관계자와 함께 워크숍을 실시한다.

프로젝트 계획 변경을 끝낸 뒤에는 팀원과 이해관계자가 참여하는 워크숍을 실시해야 한다. 이때 프로젝트 킥오프 워크숍과 같이 팀원들이 새롭게 시작하는 마음을 가지도록 하는 것이 중요하다. 인력의 변화도 있을 수 있으니 서로의 책임 및 역할과 변경된 프로젝트 계획을 공유해야 한다. 이러한 워크숍은 프로젝트 관리자가 주관하는 것이 좋다. 프로젝트 관리자는 워크숍에서 특정 이해관계자가 돌발 발언을 하지 않도록 중요한 이해관계자에게 변경된 계획을 사전에 설명하고 피드백을 받아야 한다.

6 프로젝트 관리자 교체는 신중하게 결정한다.

프로젝트 관리자 교체는 주로 이해관계자 또는 프로젝트를 수행하는 조직의 경영층에서 생각하는 방안이다. 프로젝트 관리자가 리더십을 잃어버려 더 이상 프로젝트 복구에 도움이 되지 않는다고 판단하는 경우에 한해 프로젝트 관리자를 교체해야 한다. **희생양을 찾기 위해 프로젝트 관리자를 교체하는 것은 프로젝트에 도움이 되지 않는다.** 교체된 프로젝트 관리자는 본인의 부담을 최소화하기 위해 프로젝트 일정과 예산을 필요 이상으로 크게 늘리기 때문이다.

7 조직을 재편해야 한다면 개인의 역량보다 조직 간 협업을 고려한다.

이슈 프로젝트의 복구방안을 수립할 때 프로젝트 팀 조직 개편이 불가피한 경우가 많다. 조직 개편이 필요한 이유는 대부분 프로젝트 팀의 생산성이 낮고 내부 협업이 제대로 작동하지 않았을 가능성이 높기 때문이다.

프로젝트 조직을 개편할 때 파트 간의 역할과 협업을 중심으로 재구성하지 않고, 몇몇 뛰어난 개인을 투입하는 식으로 진행하면 실패할 가능성이 높다. 프로젝트 규모가 작으면 한 명에서 두 명의 전문가 투입으로 성공할 수 있지만, 규모가 클수록 조직 간(업무조직, 기술조직, 관리조직) 협업이 중요하다. 이를 위해서는 업무 리더 간의 궁합도 좋아야 하고 조직 간 책임과 역할도 명확하게 해야 한다.

8 잃어버린 프로젝트의 통제력을 회복한다.

이슈 프로젝트에서는 프로젝트 관리자의 통제력에 대한 신뢰가 무너져 있다. 목표를 조정하는 과정을 통해 프로젝트 관리자의 약해진 통제력을 회복해야 한다. 통제력을 회복하기 위해서는 디테일한 관리를 해야 한다. 남아 있는 결함 목록, 의사결정을 해야 할 쟁점 사항, 개발하지 않은 요구 사항 등을 상세하게 파악해 계획 대비 실적을 이해관계자들에게 공유해야 한다.

이슈 프로젝트의 이면에는 마음에 상처를 입은 사람들이 있다. 지속되는 야근으로 번아웃된 프로젝트 팀원들, 이슈 프로젝트의 책임을 규명하는 과정에서 상처입은 팀원들, 이슈 프로젝트 복구를 위해 열심히 일했는데 마무리 과정에서 투입된 사람들이 공을 가로채 대인관계에서 환멸을 느낀 팀원들이 그 사람들이다. 이 글을 읽으시는 분 중에서 이슈 프로젝트를 관리하는 경영층이 있다면 다음과 같은 당부를 드린다.

> **대부분의 이슈 프로젝트는 팀원의 문제가 아니라 구조적인 문제점 때문에 만들어집니다. 프로젝트 팀원들의 이력에 빨간 줄을 긋기 보다 이슈 프로젝트를 복구하는 과정에서 고생한 프로젝트 팀원들의 헌신을 존중하고 감사의 뜻을 전달하기 바랍니다.**

'이슈 프로젝트 결정 → 이슈 프로젝트 진단 → 복구방안 수립'의 프로세스를 요약하면 그림38과 같다.

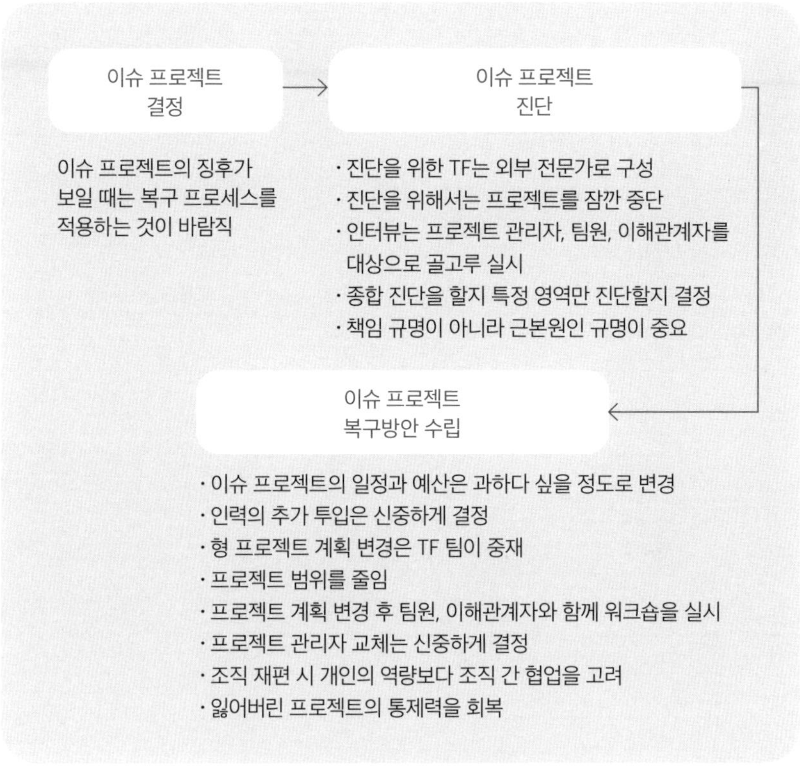

이슈 프로젝트
결정

이슈 프로젝트의 징후가
보일 때는 복구 프로세스를
적용하는 것이 바람직

이슈 프로젝트
진단

- 진단을 위한 TF는 외부 전문가로 구성
- 진단을 위해서는 프로젝트를 잠깐 중단
- 인터뷰는 프로젝트 관리자, 팀원, 이해관계자를 대상으로 골고루 실시
- 종합 진단을 할지 특정 영역만 진단할지 결정
- 책임 규명이 아니라 근본원인 규명이 중요

이슈 프로젝트
복구방안 수립

- 이슈 프로젝트의 일정과 예산은 과하다 싶을 정도로 변경
- 인력의 추가 투입은 신중하게 결정
- 형 프로젝트 계획 변경은 TF 팀이 중재
- 프로젝트 범위를 줄임
- 프로젝트 계획 변경 후 팀원, 이해관계자와 함께 워크숍을 실시
- 프로젝트 관리자 교체는 신중하게 결정
- 조직 재편 시 개인의 역량보다 조직 간 협업을 고려
- 잃어버린 프로젝트의 통제력을 회복

그림 38 이슈 프로젝트 복구 프로세스 요약

9장

미리 준비하는 프로젝트 종료

49 프로젝트 종료가 어려운 이유는?

50 프로젝트 종료를 원활하게 하기 위해 무엇을 준비해야 할까?

대부분의 프로젝트는 들뜬 분위기에서 희망을 안고 시작해 긴장 속에서 힘들게 끝난다. 시작은 축제 분위기이지만 끝은 긴장되고 때로는 분위기가 험악하다. 바쁜 프로젝트 일상 때문에 프로젝트 종료를 위한 전략과 계획을 미리 수립하지 않으면 프로젝트 종료가 어려워진다. 9장에서는 프로젝트 종료가 어려운 이유를 유형별로 살펴보고 각 유형별로 사전에 준비할 사항을 살펴보겠다.

프로젝트 종료가 어려운 이유는?

프로젝트 종료 시점에서는 업무의 책임이 프로젝트 팀에서 운영 팀으로 넘어간다. 이때 업무를 빨리 넘기고 싶은 조직과 최대한 완성도를 높여서 업무를 받고 싶은 조직의 이해관계는 상충된다. 프로젝트 종료가 어려운 구체적인 이유는 무엇일까?

모든 프로젝트는 끝내기 위해 시작하고 프로젝트의 끝에는 운영의 시작이 있다. 프로젝트와 운영의 경계가 명확할수록 프로젝트를 끝내기 힘들다. 프로젝트 수행과 운영의 회사가 다른 SI 프로젝트가 대표적인 예다. SI 프로젝트에서는 프로젝트 종료 이후 모든 업무를 고객사의 책임 하에 수행하기 때문에 고객사는 다양한 이해관계자들의 요구 사항을 충족한 후 운영에 필요한 문서를 확인하고 프로젝트 종료 문서에 서명한다.

반면 정기적으로 상품을 개선하고 운영하는 데브옵스DevOps 조직에서는 개발과 운영을 동일한 조직이 담당하기 때문에 프로젝트와 운영의 경계가 뚜렷하지 않고 업무와 책임의 이관도 없다. 이러한 프로젝트의 종료는 특별한 이벤트가 아니라 업무 루틴에 가깝다.

프로젝트 수행조직과 운영조직이 다르고 이해관계자의 이해관계가 다양하고 복잡할수록 프로젝트 종료가 힘들다. 프로젝트 종료가 힘든 상황은 프로젝트 업무를 끝내기 힘든 상황, 종료에 대한 검수를 받기 힘든 상황, 운영으로 인수인계가 어려운 상황으로 구분할 수 있다. 참고로 '검수'란 프로젝트 팀에서 이해관계자에게 업무에 대한 완료를 확인받고 최종 승인을 획득하는 절차이고, '인수'란 프로젝트 팀이 운영조직에 결과물을 이관하고 확인받는 절차다.

1 | 프로젝트 업무를 끝내기 힘든 상황

프로젝트 업무를 끝내기 힘든 상황은 종료 프로세스 관리로 대응하기 힘들며 평소 프로젝트 관리를 잘해야 종료지연의 부작용을 최소화할 수 있다.

1 프로젝트 목표에 대한 공감대가 미흡함

프로젝트 목표는 종료를 판단할 수 있는 기준이 되므로, 모든 이해관계자들이 그 목표에 공감하는 것이 중요하다. 이해관계자들이 상충된 목표를 주장하면 프로젝트 종료는 정치게임으로 변하게 된다. 옳고 그름에 상관없이, 잘못된 목표라도 이해관계자들이 공감해야 프로젝트를 종료할 수 있다.

상충된 목표가 공식화되면 프로젝트 종료는 매우 어려워진다. 예를 들어, 현실적인 접근 방식과 이상적인 접근 방식이 충돌할 때가 그러하다. B2B 솔루션 판매 기업에서 고객 지원 시스템을 구축하기 위해서는 고객 정보, 계약 정보, 기술 지원 정보를 통합해 관리해야 한다. 그러나 많은 기준 정보의 정합성을 유지하는 것이 힘들기 때문에, 일부 정보는 별도의 수작업으로 관리해야 할 수도 있다. 이러한 방식은 현실적이긴 하지만 자동화되지 않은 프로세스와 부정확한 데이터의 중복 관리 문제를 안고 있다. 만일 영향력이 높은 임원이 이러한 문제점을 프로젝트 후반부에 주장한다면 프로젝트 종료는 힘들어진다.

2 기술적으로 구현이 힘든 목표를 설정함

기술적으로 달성하기 힘든 요구 사항을 설정하면 프로젝트 종료가 어렵다. 예를 들어, 안면인식률, 지문인식률, 음성인식률 99.9%는 달성하기 매우 힘들며, 목표를 달성하기 위해 설계할 경우 다른 부작용이 발생할 수 있다.

1990년대 미국 덴버 국제공항은 완전 자동화된 수하물 처리 시스템을 구축하려 했지만, 수차례의 프로젝트 지연 끝에 결국 자동화를 포기하고 기존의 수작업 분류 시스템을 유지하기로 했다. 이 사례는 기술적 한계를 인정하지 않고 무리하게 높은 목표를 설정했을 때 발생하는 문제를 잘 보여준다.

기술의 한계를 인정하고 허용 가능한 오차 수준을 정해야 한다. 그러나 특정 개인의 정치적인 욕심으로 무리한 목표를 추구하는 이해관계자가 있으면 목표 달성이 더욱 힘들어진다. 특히 현 시스템을 그대로 유지해도 문제가 없는 경우, 이해관계자 입장에서는 프로젝트 종료에 대한 압박이 없기 때문에 목표 수준을 조정하기 어렵고 이 때문에 프로젝트 종료는 더 어렵다.

2 | 프로젝트 종료에 대한 검수가 힘든 상황

검수가 힘든 상황은 검수조직의 복잡함, 추가 요구 사항의 발생이 대표적이다.

1 업무 종료를 확인하는 검수조직이 복잡함

동일한 업무에 대해 종료를 확인하는 조직이 많아지면 검수조직 간의 이견으로 인해 프로젝트 종료가 어려워진다. 예를 들어, 공공기관을 대상으로 10개의 하위 시스템을 구축하는 프로젝트를 진행할 때, 17개 시도의 업무 담당자별로 종료를 위한 검수를 받는다면 총 170개의 종료확인서가 필요하다. 법인별로 시스템을 확산할 때도 검수조직이 복잡해진다. 이러한 프로젝트에서 이해관계자들의 이견을 조정하고 검수를 주도하는 조직이 없다면, 프로젝트 수행조직이 이 역할을 담당해야 하므로 프로젝트 종료가 힘들어진다.

2 프로젝트 종료 시점에 추가 요구 사항이 발생함

고객이 모든 요구 사항을 상세하게 정의하는 것은 사실상 불가능하다. 특히 폭포수 방법론을 적용할 경우, 이해관계자들은 통합 테스트에서 동작하는 시스템을 처음 접하게 된다. 이로 인해 통합 테스트에서 오류 사항뿐만 아니라 크고 작은 추가 요구 사항이 발생한다. 종료 시점에서 발생하는 요구 사항이 변경인지 아닌지는 〈32 요구 사항이 변경되는 이유는?〉에서 설명했듯이 프로젝트 팀과 고객사의 생각이 서로 다르다. 프로젝트 팀은 추가 요구 사항을 많이 수용할수록 프로젝트가 지연되며, 고객사는 추가 요구 사항을 반영하지 않으면 운영 단계에서 보완해야 하기 때문에 조직의 이익을 대변하지 못했다는 질책을 받을 수 있다. 따라서 종료의 전제조건에 포함할 요구 사항을 결정하는 과정에서 이해관계가 첨예하게 대립하게 되고 이러한 조정이 종료를 힘들게 만든다.

따라서 검수 기준의 불명확은 항상 존재하며 적정 수준에서 절충해야 한다. 고객사와 프로젝트 팀 모두를 만족시키는 절충방안은 존재하지 않는다.

고객사와 프로젝트 팀 모두 역지사지의 관점에서 이 문제를 접근하면 좋겠지만, 현실은 그렇게 녹록지 않다. 최악의 경우에는 프로젝트 진행 과정에서 모호하게 덮어두었던 모든 불씨들이 다시 살아나서 서로 얼굴을 붉히기도 한다. 물론 그때는 프로젝트 팀이 절대적으로 불리하다.

3 종료 감리 대응

프로젝트 종료 시점에서는 결함 제거, 개선 요구 대응, 사용자 교육, 행정 처리 등을 동시에 수행한다. 특히 SI 프로젝트에서는 종료 감리까지 수행해야 하는 경우가 많다. 감리에서 지적하는 내용은 대부분 문서 작업과 관련되는데, 이 시점에서 프로젝트 팀원들은 기술적 문제 해결에 집중해서 문서 작업이 추가적인 부담이 된다. 물론 프로젝트를 종료하고 안정적인 운영을 위해서는 필요한 문서를 준비해야 하며, 그 내용 또한 정확해야 한다.

문제는 감리조직이나 감리인의 성향에 따라 프로젝트의 본질과 벗어난 건수 위주의 지적이 이뤄질 수 있다는 점이다. 감리에서 지적한 내용이 중요한 것이든 아니든, 고객사 입장에서는 외부 감리에서 지적한 모든 내용을 조치했다는 확인을 받아야 종료 검수를 시작하는 경우가 많다. 따라서 프로젝트 팀은 감리 지적사항을 신속하게 처리하면서도 기술적인 문제도 해결해야 한다.

3 | 운영을 위한 인수인계가 어려운 상황

운영을 위한 인수인계가 어려운 상황은 프로젝트 오픈 이후 안정화가 힘들거나 시스템을 운영할 준비가 미흡한 상황이 대표적이다.

1 시스템 오픈 후 사용자들의 VOC가 줄지 않음

프로젝트는 새로운 것을 만들거나 변화를 도입하기 위해 시작한다. 그러나 변화를 좋아하는 사용자는 드물다. 프로젝트 결과물이 적용되는 초기에는 기존과 다른 프로세스와 익숙하지 않은 화면 때문에 사용자 불만이 많이 발생한다.

프로젝트와 운영이 중첩되는 '안정화' 시기가 짧을수록 프로젝트 종료는 쉬워진다. 프로젝트의 품질 수준이 낮다면, 문제를 해결하려는 개선활동이 또 다른 문제를 야기해 사용자 불만이 줄어들지 않아 이해관계자들도 프로젝트 종료를 승인하기 부담스럽다. 특히 프로젝트 결과물을 글로벌하게 적용한다면 프로젝트 적용 환경과 사용자들의 다양성으로 예상하지 못했던 문제점들이 많이 발생하기 때문에 프로젝트 안정화 기간이 길어진다.

2 시스템을 운영할 준비가 미흡함

프로젝트 팀과 운영조직은 각기 다른 목표를 가지고 있어 이해관계가 상충할 수밖에 없다. 프로젝트 팀은 주어진 일정 내에 프로젝트를 완료하고 싶어하지만, 운영조직은 사용자의 요구 사항을 최대한 해결한 후 인수인계를 받기를 원한다.

운영조직은 안정적인 시스템 운영이 가장 중요하다. 다른 사람이 개발한 시스템을 인수받아 운영하는 것은 쉬운 일이 아니다. 운영에 문제가 발생하면 그 책임을 운영조직이 져야 하기 때문에, 시스템에 대한 충분한 이해와 자신감이 필요하다. 이러한 자신감이 부족하면 운영조직은 인수인계를 미루려고 할 것이다.

프로젝트 종료를 원활하게 하기 위해 무엇을 준비해야 할까?

앞서 프로젝트 종료가 어려운 상황을 검수 준비와 인수인계로 나눠 살펴봤다. 각 상황별로 프로젝트 종료를 원활하게 하기 위해 무엇을 준비해야 할까?

검수와 인수인계에 대한 사전 준비가 미흡하면 프로젝트 종료의 실타래가 꼬여 납기가 지연될 뿐만 아니라 종료를 앞두고 이해관계자와 갈등이 발생하기 쉽다.

프로젝트 팀과 운영조직이 다를 경우에는 프로젝트 종료에 대해 보수적으로 접근해야 한다. 보통 프로젝트 팀이 개발을 끝내는 것으로 프로젝트 종료라 생각하기 쉬운데 고객 측 사용자가 확인하고 개선요청 사항을 반영하는 것도 종료 일정에 반영해야 한다. 프로젝트 검수와 인수인계에 대한 구체적인 방법과 종료 기준 및 프로세스에 대한 확신이 없으면 종료할 준비가 덜 된 것이다. 다음은 프로젝트 종료가 가장 힘든 SI 프로젝트의 검수 준비와 인수인계 준비에 대해 설명하겠다. 독자가 수행하는 프로젝트에 응용해 프로젝트 종료에 적용할 수 있는 아이디어를 얻기 바란다.

1 | 검수 준비

1 검수 기준을 정의한다.

프로젝트 종료를 승인하는 검수확인서(또는 준공확인서)에 고객의 승인을 받기 위해서는 행정적인 요건을 충족함과 동시에 이해관계자들의 기대 수준을 충족시켜야 한다. 검수 항목은 보통 계약서에 명시되기 때문에 항목 자체는 이슈가 되지 않으며, 검수 프로세스를 구체화하기 위해 검수 항목별로 검수 내용, 검수 방법, 검수자, 템플릿을 정의해야 한다. SI 프로젝트의 검수 항목과 검수 내용의 예는 표14와 같다. 다음 항목 중 이슈가 될 수 있는 내용은 '응용시스템'이다. 응용시스템 검수는 인수 테스트 또는 통합 테스트에 고객이 참여해 요구 사항이 오류 없고 불편하지 않게 작동하는지 확인하는 활동이기 때문에 프로젝트 팀과 고객의 의견이 많이 다를 수 있다.

검수 항목	검수 내용	결과물
산출물	계약서 및 사업 수행 계획서에 기술된 납품 산출물을 확인	산출물 제출 공문 고객 인수확인서
사용자 요구 사항	요구 사항 정의서 내 요구 사항들이 구현됐는지 확인	요구 사항 정의서 요구 사항 추적표
응용시스템	개발 완료된 프로그램의 오류 및 불편 사항 수정	인수 테스트 또는 통합 테스트 결과서
납품 및 설치	하드웨어 및 소프트웨어가 정확한 사양으로 납품 및 설치됐는지 확인	검수확인서
기타 계약사항	산출물, 응용시스템, 도입장비를 제외한 계약 사항의 수행결과를 확인 (예: 교육실시, 시스템 인수인계)	수행결과 확인

표 14 SI 프로젝트의 검수 항목과 검수 내용의 예

2 검수 항목별 검수 책임자를 결정한다.

고객사의 적용조직이 큰 경우에는 동일한 업무를 지역별 또는 국가별로 검수 받아야 할 수 있다. 이런 경우에는 고객 측에서 이견을 조정하고 검수와 관련된 의사결정을 할 수 있는 조직(의사결정기구)을 구성해야 한다. 예를 들어, 전국에 흩어진 조직이라서 수시로 모이기 힘들면 검수 워크숍 또는 각 업무별 분과회 운영을 통해 최종 검수 요건을 결정하도록 하는 것도 좋은 방안이다. 지역별로 검수를 받는다면 시간의 문제가 발생할 뿐 아니라 지역별로 상충되는 의견을 조정하기란 불가능에 가깝다.

3 종료 시점에 도출된 요청 사항에 대한 수용 기준을 협의한다.

프로젝트 종료 및 안정화 시점에 도출된 요청사항은 사용자에 따라 관점이 다르기 때문에 대응하기 힘들다. 종료 시점에는 중요한 변경 요청에 대해선 합의가 된 상황이어야 한다. 만일 종료 시점에 규모가 큰 변경 요청 사항이 논의된다면 종료할 준비가 되지 않은 상태이다. 종료 시점에서는 기존에 합의한 화면 개선 또는 데이터 추가와 같은 세부 요청 사항만 논의해야 한다. 종료 시점에 고객과 협의할 수 있는 추가 요청 사항에 대한 수용 기준의 예는 다음과 같다.

● **요청 사항의 접수 기한을 한정한다.**

종료 시점에 도출되는 요청 사항은 기한을 정해야 한다. 예를 들어 통합 테스트 기간에 도출된 요청 사항 또는 안정화 기간의 일부 기간에 도출된 요청 사항으로 한정하는 것이다.

● 요청 사항의 유형별로 수용 기준을 정의한다.

종료 시점에 파악한 오류는 당연히 수용해야 한다. 그러나 프로세스를 변경하는 요청 사항은 수용하지 않는 것을 원칙으로 해야 한다. 사용성 개선을 위한 화면 변경이나 조회 데이터 변경은 지원 가능한 MM를 고려해 우선순위를 결정하는 것이 바람직하다. 모든 개선 요청 사항들이 사용자 입장에서는 필요하기 때문에, 우선순위 결정을 위한 제약 조건에 대해 협의를 해야 한다. 프로젝트 관리자는 고객과 협의하기 전에 프로젝트 마무리를 위한 작업이 계획된 일정 또는 MM를 초과한다면 본사 경영층과 협의해 마무리 지원 방안을 결정해야 한다.

4 주요 이해관계자는 개별적으로 검수에 대한 승인을 사전에 획득한다.

프로젝트를 종료해도 좋다는 최종 의사결정은 고객사 경영층이 하는 경우가 많다. 따라서 이러한 경영층에게는 운영자와 사용자의 검수에 앞서 프로젝트 결과를 설명하고 검수에 대한 승인을 받는 것이 중요하다. 고객 측 경영층이 검수에 긍정적인 평가를 한 상태에서 운영자와 사용자 검수에 들어가면 프로젝트가 크게 흔들릴 일은 없다. 반대로, 아래로부터 개별 검수를 모두 받았는데 경영층에서 막히면 종료의 전체 구도가 틀어진다.

고객 측 경영층을 만나기 전에는 경영층의 이해관계와 관심 사항이 프로젝트에 어떻게 반영됐는지, 프로젝트를 통해 해결한 문제 혹은 개선된 점을 명확하게 설명할 준비를 해야 한다. 경영층이 관심을 가질 수 있는 주요 사항은 다음과 같다.

- 프로젝트가 제공하는 비즈니스 가치와 성과를 설명한다. 예를 들어, 운영 효율성 향상, 비용 절감, 매출 증대 등의 구체적인 성과를 제시한다.

- 프로젝트가 해결한 주요 문제를 설명한다. 예를 들어, 기존 시스템의 문제점을 어떻게 해결했는지, 사용자 만족도를 어떻게 높였는지를 구체적으로 설명한다.
- 프로젝트 완료 후 예상되는 긍정적인 변화와 장기적인 이점을 설명한다. 예를 들어, 시스템 확장성, 유지보수의 용이성, 향후 업그레이드 계획 등을 설명한다.

5 고객 측 검수 책임자와 공동의 이해관계를 형성한다.

종료 시점에서 검수 책임자와 프로젝트 관리자는 사이좋은 부부처럼 일심동체가 돼서 고객 측 이해관계자의 다양한 요구와 관심사에 대응하는 것이 이상적이다. 프로젝트 팀의 프로젝트 관리자 못지않게, 고객 측 검수 책임자도 프로젝트를 잘 끝내고 싶다. 프로젝트를 성공적으로 마무리해야 각자의 조직에서 좋은 평가를 받을 수 있다.

프로젝트 관리자는 고객 측 검수 책임자의 입장을 최대한 배려해야 한다. 프로젝트 관리자와 검수 책임자가 같은 배에 타고 있고, 함께 안전하게 배에서 내릴 것이라는 느낌을 줘야 한다. 프로젝트 관리자가 빨리 종료하려는 마음이 급해 배에서 먼저 내리려고 한다는 인식을 준다면, 검수 책임자는 프로젝트 관리자를 쉽게 보내주지 않을 것이다. 프로젝트 관리자의 이해타산만 따져서는 원만한 종료를 할 수 없다. 작은 것을 손해 볼 때 큰 것을 얻을 수 있다.

6 프로젝트 종료 계획을 수립한다.

프로젝트 착수 시 수립하는 프로젝트 계획 못지않게, 프로젝트 종료를 위한 계획 수립도 중요하다. 늦어도 프로젝트 진척률 80% 정도 시점에서는 프로젝트 종료 계획을 수립해 종료 시점까지 계속 업데이트해야 한다. 종료 계획 수립 시 고려할 요소는 다음과 같다.

● 업무 진행 현황 점검

계약서에 정의된 업무 범위 대비 이행 여부, 최종 제품에 요구 사항이 반영됐는지 여부는 요구 사항 추적표를 활용해 확인한다. 종료 시점에 이슈가 될 수 있는 미진한 업무나 추가 요구 사항도 같이 점검한다. 검수 전략, 검수의 목적물별로 누구를 상대로 어떻게 검수를 받을 것인지에 대한 계획도 수립한다. 검수 전략에서는 전체 업무를 일괄적으로 검수받을 것인지 아니면 단위 업무별로 검수를 받고 관련 인력을 철수할 것인지를 결정한다. 대형 프로젝트에서는 단위 업무별로 검수를 받고 관련 인력을 철수하는 것도 좋다.

● 잔여 업무 처리를 위한 일정 계획 수립

종료 시점에서는 잔여 업무 목록 혹은 실행 항목에 대해 고객 검수조직과 합의해야 한다. 잔여 업무 목록 혹은 실행 항목은 프로젝트의 실질적인 검수 기준이 되는 경우가 많기 때문에 목록으로 만들어 완료 여부를 고객과 확인해야 한다. 잔여 업무와 실행 항목이 없어질 때 비로소 프로젝트 업무 범위의 이행을 완료한 것이다. 이때 잔여 업무 혹은 실행 항목은 WBS에 업데이트해 관리할 수도 있고, 엑셀의 목록으로 관리할 수도 있다.

● 이슈 및 위험 종료 계획 수립

프로젝트 진행 도중 이슈 혹은 위험 목록을 관리하고 있었다면 종료 시점에서 이를 완료했다는 확인을 해야 한다. 종료 시점까지 해결되지 않은 이슈나 위험은 위에서 이야기한 잔여 업무 혹은 실행 항목에 통합해서 관리해도 무방하다.

● **비용 정산과 집행 계획 수립**

프로젝트를 종료한다는 것은 예산 집행을 마감한다는 것을 의미한다. 따라서 프로젝트와 관련해 집행할 예산이 있다면 모두 집행해야 한다. 종료 이후 누락된 예산을 집행하기 위해서는 번거로운 행정절차를 거쳐야 한다.

● **인력 해제 계획 수립**

프로젝트 팀원이 모두 동일한 날짜에 철수하기란 힘들다. 보통 몇 차례로 나눠 인력을 해제하는 것이 일반적이다. 인력 철수는 고객이 민감하게 생각하는 이슈이기 때문에, 사전에 계획을 수립해 고객과 합의해야 한다. 힘든 프로젝트를 끝낸 팀원들에게 다음 프로젝트 투입 전까지 재충전을 할 수 있는 시간을 배려해주는 것도 프로젝트 관리자가 해야 할 일이다.

● **전사 지원 요청 사항 정리**

프로젝트 이슈 해결을 위해 프로젝트 수행조직의 지원 부서에 요청할 내용을 계획한다.

2 | 인수인계 준비

1 안정화 기간을 프로젝트 계획서에 포함한다.

SI 프로젝트를 종료하고 운영을 착수하는 시점에서는 불안정이 매우 높아진다. 프로젝트 규모에 따라 다르지만, 최소 1개월에서 3개월 정도의 안정화 기간을 거쳐야 안정적인 운영을 할 수 있는 상태가 된다. 프로젝트 계약서에 이런 안정화 기간을 반영하는 것이 가장 바람직하지만, 그렇지 못한 경우에는 인수인계와 안정화 계획을 고객에게 제시해야 고객이 안심하고 검수를 할 수 있다.

2 인수인계를 위한 문서를 준비한다.

인수인계를 위해 준비해야 할 문서들은 주로 운영 매뉴얼과 같은 납품 산출물에 포함된다. 그러나 시스템 운영조직의 요구에 따라 필요한 문서들도 있기 때문에 사전에 확인하는 것이 바람직하다. 운영 인력이 프로젝트에 참여하는 시점과 참여 정도에 따라 운영에 필요한 문서의 종류와 내용이 달라질 수 있다. 운영조직과 프로젝트 팀이 신뢰할 수 있는 관계라면 운영에 필요한 문서만 정의할 것이다. 이러한 신뢰가 없다면 운영조직은 실효성이 낮더라도 다양한 문서를 요청할 수 있음에 유의해야 한다.

3 프로젝트 후반부에 프로젝트 결과물을 운영할 팀원을 참여시킨다.

시스템 인수인계는 고객 측 운영 팀이 프로젝트 결과물을 안정적으로 운영할 수 있는 지식을 이전하는 것이다. 보통 인수조직의 인수인계는 검수의 선행 요건이다. 프로젝트 관리자가 검수에만 초점을 두면 인수 조직을 대상으로 하는 인수인계에서 낭패를 보기 쉽다. 왜냐하면 결국 프로젝트는 안정적인 운영을 시작할 수 있을 때 종료할 수 있기 때문이다.

고객은 독자적으로 시스템을 운영하는 것에 대한 심적 부담감 때문에 최종 승인을 지연할 수 있다. 그러한 결과가 예상된다면 프로젝트 팀은 사전에 공동 운영, 유상 운영 지원 등을 제안해 고객의 심적 부담감을 해소해야 한다.

프로젝트 결과물을 원활하게 인수인계하기 위한 가장 좋은 방법은 인수조직의 팀원을 프로젝트에 투입하거나, 프로젝트 팀원을 운영조직에 투입하는 것이다. 전자는 고객사 시스템 운영조직의 팀원이 프로젝트에 투입되는 것이고, 후자는 프로젝트 수행사가 프로젝트 종료 후 유지보수까지 책임지는 것이다. 후자는 공공기관을 상대로 한 SI 프로젝트에서 흔히 볼 수 있다.

문제는 인원 부족 혹은 우선순위 때문에 고객사 인수 조직이 프로젝트에 참여하기 쉽지 않다는 것이다. 프로젝트에 전담으로 투입이 힘들다면 특정 기간에 한정적인 투입을 요청하고, 그도 쉽지 않다면 인수 조직과 정기협의체를 운영해야 한다. 이러한 문제는 프로젝트 중반 이전에 결론을 내는 것이 바람직하다. 우는 아이 젖 준다는 속담처럼 프로젝트 관리자가 지속적으로 고객사에 요청해야, 요청한 인력이 한 명이라도 투입된다.

4 안정화 기간에 VOC는 시스템으로 관리한다.

안정화 기간에 사용자 VOC는 시스템을 통해서 접수하는 것이 좋다. 고객사에서 기존에 사용하던 VOC 관리시스템이 있다면 이를 사용하고, 없을 경우 고객사 대표가 다양한 채널로 접수한 VOC를 Jira와 같은 툴로 관리하는 것이 좋다. 사용자들과 프로젝트 팀, 고객사 책임자가 함께 사용하는 카카오톡과 같은 메신저 애플리케이션에서 VOC를 접수받는 것은 신중해야 한다. 모든 상황을 여러 사람이 동시에 신속하게 공유할 수 있다는 장점이 있지만, 안정화 단계에서 프로젝트 팀은 여러 업무를 우선순위에 맞게 처리해야 한다. 메신저 애플리케이션을 사용하면 우선순위를 적용하기 어려울 뿐만 아니라, 퇴근 시간 이후에도 알람이 울리기 때문에 지쳐 있는 프로젝트 팀이 제대로 휴식할 수 없게 만든다. 불가피하게 메신저를 사용해야 한다면 극소수의 파워유저를 대상으로 기한을 정해 운영해야 한다.

저는 1992년 삼성SDS에 입사 후 SI 프로젝트, 건설 프로젝트, 도어락 상품개발 프로젝트, SW 솔루션 개발 프로젝트를 수행하거나 프로젝트 관리 프로세스와 시스템 구축과 관련된 업무를 수행했습니다. 이 과정에서 저에게 가르침을 주신 선배, 함께 고민했던 동료, 힘든 업무를 함께 수행했던 후배 들에게 감사의 인사를 드립니다.

PM 교육과정 개발, SDS PMP 커뮤니티 운영, 위험 예방 프로세스를 구축하는 과정에서 선배 PM들에게 많은 것을 배웠습니다. 특별히 저에게 많은 가르침을 주셨던 선배님들에게 감사한 마음을 전합니다(가나다 순서입니다).

항상 공부하시고 쿠웨이트에서도 저에게 많은 가르침을 주셨던 김덕규 PM님
PM을 장교에 비교해 끝까지 팀원들을 챙겨야 한다고 말씀하셨던 안승근 PM님
프로젝트에 혼신을 다한다는 것이 무엇인지 보여주신 양경모 PM님
WBS 상세화를 강조하셨던 장낙환 PM님
프로젝트 관리 데이터 분석의 중요성을 알려주신 최정태 PM님
프로젝트 관리를 위한 체크리스트와 템플릿을 만들고 알려주신 최일연 PM님

그외 SD 본부 PM Day에 참석하셨던 모든 PM님들 감사합니다. 늘 건강하시기 바랍니다. SD 본부 시절 저를 믿고 PM 양성이라는 중요한 업무를 맡겨주시고 지원해 주신 김안신 선배님, 최상우 선배님에게도 감사의 인사를 드립니다. SI 사업 생산성 향상을 위해 많은 고민을 했던 조현수 프로님, 홍서영 프로님, 결과를 떠나 순수하고 열정적으로 일했던 시기였습니다.

프로젝트 관리 프로세스를 함께 만들고 적용했던 품질 팀의 선배님과 동료 들에게도 감사의 말을 전합니다. 유화석 선배님, 남정호 선배님, 최호득 선배님, 신용우 선배님, 백상기 선배님, 박창규 선배님, 나한홍 선배님, 이지형 선배님, 김의섭 프로님, 주재천 프로님, 안영덕 프로님 즐거웠던 기억들 오래 간직하겠습니다. 특히 안영덕 프로님, 대외은행의 프로젝트 관리시스템을 구축했던 두 개의 프로젝트에서 프로젝트 관리자와 사업관리 역할을 바꿨던 경험은 재미있었습니다.

SDS 프로젝트 관리시스템을 구축하면서 늦은 밤까지 열정적으로 고민했던 윤창호 프로님, 채민경 프로님, 하정은 프로님 우리의 열정과 재미있었던 에피소드들 잘 간직하겠습니다.

낯선 쿠웨이트에서 경험한 건설 프로젝트는 프로젝트 관리에 대한 이해를 넓히는 계기가 됐습니다. 김계호 선배님, 이경배 선배님, 백홍철 선배님, 김태선 선배님, 이상곤 프로님, 김성곤 프로님, 이홍술 프로님, 안상규 프로님, 정부영 프로님, 하춘 프로님, 홍종인 프로님, 조주호 프로님. 유용훈 프로님, 프로젝트는 힘들었지만 그때의 추억과 무용담은 아직도 가끔 생각납니다. 특히 홍종인 프로님과는 삼성SDS에서 가장 오랫동안 다양한 업무를 함께했습니다. 고맙고 즐거웠습니다.

삼성SDS 가 솔루션사업을 본격적으로 추진하면서 새로운 용어, 새로운 프로세스를 많이 배웠습니다. 프로젝트 관리자와 약어가 같은 상품관리자(PM, Product Manager)의 직무를 알게 된 것도 그때였습니다. 상품개발 프로젝트 관리는 SI 프로젝트 관리와 다른 점이 많았습니다. 업무를 함께했던 이영길 프로님, 박지수 프로님, 강규헌 프로님, 김시엽 프로님, 조재윤 프로님, 각 솔루션의 상품관리자님, 시행착오와 아쉬움도 있었지만 새로운 것을 많이 배웠습니다.

삼성SDS에서 마지막으로 수행한 솔루션 고객 지원 업무는 상품관리에 대한 이해를 높이는 계기가 됐습니다. 무엇이 옳은 일인가에 대해 많은 토의를 했던 임재구 프로님, 일의 궁합이 잘 맞아 즐거웠습니다. 고객 지원 시스템 법인확산 프로젝트는 이 책을 교정하면서 수행했기 때문에 책의 내용이 맞는지 고민해 보는 계기가 됐습니다. 류은정 프로님, 이영일 프로님, 서영주 프로님, 도병훈 프로님, 나종선 프로님, 유럽법인의 Joao와 Paul, 프로젝트 마무리 한다고 고생 많았습니다. 고객 지원 업무에 많은 관심을 가지고 지원해주신 오신조 프로님, 이은정 프로님, 안영준 프로님에게도 고마운 마음을 전합니다.

슬기로운
PM 생활

초판 펴낸날 2025년 1월 17일
지은이 김병호

펴낸이 김남기
편집 하지현
디자인 정미영
마케팅 남규조

펴낸곳 소동
등록 2002년 1월 14일(제 19-0170)
주소 경기도 파주시 돌곶이길 178-23
전화 031 955 6202 070 7796 6202
팩스 031 955 6206
전자우편 sodongbook@gmail.com

ISBN 979-11-93193-16-7 03420
ISBN 979-11-93193-15-0 (세트)